Java Web
开发技术与项目实战

黎才茂 邱钊 符发 陈少凡
黄萍 纪洲鹏 郭祯／编著

中国科学技术大学出版社

内 容 简 介

Java Web 技术是目前较流行、发展较快的一种编程技术,在 Web 开发领域占有重要地位。由于其开放和跨平台的特点,吸引了众多的开发人员和软件公司。同时,在众多开发人员的努力下,出现了许多优秀的开源框架,为 Java Web 技术在企业级开发领域的应用注入了新的活力。

本书共 12 章,从 HTML 语言开始,到 Struts 2 框架的开发,讲述了如何使用 Java Web 技术开发应用系统。书中主要内容包括 Web 基础、HTML 基础、CSS 基础、JavaScript 基础、JSP 技术、JavaBean 技术、JDBC 技术、Servlet 技术、EL 表达式、JSTL 标签库、Struts 2 框架等。每章内容都涵盖了理论和实践教学的全过程,有助于读者更好地掌握知识和提高动手能力。

本书可作为大学本科和专科相关课程的教材、课程设计用书或教学参考书,也可作为从事 Java Web 应用系统开发的技术人员的学习、培训教材或参考书。

图书在版编目(CIP)数据

Java Web 开发技术与项目实战/黎才茂,邱钊等编著. —合肥:中国科学技术大学出版社,2016.8

ISBN 978-7-312-03976-8

Ⅰ.J… Ⅱ.①黎… ②邱… Ⅲ.Java 语言—程序设计 Ⅳ.TP312

中国版本图书馆 CIP 数据核字(2016)第 179249 号

出版 中国科学技术大学出版社
　　　安徽省合肥市金寨路 96 号,230026
　　　网址:http://press.ustc.edu.cn
印刷 安徽省瑞隆印务有限公司
发行 中国科学技术大学出版社
经销 全国新华书店
开本 787 mm×1092 mm　1/16
印张 19
字数 500 千
版次 2016 年 8 月第 1 版
印次 2016 年 8 月第 1 次印刷
定价 39.00 元

前　言

随着 Java 语言的广泛流行,Java 技术在企业级应用开发中使用得越来越普遍,Java Web 技术已经成为基于 Web 的 Java 企业级应用解决方案中不可缺少的重要组成部分。学习 Java Web 开发技术不仅是一种技术时尚,更是一种技术人才的需求。现在国内许多高校的计算机专业普遍开设了 Java Web 开发课程,对此,各出版社出版了不少讲解 Java Web 开发技术的书籍,但是许多书存在知识点讲解不完整,缺少必需的基础技术知识的讲解,甚至是直接面向企业级开发的中高级应用而编写的,所以,要么是技术基础知识点涵盖不全,要么是技术知识点比较高级,不能适应初级读者的学习需要。

本书是假设读者完全不具有基本网页技术知识的前提编写的。本书从网页设计基础知识入手,系统完整地讲解了 Java Web 开发中的各种技术,从知识的讲解到知识的运用,一步一步地引导读者掌握 Java Web 开发的知识体系结构。本书讲解内容尽可能配以简单示例,让读者理解每一个知识点在程序中的应用。通过每一章给出的综合实例,使得读者加深对这章内容的理解和掌握,并希望通过综合实例的设计实现,更好地提高学习者的动手能力。通过对本书的系统学习,读者可以快速掌握 JSP 技术,提高网页编程能力和实际应用开发水平。

本书内容主要包含以下几个方面:

- Web 基础。介绍 Web 开发基础,包括 Web 基本概念、B/S 体系结构、Web 常用技术、开发环境的安装与配置。
- HTML 基础。讲解 HTML 语言知识,包括 HTML 基本元素、表格元素、表单元素和框架应用。
- CSS 基础。讲解 CSS 知识,包括 CSS 规则、CSS 调用、CSS 选择器、CSS 样式。
- JavaScript 基础。讲解 JavaScript 脚本语言,包括 JavaScript 引用方式、语法、控制语句与函数、事件驱动与浏览器对象。
- JSP 技术。讲解 JSP 技术,包括 JSP 语法、指令元素、动作元素、内置对象和应用实例。
- JavaBean 技术。讲解 JavaBean 技术,包括 JSP＋JavaBean 设计模式、JavaBean 属性和方法及其作用范围、JavaBean 组件应用实例。
- JDBC 技术。讲解 JDBC 技术,包括 JDBC 驱动程序、常用接口与类、JDBC 配置和与不同数据库的连接、JDBC 连接 MySQL 数据库实例。
- Servlet 技术。讲解 Servlet 技术,包括 JSP＋Servlet 设计模式、Servlet 基本结

构、Servlet 生命周期及应用实例。

- EL 表达式。讲解 EL 表达式，包括 EL 格式、语法、隐含对象和自定义函数以及应用实例。
- JSTL 标签库。讲解 JSTL 标签库，包括 JSTL 简介、核心标签库、格式化标签库、函数标签库及应用实例。
- Struts 2 框架。讲解 Struts 2 框架，包括 Struts 2 简介、基础知识、开发步骤及基本应用开发实例。
- JSP 开发模式应用实例。讲解一个 JSP 开发模式的综合应用实例，包括系统功能分析、数据库设计与创建、模块设计与功能实现。

本书的配套资源包括教学课件、各章节的示例代码和"网上书店"的系统源代码文件，以方便学校课程教学、读者学习和参考。读者可以登录出版社提供的资源网站下载，或者直接向作者索取（电子邮箱：lcaim@126.com）。

本书适用于大学本科计算机类专业、高职高专计算机及相关专业的教学，也可作为从事 Java Web 应用系统开发的技术人员的学习、培训教材和参考书。

本书共分 12 章，分别由海南大学的黎才茂、邱钊、符发、陈少凡、黄萍、郭祯和海口经济学院的纪洲鹏编写。其中，第 1、7 章由纪洲鹏编写，第 2、8 章由符发编写，第 3、4 章由郭祯编写，第 5 章由陈少凡编写，第 6、9 章由邱钊编写，第 10 章由黄萍编写，第 11、12 章由黎才茂编写。全书由黎才茂、邱钊负责统稿和定稿。

这里要特别感谢参考文献中所列的各位作者，包括众多未能在参考文献中一一列出的作者，正是他们提供的宝贵参考资料，使得编者能形成本书完整的编写思路以及能够及时完成编著。

由于 Java Web 开发技术及应用涉及的内容非常广泛，再加上时间仓促和编者的水平有限，书中难免会存在错误、疏漏和不妥之处，诚望读者不吝赐教，对错误、疏漏、不妥之处给以批评指正。

编 者

2016 年 7 月于海南大学

目 录

前言 ……………………………………………………………………………… （ⅰ）

第1章 Web 基础 ………………………………………………………………… （1）

 1.1 Web 简介 …………………………………………………………………… （1）

  1.1.1 Web 概念 ………………………………………………………… （1）

  1.1.2 Web 技术的发展 ………………………………………………… （1）

  1.1.3 URI 和 URL …………………………………………………… （1）

  1.1.4 HTTP 协议 ……………………………………………………… （2）

 1.2 B/S 体系结构 ……………………………………………………………… （3）

  1.2.1 Web 应用 ………………………………………………………… （3）

  1.2.2 Web 工作原理 …………………………………………………… （3）

 1.3 Web 常用技术 ……………………………………………………………… （4）

  1.3.1 HTML …………………………………………………………… （4）

  1.3.2 CSS ……………………………………………………………… （5）

  1.3.3 JavaScript ………………………………………………………… （5）

  1.3.4 动态网页技术 …………………………………………………… （5）

  1.3.5 Servlet …………………………………………………………… （6）

  1.3.6 Struts …………………………………………………………… （6）

 1.4 开发环境安装与配置 ……………………………………………………… （6）

第2章 HTML 基础 ……………………………………………………………… （12）

 2.1 HTML 基本元素 …………………………………………………………… （12）

  2.1.1 HTML 简介 ……………………………………………………… （12）

  2.1.2 HTML 基本语法 ………………………………………………… （12）

  2.1.3 HTML 标记 ……………………………………………………… （13）

 2.2 表格元素 …………………………………………………………………… （19）

  2.2.1 表格功能 ………………………………………………………… （19）

  2.2.2 表格制作 ………………………………………………………… （20）

  2.2.3 表格美化 ………………………………………………………… （22）

  2.2.4 特殊表格 ………………………………………………………… （22）

 2.3 表单元素 …………………………………………………………………… （24）

  2.3.1 表单基本格式 …………………………………………………… （24）

  2.3.2 表单制作 ………………………………………………………… （25）

 2.4 框架应用 …………………………………………………………………… （27）

2.4.1 建立框架 …………………………………………………（27）
2.4.2 混合框架 …………………………………………………（28）

第3章 CSS 基础 …………………………………………………（30）

3.1 CSS 规则 …………………………………………………（30）
3.1.1 基本语法 …………………………………………………（30）
3.1.2 CSS 规则 …………………………………………………（31）

3.2 CSS 调用 …………………………………………………（32）
3.2.1 内联样式 …………………………………………………（32）
3.2.2 内嵌样式 …………………………………………………（33）
3.2.3 导入样式 …………………………………………………（33）
3.2.4 链接样式 …………………………………………………（34）

3.3 CSS 选择器 ………………………………………………（35）
3.3.1 元素选择器 ………………………………………………（35）
3.3.2 类选择器 …………………………………………………（35）
3.3.3 ID 选择器 ………………………………………………（36）
3.3.4 派生选择器 ………………………………………………（37）

3.4 CSS 样式 …………………………………………………（40）
3.4.1 CSS 背景 …………………………………………………（40）
3.4.2 CSS 文本 …………………………………………………（42）
3.4.3 CSS 字体 …………………………………………………（45）
3.4.4 CSS 链接 …………………………………………………（47）
3.4.5 CSS 列表 …………………………………………………（48）
3.4.6 CSS 表格 …………………………………………………（50）
3.4.7 CSS 轮廓 …………………………………………………（51）

第4章 JavaScript 基础 …………………………………………（53）

4.1 JavaScript 引用方式 ……………………………………（53）
4.1.1 嵌入方式 …………………………………………………（53）
4.1.2 引入方式 …………………………………………………（54）

4.2 JavaScript 语法 …………………………………………（55）
4.2.1 基本数据类型 ……………………………………………（55）
4.2.2 常量 ………………………………………………………（55）
4.2.3 变量 ………………………………………………………（55）
4.2.4 表达式和运算符 …………………………………………（56）

4.3 JavaScript 控制语句与函数 ……………………………（57）
4.3.1 JavaScript 控制语句 ……………………………………（57）
4.3.2 JavaScript 函数 …………………………………………（59）

4.4 JavaScript 事件驱动与浏览器对象 ……………………（63）
4.4.1 事件处理程序 ……………………………………………（63）
4.4.2 事件驱动 …………………………………………………（63）

4.4.3　JavaScript 浏览器对象 …………………………………………（65）

第5章　JSP 技术 ………………………………………………………（70）

5.1　JSP 语法 …………………………………………………………（70）
　5.1.1　JSP 脚本 ……………………………………………………（70）
　5.1.2　JSP 声明 ……………………………………………………（71）
　5.1.3　JSP 表达式 …………………………………………………（72）
　5.1.4　JSP 注释 ……………………………………………………（73）
　5.1.5　JSP 运算符与常量 …………………………………………（74）
5.2　JSP 指令元素 ……………………………………………………（74）
　5.2.1　page 指令 …………………………………………………（74）
　5.2.2　include 指令 ………………………………………………（76）
　5.2.3　taglib 指令 …………………………………………………（77）
5.3　JSP 动作元素 ……………………………………………………（77）
　5.3.1　<jsp:include>动作 …………………………………………（78）
　5.3.2　<jsp:forward>动作 …………………………………………（78）
　5.3.3　<jsp:params>和<jsp:param>动作 …………………………（79）
　5.3.4　<jsp:plugin>动作 …………………………………………（79）
　5.3.5　<jsp:useBean>动作 ………………………………………（80）
　5.3.6　<jsp:setProperty>和<jsp:getProperty>动作 ………………（81）
5.4　JSP 内置对象 ……………………………………………………（82）
　5.4.1　out 对象 ……………………………………………………（83）
　5.4.2　request 对象 ………………………………………………（85）
　5.4.3　response 对象 ………………………………………………（90）
　5.4.4　session 对象 ………………………………………………（96）
　5.4.5　application 对象 ……………………………………………（99）
　5.4.6　pageContext 对象 …………………………………………（101）
　5.4.7　exception 对象 ……………………………………………（102）
5.5　JSP 应用实例 ……………………………………………………（103）

第6章　JavaBean 技术 ………………………………………………（109）

6.1　JSP+JavaBean 设计模式 ………………………………………（109）
　6.1.1　JSP 基本设计模式 …………………………………………（109）
　6.1.2　JSP+JavaBean 设计模式 …………………………………（109）
6.2　JavaBean 属性与方法 ……………………………………………（111）
　6.2.1　简单属性 ……………………………………………………（111）
　6.2.2　索引属性 ……………………………………………………（112）
6.3　JavaBean 作用范围与属性访问 …………………………………（113）
　6.3.1　JavaBean 的作用范围 ……………………………………（114）
　6.3.2　访问 JavaBean 属性 ………………………………………（114）
　6.3.3　JSP 调用 JavaBean ………………………………………（115）

6.4 JavaBean 应用实例 ……(116)
　6.4.1 添加新书 ……(116)
　6.4.2 购物车的实现 ……(121)

第 7 章 JDBC 技术 ……(127)

7.1 JDBC 技术与驱动程序 ……(127)
　7.1.1 JDBC 概述 ……(127)
　7.1.2 JDBC 驱动程序 ……(128)
7.2 JDBC 常用接口与类 ……(128)
　7.2.1 JDBC API ……(128)
　7.2.2 Statement 接口的主要方法 ……(129)
　7.2.3 PreparedStatement 接口的主要方法 ……(129)
7.3 JDBC 与不同数据库的连接 ……(130)
　7.3.1 JDBC 连接数据库一般步骤 ……(130)
　7.3.2 数据库连接池简介 ……(134)
　7.3.3 其他常见数据库的连接 ……(136)
7.4 JDBC 连接 MySQL 数据库实例 ……(137)

第 8 章 Servlet 技术 ……(144)

8.1 JSP＋Servlet 设计模式 ……(144)
　8.1.1 Servlet 概述 ……(144)
　8.1.2 JSP＋Servlet 设计模式 ……(145)
8.2 Servlet 生命周期 ……(146)
　8.2.1 Servlet 生命周期 ……(146)
　8.2.2 简单 Servlet 举例 ……(147)
8.3 Servlet 常用接口 ……(152)
　8.3.1 Servlet 的实现接口 ……(152)
　8.3.2 Servlet 的配置接口 ……(155)
　8.3.3 Servlet 的上下文接口 ……(155)
　8.3.4 Servlet 的请求与响应接口 ……(156)
　8.3.5 Servlet 的会话跟踪接口 ……(158)
　8.3.6 Servlet 的请求调度接口 ……(158)
　8.3.7 Servlet 的过滤功能 ……(159)
8.4 Serlvet 表单处理 ……(160)
　8.4.1 获取 HTTP 请求信息 ……(160)
　8.4.2 生成 HTTP 请求响应并返回给客户 ……(161)
　8.4.3 中文乱码问题 ……(162)
　8.4.4 表单处理示例 ……(163)
8.5 Serlvet 应用实例 ……(168)

第 9 章 EL 表达式 ……(179)

9.1 EL 格式 ……(179)

9.2 EL 语法 ……………………………………………………………… (180)
9.2.1 作用范围及变量 ……………………………………………… (180)
9.2.2 算术运算 …………………………………………………… (181)
9.2.3 关系运算 …………………………………………………… (183)
9.2.4 逻辑运算 …………………………………………………… (184)
9.2.5 "."和"[ ]"运算 ……………………………………………… (184)
9.2.6 empty 运算 ………………………………………………… (185)
9.2.7 EL 保留字 …………………………………………………… (185)
9.2.8 自动类型转换 ……………………………………………… (185)
9.2.9 运算符的优先级 …………………………………………… (186)
9.3 EL 隐含对象 ……………………………………………………… (186)
9.3.1 pageContext 对象 …………………………………………… (187)
9.3.2 param 和 paramValues 对象 ………………………………… (189)
9.3.3 header 和 headerValues 对象 ………………………………… (190)
9.3.4 cookie 对象 ………………………………………………… (191)
9.3.5 initParam 对象 ……………………………………………… (191)
9.3.6 属性范围 ……………………………………………………… (191)
9.4 EL 函数 ……………………………………………………………… (192)
9.4.1 标签库的 EL 函数 …………………………………………… (192)
9.4.2 自定义 EL 函数 ……………………………………………… (194)

第 10 章 JSTL 标签库 ……………………………………………………… (197)
10.1 JSTL 简介 ………………………………………………………… (197)
10.1.1 JSTL 标签库 ………………………………………………… (197)
10.1.2 安装 JSTL …………………………………………………… (198)
10.2 核心标签库 ………………………………………………………… (199)
10.2.1 表达操作标签 ……………………………………………… (199)
10.2.2 流程控制 …………………………………………………… (204)
10.2.3 循环控制 …………………………………………………… (208)
10.2.4 URL 操作 …………………………………………………… (214)
10.3 I18N 国际化标签库 ……………………………………………… (216)
10.3.1 <fmt:setLocale>设置本地化环境标签 …………………… (217)
10.3.2 <fmt:bundle>执行信息资源标签 ………………………… (217)
10.3.3 <fmt:setBundle>设置资源文件标签 ……………………… (218)
10.3.4 <fmt:message>获取资源属性值标签 ……………………… (219)
10.3.5 <fmt:param>获取参数值标签 …………………………… (220)
10.3.6 <fmt:requestEncoding>设置字符编码标签 ……………… (220)
10.4 函数标签库 ………………………………………………………… (220)

第 11 章 Struts 2 框架 ……………………………………………………… (223)
11.1 Struts 2 简介 ………………………………………………………… (223)

11.1.1 Struts 2 框架结构 ……………………………………………………… (223)
11.1.2 Struts 2 配置文件 ……………………………………………………… (224)
11.1.3 Struts 2 控制器 ………………………………………………………… (225)
11.1.4 Struts 2 标签库 ………………………………………………………… (225)
11.2 Struts 2 开发准备 ……………………………………………………………… (226)
11.2.1 配置 MyEclipse 开发工具 …………………………………………… (226)
11.2.2 下载 Struts 2 框架开发包 …………………………………………… (227)
11.3 Struts 2 基本开发实例 ………………………………………………………… (228)
11.3.1 创建一个 Web Project ………………………………………………… (228)
11.3.2 加载 Struts 2 框架支持 ……………………………………………… (229)
11.3.3 修改 web.xml 配置 …………………………………………………… (231)
11.3.4 创建 JSP 用户页面 …………………………………………………… (232)
11.3.5 实现 Action 控制器 …………………………………………………… (233)
11.3.6 配置 struts.xml ………………………………………………………… (234)
11.3.7 创建结果页面 ………………………………………………………… (235)
11.3.8 工程部署和运行 ……………………………………………………… (235)

第 12 章 JSP 开发模式应用实例 …………………………………………………… (237)

12.1 系统分析 ………………………………………………………………………… (238)
　　12.1.1 系统概述 ……………………………………………………………… (238)
　　12.1.2 需求分析 ……………………………………………………………… (238)
12.2 系统总体设计 …………………………………………………………………… (239)
　　12.2.1 系统总体设计 ………………………………………………………… (239)
　　12.2.2 用户工作流程 ………………………………………………………… (240)
12.3 数据库设计与创建 ……………………………………………………………… (241)
　　12.3.1 数据表定义与创建 …………………………………………………… (241)
　　12.3.2 数据库代码的设计 …………………………………………………… (244)
12.4 客户端模块设计与实现 ………………………………………………………… (246)
　　12.4.1 用户注册/登录模块 …………………………………………………… (247)
　　12.4.2 图书分类模块 ………………………………………………………… (252)
　　12.4.3 图书浏览与搜索模块 ………………………………………………… (254)
　　12.4.4 实现分页功能 ………………………………………………………… (265)
　　12.4.5 购物车功能 …………………………………………………………… (271)
12.5 管理端模块设计与实现 ………………………………………………………… (281)
　　12.5.1 浏览图书列表 ………………………………………………………… (281)
　　12.5.2 添加图书信息 ………………………………………………………… (286)
　　12.5.3 订单查询 ……………………………………………………………… (290)
　　12.5.4 用户信息 ……………………………………………………………… (291)

参考文献 ……………………………………………………………………………… (292)

第1章 Web基础

本章对Java Web的基本概念、开发环境、工具和技术进行基本介绍。通过本章的学习，读者能够对Java Web的开发环境、工具进行安装和配置，以及了解基本的Web技术。

1.1 Web简介

1.1.1 Web概念

Web是World Wide Web的简称，也就是我们常说的万维网WWW。Web起源于1980年欧洲量子物理实验室Tim Berners Lee构建的ENQUIRE项目。Web使用超文本技术HTML来表示信息资源，以及建立资源与资源之间的链接；使用统一资源定位器（Uniform Resource Locator，URL）定位Web服务器中信息资源的位置；使用HTTP协议定义客户端与Web服务器之间的通信。

1.1.2 Web技术的发展

Web技术的发展可以这样简要描述：过去由网站主导的Web1.0阶段——现在由用户主导的Web2.0阶段——未来向更加个性智能化发展的Web3.0时代。

Web1.0阶段，早期的Web网页是静态的，一次展现所有内容，通过网络编程技术（ASP、JSP、PHP等）在传统静态页面中加入各种程序和逻辑控制，实现客户端和服务器端的动态和个性化交流互动，Web技术逐步过渡到以Blog、Wiki和SNS等社交软件应用为核心的Web2.0阶段。Web3.0阶段是一个个性智能化的时代，用户通过任何终端，都能看到自己所关心的内容，具体体现包括无处不在的互联网络、云计算、开放软件平台和数据、语义网技术、智能网络和智能应用程序等。Web3.0将带给使用者全新的用户体验。

1.1.3 URI和URL

1. URI

URI(Uniform Resource Identifier)，统一资源标识符，是以特定语法标识某一网络资源的字符串。该种标识允许用户对任何资源通过特定的协议进行交互操作。URI由模式和模式特有的部分组成，它们之间用冒号隔开，一般格式如下：

```
scheme:scheme-specific-part
```
URI 以 scheme 和冒号开头。scheme 用大写/小写字母开头,后面为空或者跟着更多的大写/小写字母、数字、加号、减号和点号。冒号把 scheme 与 scheme-specific-part 分开了,并且 scheme-specific-part 的语法和语义由 URI 的名字空间决定。

URI 的常见模式包括 file(表示本地磁盘文件)、ftp(FTP 服务器)、http(使用 HTTP 协议的 Web 服务器)、mailto(电子邮件地址)等。例如:
```
http://www.hainu.edu.cn
```
其中,"http"是 scheme,"//www.hainu.edu.cn"是 scheme-specific-part,并且它的 scheme 与 scheme-specific-part 被冒号分开了。

2. URL

URL(Uniform Resource Locator),统一资源定位器,指向 Internet 上位于某个位置的某个资源。资源包括 HTML 文件、图像文件和 Servlet 等。我们可以通过浏览器的地址栏输入 URL 地址而获得 Internet 资源。URL 的格式为:
```
scheme://host:port/path
```
其格式说明如下:

- scheme 表示 Internet 资源类型,指明是什么样的 Internet 服务。如"http://"表示 WWW 服务,"ftp://"表示 FTP 服务。
- host 表示服务器地址,指出 Internet 服务所在的服务器域名或者 IP 地址。
- port 表示服务端口,对 Internet 服务资源的访问,需给出相应的服务器端口号,默认端口号可以省略。
- path 表示路径,指明资源在服务器上的相对路径和名称。其格式通常为"目录/子目录/文件名"的结构。与端口一样,路径并非是必需的。

例如:
```
http://www.hainu.edu.cn/stm/vnew/shtml_liebiao.asp@bbsid=95.shtml
```

上面的例子就是一个典型的 URL 地址,客户程序通过"http"(超文本传送协议)识别处理 HTML 链接,"www.hainu.edu.cn"是 host 域名地址,path 资源路径是"/stm/vnew/shtml_liebiao.asp@bbsid=95.shtml"。

1.1.4　HTTP 协议

从本质上讲,Web 的基本结构是开放式的客户机/服务器(Client/Server)体系结构,分成服务器、客户机及通信协议三个部分。Web 服务器通过 Web 浏览器与用户交互操作,相互间采用 HTTP 协议通信。

Web 浏览器与服务器之间遵循 HTTP 协议进行通信传输。HTTP(HyperText Transfer Protocol,超文本传输协议)是 Web 应用的核心技术协议。该协议详细规定了 Web 客户机与服务器之间如何通信。它是一个基于请求—响应(Request-Response)的无状态的协议,这种请求—响应的过程如图 1-1 所示。

HTTP 协议定义了 Web 浏览器向 Web 服务器发送索取 Web 页面请求的格式,以及 Web 页面在 Internet 上的传输方式。用户首先通过浏览器程序建立到 Web 服务器的连接

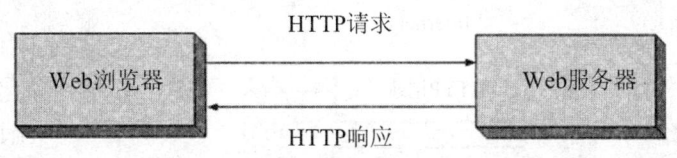

图 1-1 HTTP 请求—响应过程

并向服务器发送 HTTP 请求消息。Web 服务器接收到客户的请求后,对请求进行处理,然后向客户发送回 HTTP 响应。客户接收服务器发送的响应消息,对消息进行处理并关闭连接。

1.2 B/S 体系结构

1.2.1 Web 应用

Web 应用的典型模式为 B/S 模式,即浏览器/服务器(Browser/Server)模式。用户在计算机上使用浏览器向 Web 服务器发出请求,服务器响应客户请求,向客户送回所请求的网页,客户在浏览器窗口上显示网页的内容。

1. Web 服务器

Web 服务器是向浏览器提供服务的程序,主要功能是提供网上信息浏览服务。Web 服务器应用层使用 HTTP 协议,信息内容采用 HTML 文档格式,信息定位使用 URL。常见的 Java Web 服务器有 Tomcat、WebLogic、JBoss、WebSphere 等。本书使用的 Web 服务器是 Apache 服务器,它是 Apache 软件基金会(Apache Software Foundation)提供的开放源代码软件,是一个非常优秀的专业的 Web 服务器。

2. Web 浏览器

浏览器是 Web 服务的客户端程序,可向 Web 服务器发送各种请求,并对从服务器发来的网页和各种多媒体数据进行解释、显示和播放。

浏览器的主要功能是解析网页文件内容并正确显示,网页一般为 HTML 格式。常见的浏览器有 Internet Explorer、Firefox、Opera 和 Chrome。浏览器是最常使用的客户端程序。

3. 通信机制

在 B/S 体系结构中,客户端和服务器之间采用 HTTP 协议进行通信。HTTP 协议是浏览器和 Web 服务器通信的基础,是应用层协议。

1.2.2 Web 工作原理

在 B/S 结构中,Web 服务器接收到 Web 浏览器的请求后,将请求的数据发送到 Web 浏览器,浏览器对接收到的数据进行解释并在屏幕上显示出来,其工作原理如图 1-2 所示。

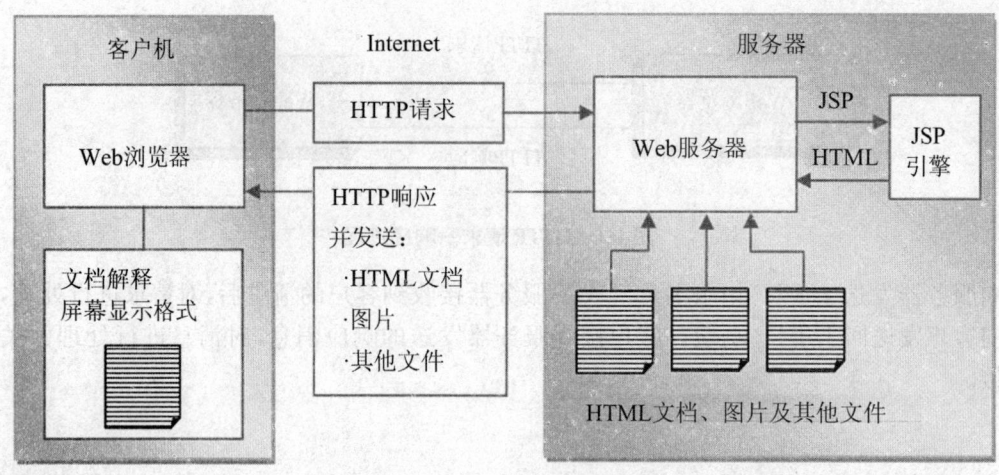

图 1-2 Web 工作原理

图 1-2 中表示的 Web 工作过程实际上是一个 Web 的请求—响应过程，这个过程遵循以下步骤：

(1) 在计算机上运行一个客户机程序(Web 浏览器)，如 Microsoft Internet Explorer。
(2) 通过网络与 Internet Web 服务器建立连接。
(3) 向 Internet 上的 Web 服务器请求一个页面，发送一个包含以下内容的消息：
- 传输协议(HTTP)。
- URL 地址，例如 http://www.hainu.edu.cn/。

(4) 服务器收到请求后，查找客户机所请求的 HTML 页面文件或其他文件。若客户机所请求的是 JSP 页面，则 Web 服务器将调用 JSP 引擎解释执行 JSP 页面程序，在需要时生成并返回标准的 HTML 页面。
(5) 服务器将所请求的页面文件传到客户机上。
(6) 浏览器接收到服务器传来的页面文件后，对它进行解释并在屏幕上显示出来。

根据以上步骤，我们要想很好地理解 Web 工作原理，除了知道它是客户机/服务器结构外，还需要了解在 WWW 中，Web 服务器做什么工作，客户机上的浏览器做什么工作，客户机和服务器通信时采用的协议，以及浏览器和 Web 服务器之间传输的是什么东西。所以，前一小节所讲述的 Web 系统结构是非常重要的。

1.3 Web 常用技术

1.3.1 HTML

HTML(HyperText Mark-up Language，超文本标记语言)是万维网上应用最为广泛的一种信息表示语言。使用 HTML 语言编写的文件称为 HTML 文件，扩展名为".html"或者

".htm"。HTML语言包括一系列的元素和标签,可以将文本、表格、图片、声音以及动画等组合在一起,进行各种资源的排列及显示。

HTML语言简单易学、容易掌握。HTML文件独立于操作系统,只需要使用客户端的浏览器就可以运行。

HTML文件的结构包括头部(Head)和主体(Body)两部分。其中,头部用来描述HTML文件的属性信息,例如页面的类别、字符编码、刷新间隔、缓存控制、Cookie设置等。头部的内容不会在页面中显示。HTML的主体部分是正文,也是最主要的部分,是浏览器要显示的内容。

1.3.2 CSS

CSS(Cascading Style Sheets,级联式菜单或层叠样式表)是一种用来表现HTML或XML等文件样式的技术。

使用CSS可以实现页面内容和样式的分离,例如用HTML语言定义页面的内容,用CSS定义页面的样式或风格。

CSS更高效,更灵活,维护简单方便,也更容易使整个网站的页面风格统一。

CSS布局也可以在一个独立的样式表文件中完成,从而实现网页的表现和内容相分离。

采用CSS布局的页面容量比使用表格布局的页面小,页面的浏览速度更快;另外,采用CSS布局的页面修改和维护起来更方便。

1.3.3 JavaScript

JavaScript是一种广泛用于客户端Web开发的基于对象(Object)和事件驱动(Event Driver)的脚本语言。

通过在HTML超文本标记语言中嵌入或调入JavaScript脚本,可实现在HTML页面中链接多个对象、与客户的交互以及客户端动态效果的应用等。

1.3.4 动态网页技术

常用的动态网页技术有CGI、ASP、PHP和JSP等。

CGI的全称是Common Gateway Interface,即通用网关接口。CGI是用于Web服务器和外部应用之间信息交换的标准接口。CGI的组成一般分成两个部分:一部分是HTML页面,即客户端浏览器上显示的页面;另一部分是运行在服务器上的CGI程序。当多个CGI程序同时执行时,服务器将启动多个进程,导致负载过重,从而影响服务器的性能。

ASP的全称是Active Server Pages,它是微软公司开发的一种动态网页技术。ASP采用JavaScript和VBScript脚本语言编程,在HTML代码中嵌入相关的脚本代码,就可以实现相关功能。

PHP的全称是Personal Home Page,是一种创建动态交互性站点的强有力的服务器端脚本语言。混合了C、Java、Perl语法,并加入了自己的特性。由于免费,使用广泛。可搭配Apache作为Web服务器一起使用,支持ISAPI(Internet Server Application Programming

Interface，Internet 服务器应用程序接口），并且可以运行于 Windows 的 IIS 平台。

JSP（Java Server Pages）页面是在 HTML 页面中嵌入 JSP 元素的页面，这些元素称为 JSP 标签。JSP 元素具有严格定义的语法并包含完成各种任务的语法元素，比如声明变量和方法、JSP 表达式、指令和动作等。JSP 的特点是一次编写，处处运行。字节码文件可以在具有 JVM（Java Virtual Machine，Java 虚拟机）的任何平台上运行。具有强大的可伸缩性和强大的开发工具支持。JSP 在运行时，先转译成 Servlet，然后再编译成 class 文件，需要内存开销来存储 class，需要硬盘空间存储类文件以及 class 文件。如果出现错误，浏览器中显示的错误是 Servlet 的错误信息，会给调试带来一定的困难。

1.3.5 Servlet

Servlet 是用 Java 编写的服务器端程序。Servlet 运行于支持 Java 的应用服务器中，使用 Servlet API 以及相关的类编写的 Java 程序，可以响应任何类型的请求。

Servlet 的主要功能在于交互式地浏览和修改数据，生成动态 Web 内容。在大多数情况下 Servlet 只用来扩展基于 HTTP 协议的 Web 服务器的功能。

1.3.6 Struts

Struts 是 Apache 软件基金会（ASF）赞助的一个开源框架项目。使用 Struts 的目的是帮助我们减少运用 MVC 设计模型开发 Web 应用的时间。如果我们想混合使用 Servlet 和 JSP 的优点来建立可扩展的应用，Struts 2 是一个不错的选择。

1.4 开发环境安装与配置

这一节主要介绍 Web 开发所需的开发环境 JDK 7.0、Tomcat 7.0、MyEclipse 10.0、MySQL 5.5 等的安装与配置。虽然 Java Web 开发是和平台无关的，但为了便于读者学习，本书采用 Windows 平台环境，所以，以下采用的都是 Windows 软件包，讲解 Windows 环境下的安装与配置过程。

1. 安装包名称及下载地址

(1) JDK 7.0

下载地址：http://www.oracle.com/technetwork/java/javase/downloads/。

(2) Tomcat 7.0

下载地址：http://tomcat.apache.org/download-70.cgi。

(3) MyEclipse 10.0

下载地址：http://www.genuitec.com/products/myeclipse/。

(4) MySQL 5.5

下载地址：http://www.mysql.com/downloads/。

(6) MySQL connector

下载地址:http://www.mysql.com/downloads/。

(7) MySQL GUI

MySQL GUI 工具很多,包括 Navicat for MySQL 和 MySQL-Front 等,用户可自行选择。

2. JDK 7.0 的安装及配置

操作步骤:

(1) 首先从官网下载 JDK 7.0 安装程序 jdk-7u51-windows-i586.exe,注意根据操作系统选择 32 位或者 64 位版本,运行 JDK 的安装文件,完成 JDK 及 JRE 的安装。

(2) 安装完成后,需要设置电脑环境变量。

右击"计算机",选择"属性"→"高级系统设置"→"高级"选项卡,单击"环境变量"。

在"系统变量"里点击"新建",变量名填写"JAVA_HOME",变量值填写 JDK 的安装路径,本机安装路径为"C:\Program Files\Java\ jdk1.7.0_51"。

在"系统变量"里点击"新建",变量名填写"CLASSPATH",变量值填写".;%JAVA_HOME%\lib;%JAVA_HOME%\lib\tools.jar"。注意不要丢掉前面的点和中间的分号。

在"系统变量"里编辑"Path"变量,在原有值前面加上"%JAVA_HOME%\bin;%JAVA_HOME%\jre\bin;"。注意后面的分号,Path 中不同值以分号分隔。

至此环境变量配置完毕,如表 1-1、表 1-2 所示。

表 1-1　新建系统变量

系统变量名	变量值
JAVA_HOME	C:\Program Files\Java\ jdk1.7.0_51
CLASSPATH	.;%JAVA_HOME%\lib;%JAVA_HOME%\lib\tools.jar

表 1-2　编辑系统变量

系统变量名	变量值
Path	%JAVA_HOME%\bin;%JAVA_HOME%\jre\bin;***

注:"***"表示 Path 原有值,保持不变。

(3) 验证安装与配置。

验证方法:在运行框中输入"cmd"命令,回车后出现命令行窗口,输入"java -version",回车,出现版本信息,输入"javac",回车,出现命令用法提示,表示安装和配置成功。如图 1-3 所示。

3. Tomcat 7.0、MyEclipse 10.0、MySQL 5.5 的安装及配置

操作步骤:

(1) 首先从官网下载安装程序,注意版本号。本机安装程序如下所示:

Tomcat 7.0:apache-tomcat-7.0.exe。

MySQL 5.5:mysql5.5.27_win32_zol.msi。

MySQL GUI:mysql-gui-tools-5.0-r17-win32.msi。

MyEclipse 10.0:myeclipse-10.0-offline-installer-windows.exe。

MySQL Connector:mysql-connector-java-commercial-5.1.35-bin.jar(MySQL 驱动包,

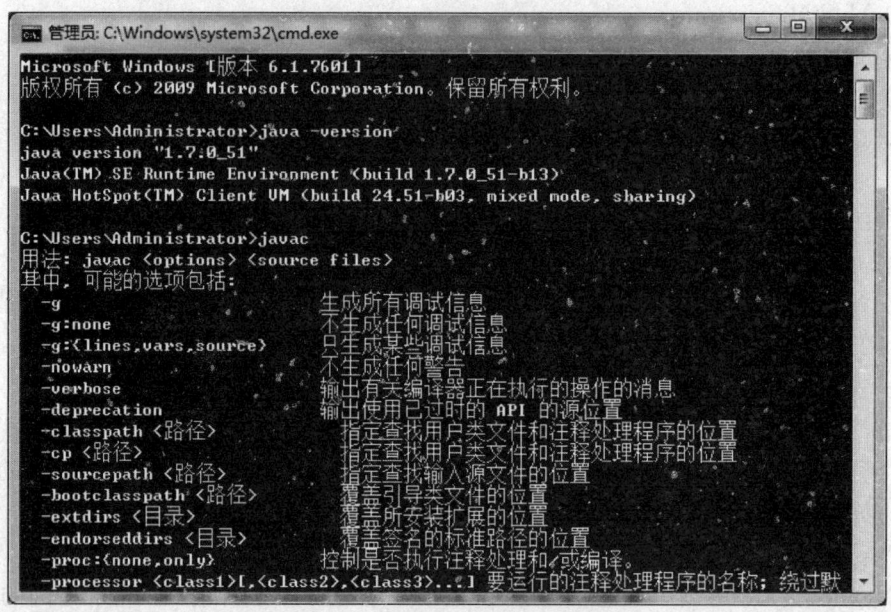

图 1-3 JDK 安装与配置验证

无需安装)。

（2）根据提示完成以上软件的安装，一般采用默认安装。注意：MySQL 5.5 安装过程中需要选择字符编码为 utf-8 编码，以避免中文字符乱码问题。

（3）在 MyEclipse 中配置 JDK。

选择 windows→preferences，双击右侧栏 java→Install JREs，添加设置 JDK 版本 1.7，如图 1-4 所示。

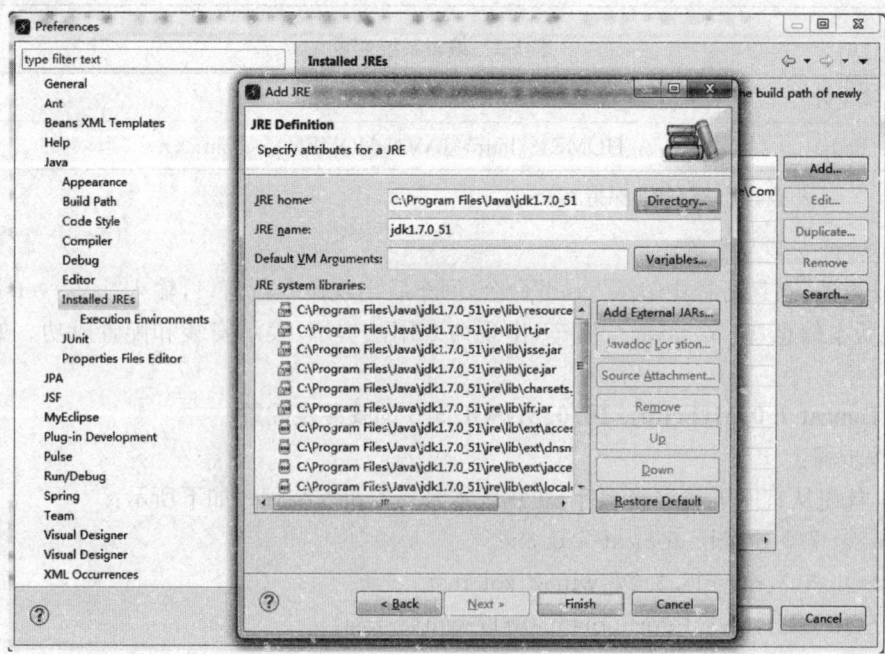

图 1-4 配置 JDK

添加 Install JREs 为 jdk1.7.0_51 后，记得勾选该选项，然后点击"OK"按钮确定，如图 1-5 所示。

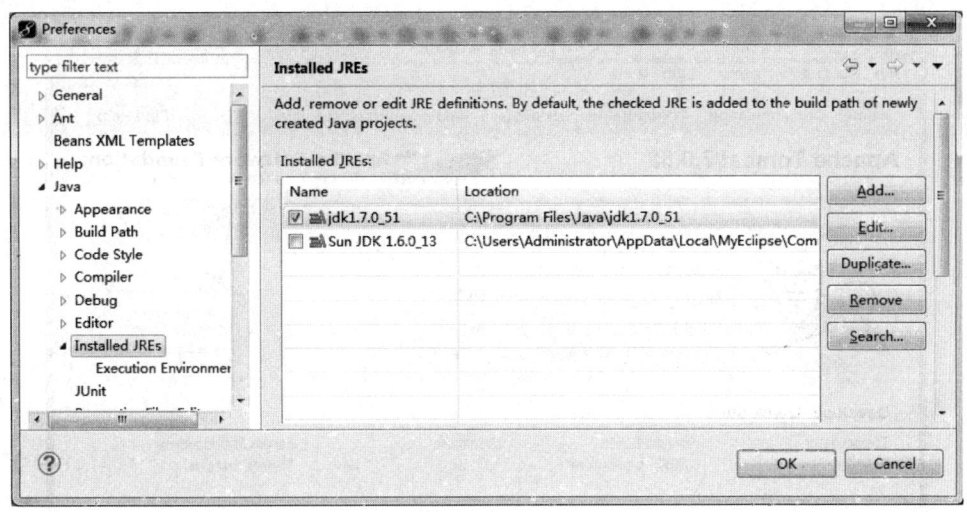

图 1-5　选择 JDK

（4）在 MyEclipse 中配置 Tomcat。

在 preferences 中，依次展开 MyEclipse→Servers→Tomcat→Tomcat 7.x，选中 Enable 单选按钮，并设置 Tomcat home directory、Tomcat base director 和 Tomcat temp director 路径。Tomcat 安装路径为：C:\Program Files\Apache Software Foundation\Tomcat 7.0。如图 1-6 所示。

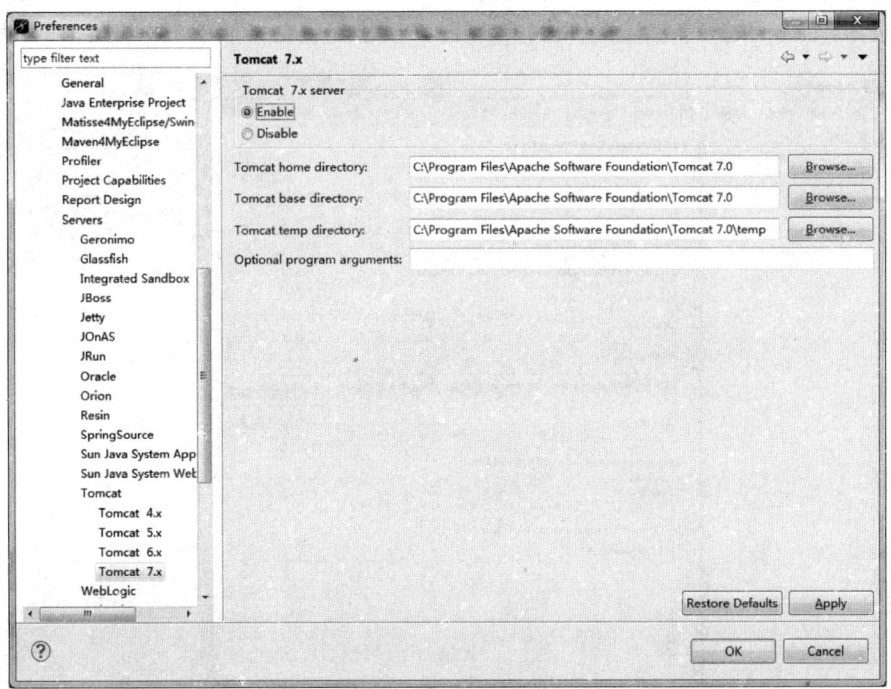

图 1-6　配置 Tomcat

在 MyEclipse 浏览器中输入"http://localhost:8080/",能够打开 Tomcat 界面表示配置成功。如图 1-7 所示。

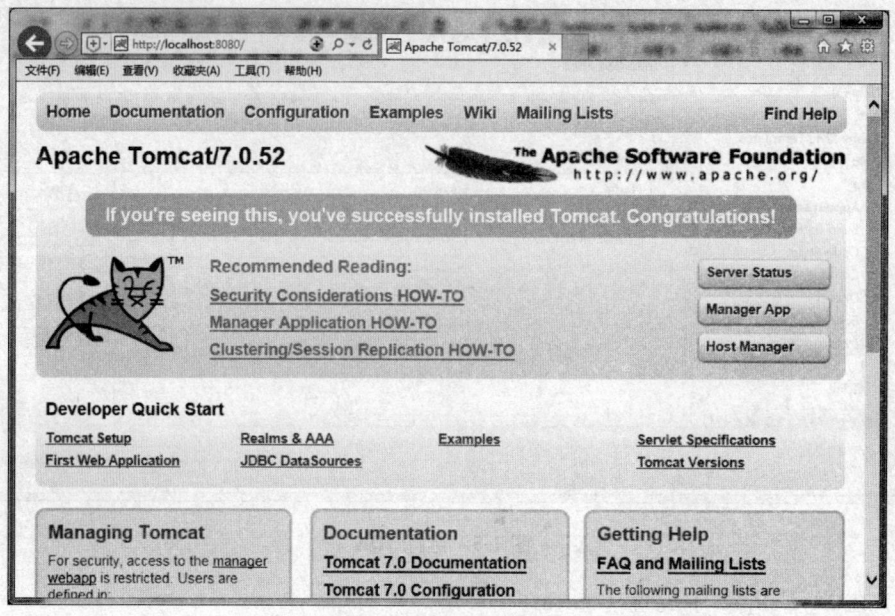

图 1-7　Tomcat 配置验证

(5) 在 MyEclipse 中简单测试 MySQL。

选择 windows→Open Perspectives→MyEclipse Database Explore,在左侧 DB Browser 选项卡中空白处,单击右键→New,配置 DataBase Connection Driver 参数。点击 Test Driver 按钮,如无问题,将给出信息提示数据库连接建立成功。如图 1-8 和图 1-9 所示。

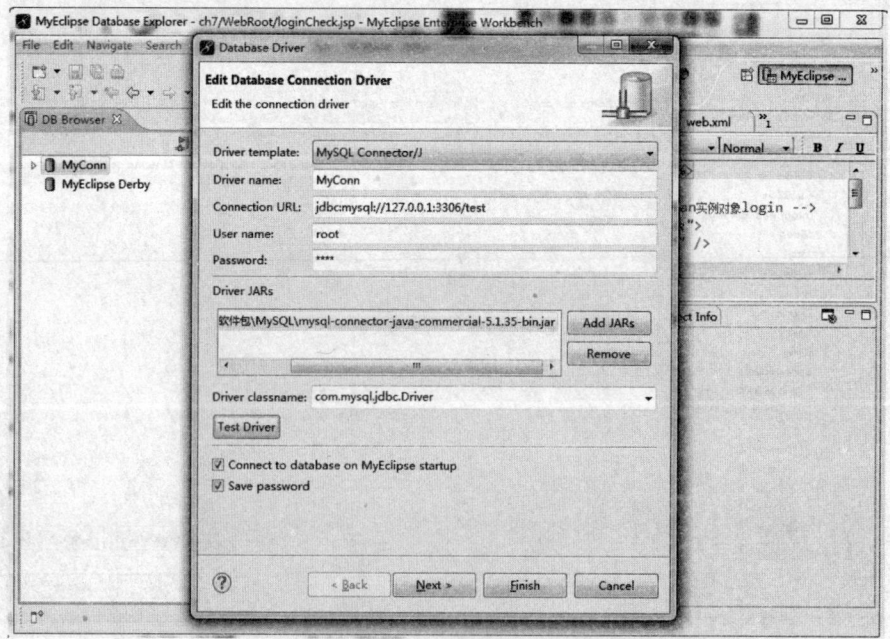

图 1-8　新建数据库连接

第 1 章 Web 基础　　11

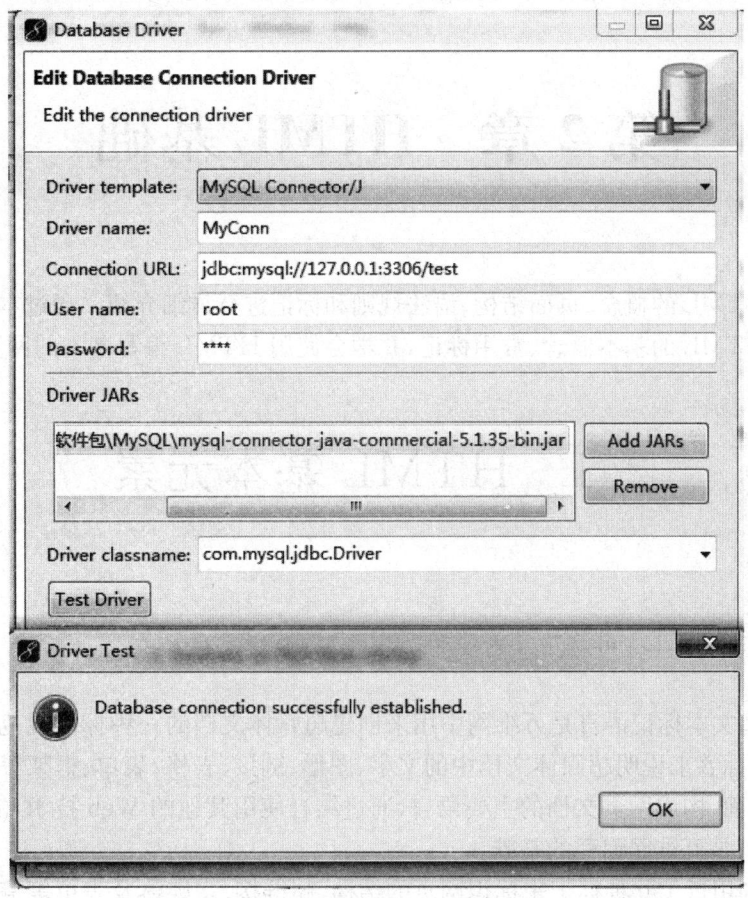

图 1-9　参数配置及连接测试

第 2 章　HTML 基础

本章对 HTML 的概念、页面结构、语法规则和标记进行详细介绍。通过本章的学习,读者能够掌握 HTML 的基本概念、常用标记,并学会使用 HTML 编写基本的网页页面。

2.1　HTML 基本元素

2.1.1　HTML 简介

HTML 超文本标记语言是万维网中用来创建超媒体文档的一种标准规范,通过在文档中加入适当的标签来说明超媒体文档中的文字、图形、链接、表格、表单、框架等页面元素,是制作万维网页面、构成网页文档的主要语言,通过结合使用其他的 Web 技术,能够创造出功能强大的网页,是万维网编程的基础。

HTML 利用近 120 种标记来标识网页的结构、超链接、多媒体及表单等信息,使页面能够在浏览器中展现出指定效果,让页面变得多姿多彩。HTML 并不能精确定义格式,只是建议了 Web 浏览器该如何显示和排列各页面元素信息,因此同样的页面在不同的浏览器中显示的效果可能会不同。

HTML 文档是纯文本文件,其文件扩展名为".htm"或者".html"。可以使用任何文本编辑器来创建和编辑 HTML 文档。

2.1.2　HTML 基本语法

1. HTML 的语法格式

一份标准的 HTML 文档由标记(Tag)和显示在页面上的文件内容组成。这些文件内容可以是文字、图片、图像、声音、动画等元素中的一种或几种组合而成。在 HTML 文档中,使用各种各样的标记来定义文字、图片、图像、声音、动画等组件在页面中的位置、格式及它们之间的关系。HTML 语法以标记的方式来告诉网页浏览器如何去解释并显示文档中的各种内容。在 HTML 文档中,有些标记必须成对出现,而有些可以单一出现。其语法基本格式如下。

(1) 成对标记:

<tagname property1="value1" property2="value2"> 显示内容 </tagname>

(2) 非成对(单一)标记：

`<tagname property1= "value1" property2= "value2">` 显示内容

HTML 标记语法不区分大小写。HTML 语句以"<"表示开始，以">"表示结束。其中 tagname 是标记名称，用来表示标记的开始；/tagname 标记前面加斜线表示标记的结束；property 用来改变"显示内容"的属性值，"property1＝"value1""表示将 property1 属性值设置为 value1，不同的标记所拥有的属性不一定相同，编辑属性时没有前后次序关系，每个属性都有默认值，如不指定则使用该属性的默认值；"显示内容"是在网页上显示的具体内容。

2. HTML 文档结构

HTML 整个文档的范围由＜html＞和＜/html＞进行标记，分为头部(Head)和主体(Body)两大部分。其中头部用来定义文档的标题等内容，以＜head＞开始，到＜/head＞结束；主体部分用来放置文档的具体内容及相关格式设定，以＜body＞开始，到＜/body＞结束。其整体结构如图 2-1 所示。

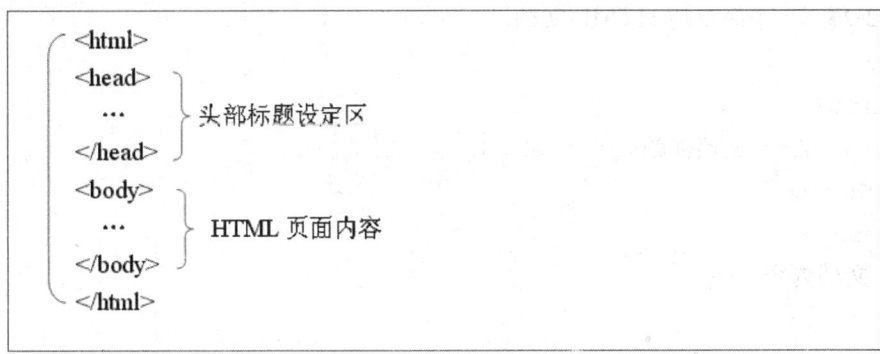

图 2-1　HTML 文档结构

2.1.3　HTML 标记

1. 头部标记

HTML 文档的头部主要用来提供该文档的整体信息，包括标题栏名称、文档的网址、所采用的语种等。以＜head＞标记文件头部的开始，以＜/head＞标记头部的结束。头部中常用的标记有以下几个：

- ＜title＞…＜/title＞标记，设定文档的标题。
- ＜base＞标记，为页面上的所有链接指定默认地址或默认目标。
- ＜meta http-equiv="Content-Type" content="text/html; charset＝gb2312"＞标记提供文档字符集、使用语言、作者等基本信息，对关键词和网页等级进行设定。提供的信息用户不可见，是文档的最基本的元信息。
- ＜!--说明文字--＞为注释标记，在文档中任何地方都可以使用，作为文档说明。
- ＜bgsound　src="URI" loop="playtime"＞标记，设定文档背景音乐。

【例 2-1】　头部标记应用示例。

```
<!-- 例 2-1 常用头部标记应用 -->
<html>
```

```
    <head>
        <title>欢迎学习 HTML 标记语言</title>
        <meta http-equiv= "Content-Type" content= "text/html; charset= GBK">
        <bgsound src= "bg.wav" loop= "10">
    </head>
    <body>
    </body>
</html>
```

2. 主体标记

主体标记<body>…</body>包含了网页的所有内容。下面是一个带有最基本的必需元素的 HTML 文档。

【例 2-2】 一个简单的 HTML 文档。

```
<html>
    <head>
        <title>文档标题</title>
    </head>
    <body>
        文档内容……
    </body>
</html>
```

<body>标记具有 background、bgcolor、text 和 link 等属性,这些属性将会影响整个页面的显示格式,不赞成直接使用这些属性进行页面格式的设置,如需要对页面中某些元素进行格式设置,推荐在具体元素中进行设置。

3. 分层标记

分层标记用来排版大块的文档分区或节,常用来进行文档页面布局。<div>可以把文档分割为独立的、不同的部分,为页内大块的内容提供结构和背景元素。可以用 id 或 class 来标记<div>,便于进一步使用样式对 div 进行格式化设置。其一般使用形式如下:

```
<div class= "news">
    <h2> 标题</h2>
    <p> 文本内容……</p>
    …
</div>
```

4. 文本和格式标记

HTML 文档页面内容中最多的就是文字,下面介绍的这几个标记是对网页中文字进行格式设计和排版的常用标记。

(1) 标题定义标记

设定网页内容的标题格式,由大到小共 6 种标题格式<h1> 到 <h6>,<h6>的字体最小。

(2) 文字格式标记
- …标记,设定文本为加粗字。
- <i>…</i>标记,设定文本为斜体字。
- <u>…</u>标记,设定文本有下划线。
- […]标记,设定文本以上标来显示。
- _…标记,设定文本以下标来显示。

(3) 段落标记
- <p>…</p>为定义段落标记,将标记间的文本内容组织成一个完整段落。
- <pre>…</pre>为预格式化文本标记,使标记间的文本信息按照原格式在浏览器中显示,通常会保留文本中的空格和换行符。常见的应用是用来显示计算机程序源代码。

【例 2-3】 <pre>标记应用示例(显示源代码)。

```
<html>
<head>
  <title>文档标题</title>
</head>
<body>
<pre>
&lt;html&gt;

&lt;head&gt;
    &lt; script  type =  &quot; text/javascript&quot;  src = &quot;readxmldoc.js&quot; &gt;
  &lt;/script&gt;
  &lt;/head&gt;

  &lt;body&gt;

    &lt;script type= &quot;text/javascript&quot;&gt;
      xmlDoc=
<a href = "dom_readxmldoc.jsp"> readXMLDoc </a> (&quot; students.xml&quot;);
      document.write(&quot;xmlDoc is ready for use&quot;);
    &lt;/script&gt;

  &lt;/body&gt;

&lt;/html&gt;
</pre>
</body>
</html>
```

该 HTML 文档在浏览器中的显示效果如图 2-2 所示。

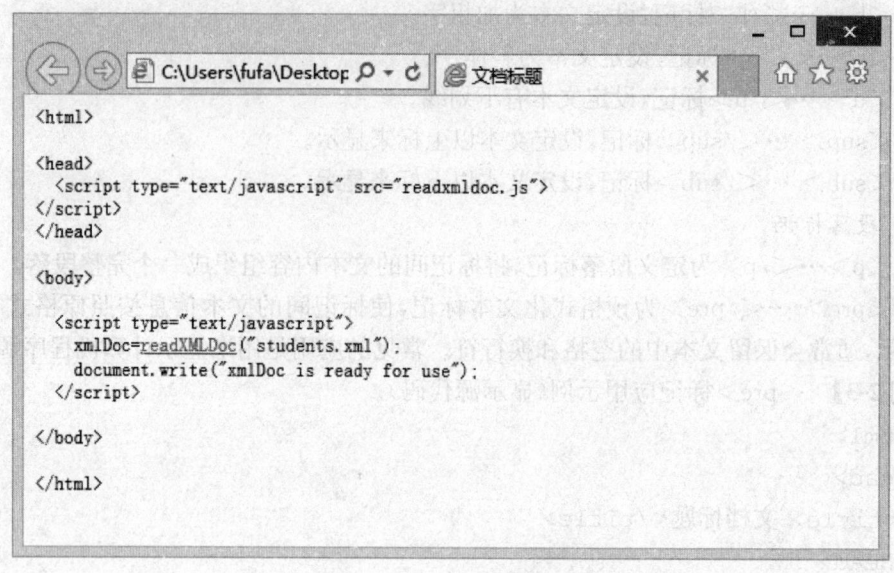

图 2-2 显示源代码应用

（4）换行标记

换行标记
可插入一个简单换行符。
标记为空标记，没有结束标记。浏览器在显示 HTML 文档时，会忽略在文件中使用回车键进行的换行标识，如要显示换行效果，必须使用
标记进行换行。

（5）水平线标记

水平线标记<hr>可在 HTML 页面中创建一水平线，视觉上将文档分隔成两个部分。

下面通过一个具体的例子，来熟悉上述介绍的几个文本和格式标记在 HTML 文档中的具体应用。

【例 2-4】 文本和格式标记应用示例。

```
<html>
  <head>
    <title> 文本和格式标记应用</title>
  </head>
<body>
  <p> 设定标题格式示例：</p>
  <h1> h1 标题格式效果</h1>
  <h6> h6 标题格式效果</h6>
  <hr>
  <!--水平线,分隔页面-->
  <p> 字体特殊效果示例：</p>
  <b> 粗体显示格式示例</b>
  <i> 斜体显示格式示例</i>
  <u> 下划线显示格式示例</u>
  <br
```

数学公式:2X<sup> 3</sup> + 4x<sup> 2</sup> = 50
化学公式:2H<sub> 2</sub> + O<sub> 2</sub> = 2H<sub> 2</sub> O
</body>
</html>

该 HTML 文档在浏览器中的显示效果如图 2-3 所示。

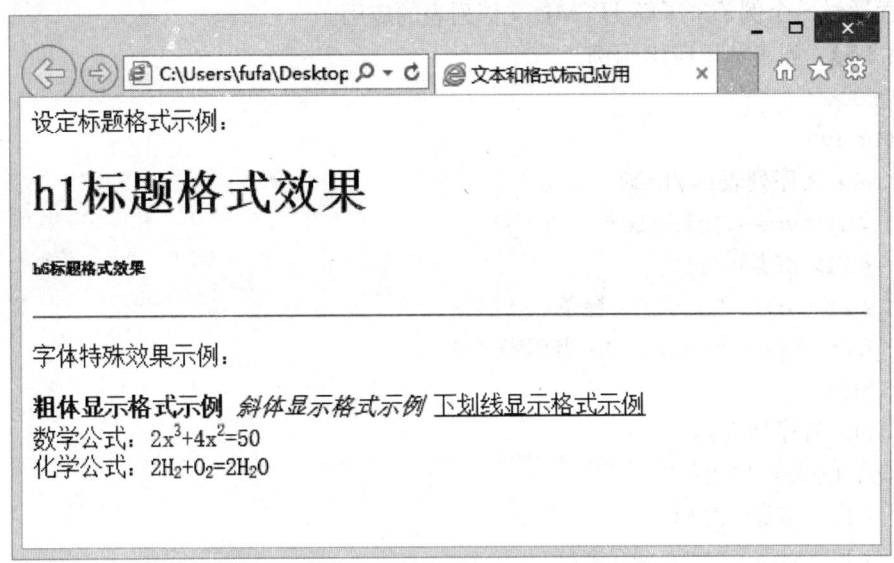

图 2-3 文本和格式标记应用示例

5. 列表标记

列表标记用于在 HTML 文档中定义列表,包括有序列表标记和无序列表标记。在列表标记中使用列表项标记<li>为列表定义列表项。

(1) 无序列表标记<ul>

无序列表是只在各列表项前面显示特殊符号的缩排列表,其中的列表项目没有顺序。该标记的一般使用形式如下:

```
<ul type= "list- style- type">
    <li> 表项 1</li>
    <li> 表项 2</li>
    <li> 表项 3</li>
</ul>
```

其中 list-style-type 属性说明列表项目前面显示的符号形状,有默认 disc(实心圆)、circle(空心圆)和 square(实心方块)几种形式。

(2) 有序列表标记<ol>

有序列表中的列表项目有先后顺序编号,前面会显示数字或字母以说明表项排列顺序。该标记的一般使用形式如下:

```
<ol type= "list- style- type">
    <li> 表项 1</li>
    <li> 表项 2</li>
    <li> 表项 3</li>
```

</ol>

其中 list-style-type 属性说明列表项目用什么符号进行顺序编排,有 upper-alpha(大写英文字母)、lower-alpha(小写英文字母)、upper-roman(大写罗马字母)、lower-roman(小写罗马字母)和 decimal(十进制数字)等形式,也可以是上面几种符号形式的组合。默认列表标识为十进制阿拉伯数字。

下面通过一个例子来了解 HTML 文档列表的应用。

【例 2-5】 列表标记应用示例。

```
<html>
  <body>
  <h4> 无序列表:</h4>
    <ul type= "circle">
    <li> 红茶</li>
    <li type= "disc"> 绿茶</li>
    <li type= "square"> 普洱茶</li>
    </ul>
  <h4> 有序列表:</h4>
  <ol type= "I">
    <li> 红茶</li>
    <li type= "A"> 绿茶</li>
    <li type= "1"> 普洱茶</li>
  </ol>
</body>
</html>
```

该 HTML 文档在浏览器中的显示效果如图 2-4 所示。

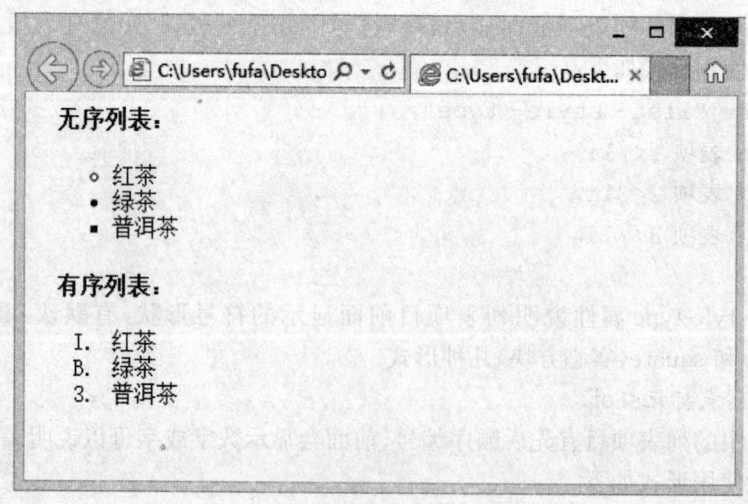

图 2-4　列表应用示例

6. 超链接标记

超链接是实现页面同其他网页或站点之间连接的元素,是指从一个网页指向一个目标

的连接关系。超链接通过文字、图像等载体对文件进行链接,引导用户阅读文件。标记格式为:

<a href= "url" target= "打开链接目标网页的窗口"> 锚点</a>

• href 属性:设定链接指向页面的 URL,该 URL 可以是相对的或绝对的,也可以是文档中的一个锚点。

• target 属性:设定打开目标页面的窗口,默认会在当前窗口中打开链接。该属性有下列几个属性值:_blank(新窗口),_parent(父窗口),_self(当前窗口),_top(顶级窗口)及窗体名称(常用于指定框架窗体名称)。

有以下几种常用的链接。

(1) 链接到页面,例如:<a href="http://www.baidu.com" target="_blank">百度</a>。

(2) 链接到图像,例如:<a href="image_name.jpg">图片</a>。

(3) 链接到电子邮件,例如:<a href="mailto:邮件地址">请与管理员联系</a>。

(4) 链接到页内。实现页内链接需先使用 id 或 name 属性设置锚点,格式为:<a id="锚点名称">被链接后显示的首部分</a>,然后使用 href 属性指向该锚点,格式为:<a href="#锚点名称"></a>,#号表示链接目标与 a 标记在同一页面中。

7. 图像标记

图像使网页更加生动和直观。常见的图像格式有 gif、jpeg 和 png 等格式。<img>标记向网页文档中嵌入一副图像,真正的图像并不会插入在网页中,这里只是指向图像的一个链接,浏览器在加载页面时会根据此链接将指向的图像加载并显示在页面中。

语法格式:

<img src= "tupian.jpg" alt= "图片" />

其中,src 属性指明图像的来源,必须要有,常用 URL 来标示链接图片在网络中的存放地址;alt 属性指明当图片无法加载时显示的替代文本。

2.2 表格元素

2.2.1 表格功能

通过表格可以将同性质的数据分门别类,整齐排列,方便用户浏览。在 HTML 文档中,表格除了用来制作一般的数据表格外,还可以用来分割网页页面的版面,作为页面排版布局。

表格由多个水平行(Row)和垂直列(Columns)组成,表格内的小方框为存储单元格(Cell)。通过<table>…</table>标记可以在网页中插入一个表格,让文字、图片和表单数据等信息限制在某个范围内显示,使得页面看起来对齐工整。

2.2.2 表格制作

1. 表格基本组成

一个简单表格由行和列分隔的单元格组成,根据需要可以定义表格标题行。

【例 2-6】 一个简单表格的 HTML 源代码。

```
<table>
<tr>
    <td> 第一行第一列</td>
    <td> 第一行第二列</td>
    <td> 第一行第三列</td>
</tr>
<tr>
    <td> 第二行第一列</td>
    <td> 第二行第二列</td>
    <td> 第二行第三列</td>
</tr>
</table>
```

该 HTML 文件在浏览器中的显示效果如图 2-5 所示。

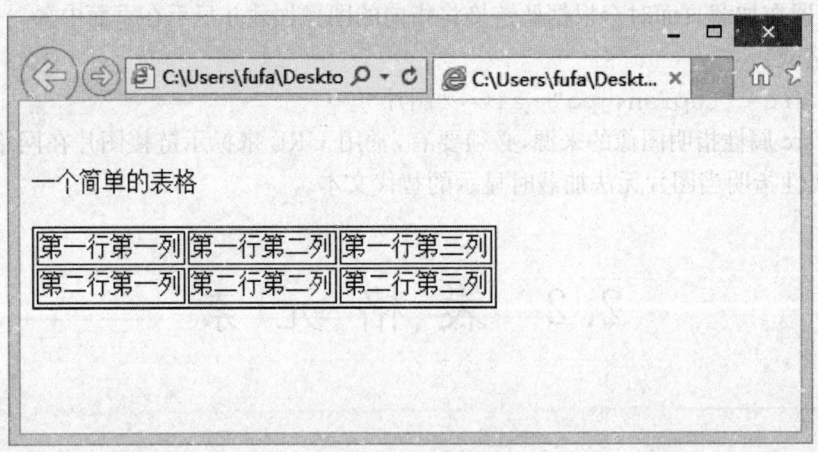

图 2-5 一个简单的表格

各表格标记的意义如下:

(1)<table>…</table>表格标记,用于声明表格并负责设定整个表格的属性,其中 border 属性用来设置表格外框宽度。

(2)<tr>…</tr>表格行标记,用于定义表格中的水平行。

(3)<td>…</td>表格字段标记,用于定义表格中的一个数据字段,在<tr>标记内使用。

(4)<th>…</th>表格字段名称标记,用于定义表格的字段名称。

(5)<caption>…</caption>表格标题标记,用于定义表格的标题。

【例 2-7】 表格应用示例——在浏览器中显示如表 2-1 所示的学生名单表格。

表 2-1 学生名单

序号	学号	姓名	班级
1	20081602B001	郭能飞	08 计算机
2	20081602B002	刘亚庚	08 计算机
3	20081602B003	张明乾	08 计算机

HTML 源代码如下：

```
<html>
<body>
  <br> <br>
  表格应用
  <br> <br>
  <table border= 1>
    <caption>学生名单</caption>
    <tr>
      <th>序号</th>
      <th>学号</th>
      <th>姓名</th>
      <th>班级</th>
    </tr>
    <tr>
      <th> 1</th>
      <td> 20081602B001</td>
      <td>郭能飞</td>
      <td> 08 计算机</td>
    </tr>
    <tr>
      <th> 2</th>
      <td> 20081602B002</td>
      <td>刘亚庚</td>
      <td> 08 计算机</td>
    </tr>
    <tr>
      <th> 3</th>
      <td> 20081602B003</td>
      <td>张明乾</td>
      <td> 08 计算机</td>
    </tr>
```

```
            </table>
        </body>
</html>
```

该 HTML 文件在浏览器中的显示效果如图 2-6 所示。

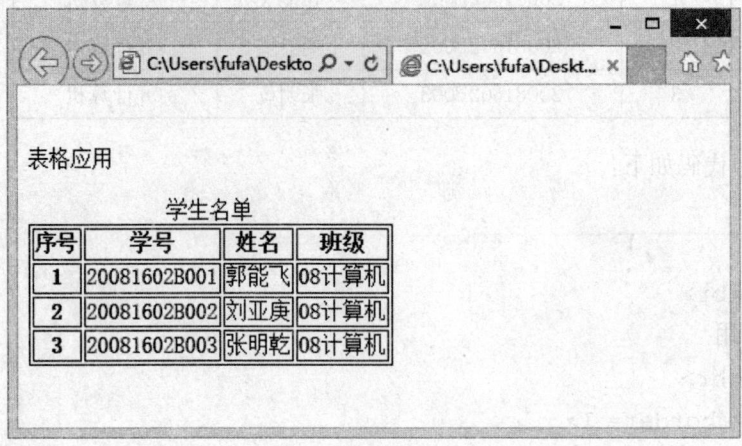

图 2-6　表格应用示例

2.2.3　表格美化

为了让表格看起来更加美观,我们可以对表格的属性进行设置,调整表格的显示效果。表 2-2 列出了表格中常用的各种属性及其适用的标记。

表 2-2　常用表格属性

属性	适用标记	说明
Border	\<table\>	设定表格外框线的粗细,属性值为数值
Background	\<table\>	设定表格背景图片
Cellspacing	\<table\>	设定表格内框线宽度,属性值为数值
Cellpadding	\<table\>	设定表格内文字与表格框线间的间距,属性值为数值
Width	\<table\>\<td\>\<tr\>	设定宽度,属性值可以为数值或百分比
Height	\<table\>\<td\>\<tr\>	设定高度,属性值可以为数值或百分比
Bgcolor	\<table\>\<td\>\<tr\>\<th\>	设定表格背景颜色,属性值为颜色名或三原色(RGB)值
Align	\<table\>\<td\>\<tr\>\<th\>	设定水平对齐方式,属性值有 center、left 和 right
Valign	\<td\>\<tr\>\<th\>	设定垂直对齐方式,属性值有 top、middle 和 bottom

2.2.4　特殊表格

上面所介绍的表格都是工整的制式表格,有些情况下需要表格中某个单元格占用多行或多列的特殊表格,创建这样的表格需要通过单元格下面的两个属性来实现。

- colspan 属性,属性值为数值,设定该单元格占用栏的宽度。
- rowspan 属性,属性值为数值,设定该单元格占用列的高度。

下面我们介绍如表 2-3 所示的特殊表格的制作方法。

表 2-3 特殊表格

【例 2-8】 制作特殊表格示例。

```
<html>
  <body>
    <br> <br>
    制作特殊表格
    <br> <br>
    <table border= 1>
      <tr>
        <td> 第一行第一列</td>
        <td> 第一行第二列</td>
        <td> 第一行第三列</td>
        <td> 第一行第四列</td>
      </tr>
      <tr>
        <td> 第二行第一列</td>
        <td> 第二行第二列</td>
        <td> 第二行第三列</td>
        <td> 第二行第四列</td>
      </tr>
      <tr>
        <td> 第三行第一列</td>
        <td rowspan= "2" align= "center"> 占用两行</td>
        <td colspan= "2" align= "center"> 占用两列</td>
      </tr>
      <tr>
        <td> 第四行第一列</td>
        <td> 第四行第二列</td>
        <td> 第四行第三列</td>
      </tr>
    </table>
```

```
</body>
</html>
```

该 HTML 文件在浏览器中的显示效果如图 2-7 所示。

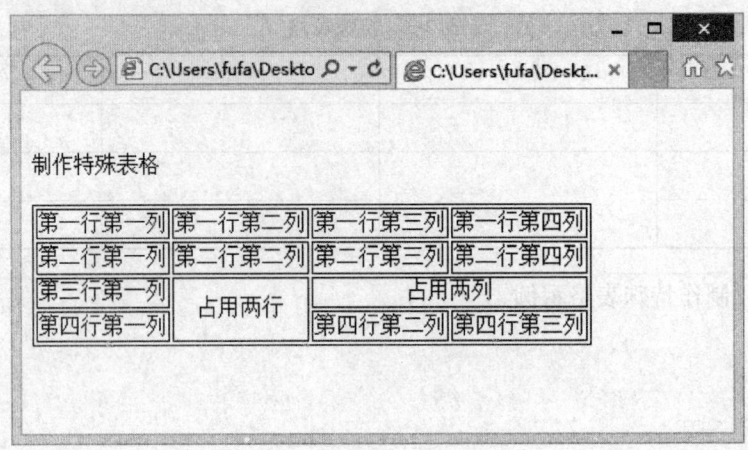

图 2-7　特殊表格

2.3　表单元素

HTML 文档中的表单是提供给用户输入数据的地方,是用户向服务器提交数据的一种途径。用户在表单内填写数据并通过表单将数据传输到服务器,服务器根据表单传递过来的数据做相应的处理。表单是客户端和服务器之间传输数据进行交互的桥梁。

2.3.1　表单基本格式

表单由<form>标记定义,表单中的内容与元素在<form>与</form>之间设置。通过<input type="fieldtype">来设定表单上各种类别的字段,主要的字段类别有文本框、命令按钮、选项按钮、复选框和列表框等。HTML 表单的基本语法如下:

```
<form action= "URL" method= POST|GET name= "formname">
  <input type= "fieldtype" name= "fieldname"…> …</input>
  …
  <input type= "fieldtype" name= "fieldname"…> …</input>
</form>
```

其中<form>和</form>用于标记表单的开始与结束;action 属性指明接收并处理表单数据的程序 URL 地址;method 属性指明表单提交数据到服务器的方式,post 方式将表单内各字段及数据放在 HTML 文档的 header 内提交给 action 指定的处理程序,get 方式则将表单内各字段及数据以成对字符串连接,置于 action 属性指定的程序 URL 后面进行传输,其安全性较低,也不适合传输数据量大的表单;name 属性定义表单的名称,在脚本程序中可通过 name 属性引用及访问表单。

常用表单元素由<input>所定义,输入类型由类型属性(type)定义。常用到的输入类型有如下几种。

- text 类型,单行文本框。格式:
`<input type= "text" name= "txtName">`
- password 类型,密码输入框,所输入字符以"＊"显示,用户不能看到所输入内容。格式:
`<input type= "password" name= "txtPass">`
- hidden 类型,隐藏框,用于存储一些隐含信息,用户在浏览器中看不到该框。格式:
`<input type= "hidden" name= "txtHidden">`
- checkbox 类型,复选框。格式:
`<input type= "checkbox" name= "chkName">`
- radio 类型,单选框。格式：
`<input type= "radio" name= "radName">`
- textarea 类型,多行文本框。格式:
`<input type= "textarea" name= "txtMemoName">`
- button 类型,一般按钮。格式:
`<input type= "button" name= "btnOnclick">`
- submit 类型,提交表单按钮。格式:
`<input type= "submit" name= "btnSubmit">`
- reset 类型,重置按钮。格式:
`<input type= "reset" name= "btnReset">`

常用表单元素还有 select 列表框,格式:
```
<select name= "selName">
<option>…</option>
…
<option>…</option>
</select>
```

2.3.2　表单制作

在制作表单的过程中,可以使用表格对表单元素进行有序排列,另外还可以将表单内同性质的字段放置在同一个字段框中,使表单整洁有序。<fieldset>…</fieldset>和<legend>…</legend>标记可完成表单字段分类。下面介绍一个简单的用户注册表单的制作。

【例 2-9】　用户注册表单。
```
<html>
  <head>
    <title>用户注册</title>
  </head>
```

```html
<body>
  <br> <br>
  用户注册
  <br> <br>
  <form action= "user_register" method= "POST">
    <table>
      <tr>
        <td> 用户姓名:</td>
        <td> <input type= "text" name= "txtName" size= "20"> </td>
      </tr>
      <tr>
        <td> 用户密码:</td>
        <td> <input type= "password" name= "txtPass" size= "20"> </td>
      </tr>
      <tr>
        <td> 再次确认密码:</td>
        <td> <input type= "password" name= "txtComPass" size= "20"> </td>
      </tr>
    </table>
    <fieldset>
      <legend> 个人资料</legend>
      姓名:<input type= "text" name= "txtUserName" size= "20"> <br>
      性别:<input type= "radio" value= "女" checked name= "radSex"> 女
      <input type= "radio" value= "男" name= "radSex"> 男<br>
      电话:<input type= "text" name= "txtTel" size= "20"> <br>
      职业:<select name= "selWork">
        <option selected> 教师</option>
        <option > 医生</option>
        <option > 警察</option>
        <option > 护士</option>
      </select>
    </fieldset>
    <fieldset>
      <legend> 兴趣爱好</legend>
      <input type= "checkbox" name= "chkGames" value= "篮球"> 篮球
      <input type= "checkbox" name= "chkGames" value= "电影"> 电影
```

```
            <input type= "checkbox" name= "chkGames" value= "户外运动"
        checked> 户外运动
          </fieldset>
          <br>
          <input type= "submit" value= "提交" name= "btnSubmit">
          <input type= "reset" value= "清除" name= "btnReset">
        </form>
      </body>
</html>
```

该 HTML 文件在浏览器中的显示效果如图 2-8 所示。

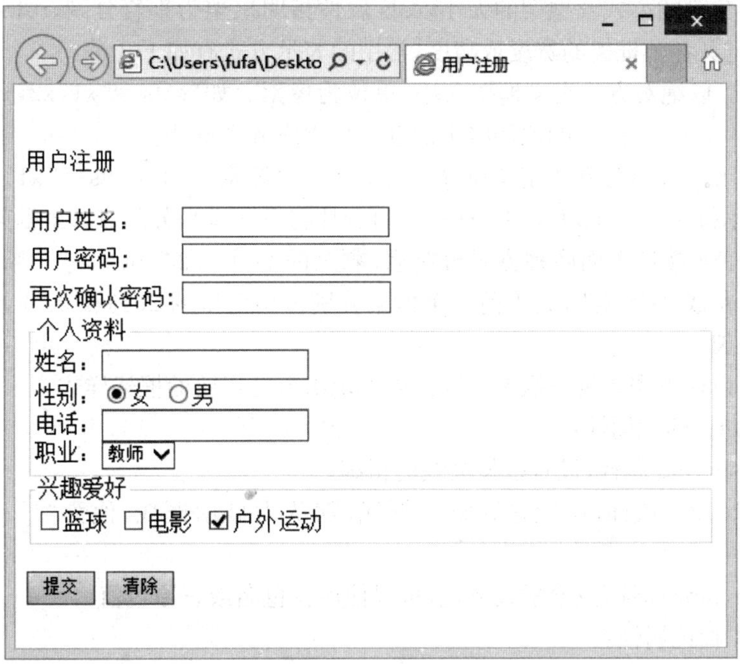

图 2-8 用户注册表单

2.4 框架应用

在某些情况下，可能需要在一个 HTML 文档页面中同时显示多个性质不同的内容，为了让浏览者能更容易区分，可以使用框架将页面划分成多个框架区域，每个框架区域对应不同的 HTML 文档。

2.4.1 建立框架

HTML 提供了<frameset>和<frame>标记在文档中创建添加框架，其中<frameset

\>标记定义整个框架组的分割方式,<frame>标记用来说明各框架内容。语法格式如下:

```
<html>
  <frameset [cols= "value"|rows= "value"]>
    <frame src= "/example/html/frame_a.html">
      ...
    <frame src= "/example/html/frame_b.html">
  </frameset>
</html>
```

这里<frameset>标记取代了<body>标记作为文件的主体,一个 HTML 文档不允许同时存在<body>和<frameset>,只能有其中的一个。<frameset>中的 cols 和 rows 属性说明了框架分割的方式及框架的大小,cols 属性指明框架为垂直分割,rows 为水平分割。value 值用来定义各个框架的宽度或高度,常用的表示方式有如下 3 种:

(1) 数字。以绝对方式定义框架大小,单位为像素。如"cols="x1,x2,x3,…,xn""表示以 x1:x2:x3:…:xn 的比例将页面垂直分割成 n 个框架。

(2) 百分比。以相对方式定义框架大小,单位为像素。如"rows="x1%,x2%,x3%,…,xn%""表示按照 x1:x2:x3:…:xn 百分比将页面水平分割成 n 个框架。

(3) *。表示按照上面两种方式分割后,剩余的部分。如"rows="20%,30%,*""表示页面水平分割成 3 个框架,其中前两个框架分别占用窗口的 20% 和 30%,剩余的部分分配给第三个框架。

用户还可以根据需要设置框架的属性来设定出自己想要的框架样式。

<frameset>标记属性:
- framespacing 属性,设置框架框线的粗细。
- frameborder 属性,设置是否显示框线,默认为显示框线,值为"1";"0"为不显示框线。
- bordercolor 属性,设定框线颜色,可以使用颜色名或三原色值。

<frame>标记属性:
- scrolling 属性,设置滚动条出现的时机,值为"auto"时,文件过长会自动显示滚动条;值为"yes"时,一直显示滚动条;值为"no"时,不显示滚动条。
- noresize 属性,值为 noresize,规定无法调整框架的大小。
- marginheight 属性,设置框架上方和下方的边距,单位为像素。
- marginwidth 属性,设置框架左侧和右侧的边距,单位为像素。
- name 属性,设置框架的名称,在超链接 target 属性中引用,用于指定打开超链接的框架。

2.4.2 混合框架

一个窗口中同时具有水平和垂直分割的框架称为混合框架。制作混合框架有两种方法:一种方法是先制作水平或垂直框架,然后将其中一个框架<frame>标记的 src 属性指向一个已经使用<framese>制作好的 HTML 框架文档;另一种方法是直接使用<frameset>标记创建多个框架,该方法较第一种方法更易于维护。

【例 2-10】 混合框架应用示例。

```
< html >
  < frameset rows= "20% ,* ">
    < frame name= "topFrame" src= "top.html">
    < frameset cols= "20% ,* ">
      < frame name= "leftFrame" src= "left.html">
      < frame name= "rightFrame" src= "right.html">
    < /frameset>
  < /frameset>
< /html>
```

该框架页面在浏览器中的显示效果如图 2-9 所示。

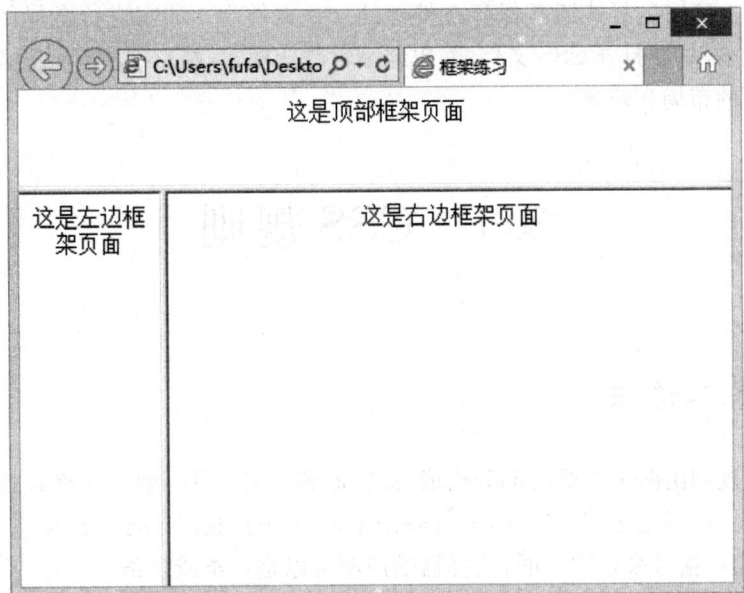

图 2-9 混合框架

第 3 章 CSS 基础

CSS(Cascading Style Sheets),层叠样式表,是用于控制网页样式并允许将样式信息与 HTML 内容分离的一种标记性语言。这意味着可用 HTML 标签定义文档内容,用 CSS 定义如何显示 HTML 元素。

CSS 允许同时控制多重页面的样式和布局,可以为每个 HTML 元素定义样式,然后应用于任意页面。CSS 的样式通常保存在外部的.css 文件中。如需进行全局的更新,开发者采用外部样式表,只需打开 CSS 文档,简单地编辑改变样式,站点中所有元素均会自动更新,改变所有页面的布局和外观。

3.1 CSS 规则

3.1.1 基本语法

CSS 语法规则由两个主要的部分构成:选择器和声明。其一般语法格式如下:

selector {declaration1; declaration2; …; declarationN }

其中,使用花括号来包围声明,选择器的声明可以是一条或多条。
- 选择器(selector):通常是需要改变样式的 HTML 元素。
- 声明(declaration):由属性(property)和属性值组成。

属性是希望设置的样式属性。每个属性有一个值。属性和属性值之间用冒号":"分开。例如:

body {color:blue; font-size:12px;}

上述代码定义 HTML 元素 body 的样式,其作用是将 body 元素内的文字颜色定义为蓝色,同时将字体大小设置为 12 像素。

按 CSS 语法规则定义,body 是选择器,color 和 font-size 是属性,而 blue 和 12px 是属性值。代码的 CSS 语法结构如图 3-1 所示。

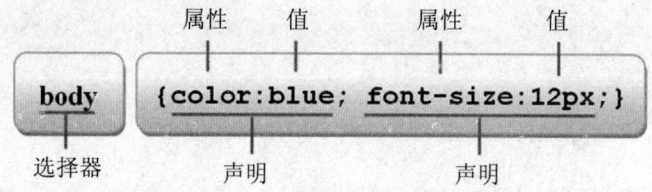

图 3-1 CSS 语法结构示例

3.1.2 CSS 规则

1. 多重声明

样式表包含多条规则,而多数规则包含不止一个声明。定义多个声明需要用分号将每个声明分割开。最后一条规则不需要加分号。然而,当从现有的规则中增减声明时,为了尽可能地减少出错的可能性,会在每条声明的末尾都加上分号。例如:

body {font-size: 12px; color: blue; font-family: "宋体";}

上述例句将定义一个 HTML 文档主体(body)的字体、大小和颜色。

为了增强样式定义的可读性,可以在每行只描述一个属性。例如:

```
body {
    font-size: 12px;
    color: blue;
    font-family: "宋体";
}
```

2. 引号包含

如果属性值为若干单词,则需要给属性值加引号。例如:

body {font- family: "宋体";}

3. 大小写和空格

多数情况下,CSS 对大小写不敏感。但是,如果与 HTML 文档一起工作,class 和 id 名称对大小写是敏感的。在样式表中,是否包含空格不会影响 CSS 在浏览器中的工作效果。但在多重声明中使用空格会使得样式表更容易被编辑,例如:

```
body {
    margin: 0px;
    font-size: 12px;
    background: # 999999;
    color: blue;
    font-family: arial, "宋体";
}
```

4. 颜色值的不同写法和单位

颜色值可以直接使用英文单词表示,黄色除了英文单词 yellow 外,还可以使用十六进制的颜色值 #00ff00:

body { color: #00ff00;}

为了节约字节,有的颜色可以使用 CSS 的缩写形式:

body { color: #ff0;}

此外,还可以通过以下两种方法使用 RGB 值:

body { color: rgb(0,255,0);}

body { color: rgb(0% ,100% ,0%);}

注意:使用 RGB 百分比时,即使值为 0 也要加上百分比符号。但是在其他的情况下不需要,比如尺寸为 0 像素时,0 之后不需要使用 px 单位。

5. 选择器分组

如果多个选择器有相同的声明,则可以对选择器进行分组,用逗号将需要分组的选择器分开。例如将主体、按钮、输入框、选择框、多行输入框元素都设置为统一的字体、大小和颜色,CSS 代码如下:

```
body, button, input, select, textarea {
    color: blue;
    font-family: arial, "宋体";
    font-size: 12px;
}
```

6. 继承

CSS 规则中,子元素将从父元素继承属性,所以子元素会继承最高级元素所拥有的属性。例如下列 CSS 样式表代码定义 body 元素使用"arial,宋体"字体:

```
body {
    font-family: arial, "宋体";
}
```

通过 CSS 继承,不需要另外的规则,所有 body 的子元素都会显示为"arial,宋体"字体,子元素的子元素也一样。

如果不希望"arial,宋体"字体被所有的子元素继承,则可以对子元素创建一个特殊规则,这样子元素就会摆脱父元素的规则。例如对 h1、h2、h3、h4、h5、h6 标题元素创建规则:

```
body {
    font-family: arial, "宋体";
}
h1,h2,h3,h4,h5,h6 {
    font-family: arial, "黑体";
}
```

3.2 CSS 调用

在 HTML 文档中调用 CSS 样式有 4 种方式,分别是内联样式、内嵌样式、导入样式和链接样式。

3.2.1 内联样式

内联样式是在 HTML 元素标签的 style 属性中直接声明 CSS 样式,将 CSS 代码赋为 style 属性值。内联样式是 4 种样式中最为直接的一种。

【例 3-1】 内联样式示例(3-1.html)。

```
<html>
    <head>
```

```
          <title>内联样式示例</title>
      <head>
      <body>
          <p style= "color:blue; font- weight:bold;"> 这是内联样式的示例!</p>
      </body>
  </html>
```

3.2.2 内嵌样式

内嵌样式是将 CSS 样式代码写在<style>…</style>元素标签中间,并将<style>…</style>包含在<head>…</head>元素标签范围内。

【例 3-2】 内嵌样式示例(3-2.html)。

```
<html>
    <head>
        <title>内嵌样式示例</title>
        <style type= "text/css">
          p{
            color:blue;
            font-weight:bold;
            font-size:16px;
          }
        </style>
    <head>
    <body>
        <p>这是内嵌样式示例!</p>
    </body>
</html>
```

3.2.3 导入样式

导入样式采用 import 方式导入样式表。首先需要创建 CSS 样式表文档,然后通过 import 方式导入。此种方式下,HTML 文件初始化时,CSS 样式表文档会被导入到 HTML 文件内,作为文件的一部分,类似内嵌样式。

在 HTML 文件中导入样式表,可以采用以下任意一种 import 语句。将选择的任意一种导入语句放在<style>…</style>元素标签内即可。

```
@import url("CSS 样式表文档");
@import url('CSS 样式表文档');
@import url(CSS 样式表文档);
@import "CSS 样式表文档";
```

```
@import 'CSS 样式表文档';
```
【例 3-3】 导入样式示例(3-3.html)。
```
<html>
  <head>
    <title>导入样式示例</title>
    <style type= "text/css">
      <!--
        @import url("mycss.css");
      -->
    </style>
  </head>
  <body>
    <p>这是导入样式示例！</p>
  </body>
</html>
```

3.2.4 链接样式

链接样式是 Web 系统中普遍采用的方式,采用<link>元素标签将独立存储的 CSS 文档链接到 HTML 页面中,<link>元素标签需要包含在<head>…</head>标签范围内。

与导入方式类似,链接样式首先需要创建 CSS 样式表文档,然后通过<link>元素标签方式将样式引入。但与导入方式不同的是链接样式是在 HTML 标签需要时才以链接的方式引入样式。

链接样式将 HTML 页面内容与 CSS 样式分离,可以采用多个链接样式,实现 HTML 页面代码与样式 CSS 代码的完全分离。在需要时同一个 CSS 文件可以在多个 HTML 文档中链接引用,甚至在整个 Web 系统所有页面中链接引入,这样使得 Web 系统设计中的前期制作和后期维护都十分方便。

【例 3-4】 链接样式示例(3-4.html)。
```
<html>
  <head>
    <title>链接样式示例</title>
    <link rel= "stylesheet" type= "text/css" href= "mycss.css" />
  </head>
  <body>
    <p>这是链接样式示例！</p>
  </body>
</html>
```

在 HTML 文档中,可以同时采用多种不同方式的样式。如果某些属性在不同的样式表中被同样的选择器定义,那么属性值将从更具体的样式表中被继承过来。

例如,在某个 HTML 文档中,同时存在以下的样式应用声明。

(1) 在 HTML 文档的链接样式中有 p 选择器的三个声明：
p { color: blue; text-align: left; font-size: 10pt; }
(2) 在 HTML 文档的内嵌样式中也有 p 选择器的两个声明：
p { text-align: right; font-size: 12pt; }
那么，这个 HTML 文档的元素 p 得到的样式是：
color: blue; text-align: right; font-size: 12pt;
即颜色(color)属性将继承于链接样式，而文字排列(text-align)和字体尺寸(font-size)被内嵌样式表中的规则取代。

3.3 CSS 选择器

CSS 选择器有多种，其中元素选择器、类别选择器、ID 选择器是基本类型选择器。

3.3.1 元素选择器

元素选择器是最常见的 CSS 选择器。元素即 HTML 的元素。HTML 文档由很多不同的元素标签组成，CSS 元素选择器就是声明哪些 HTML 元素采用哪种 CSS 样式。每一种 HTML 元素标签的名称都可以作为相应的元素选择器的名称，比如 body、h1、p、a 等，甚至可以是 HTML 本身。例如：

```
html {color:black; background:white;}
p {color:blue; background:gray;}
h1 {color:red; background:gray;}
```

可以将某个样式从一个元素切换到另一个元素，例如将上述代码中标题(h1 元素)的样式设置为段落文本的样式，只需要在 h1 样式中添加 p 选择器，更改代码如下：

```
html {color:black; background:white;}
h1, p {color:red; background:gray;}
```

3.3.2 类选择器

采用元素选择器声明，则页面中的所有对应标签都会相应地产生样式变化。如果仅仅希望页面中某一个标签样式发生变化，这时就需要引入类(class)选择器。

类选择器允许以一种独立于 HTML 文档元素的方式来指定样式。类选择器可以单独使用，也可以与其他元素结合使用。在 CSS 中，类选择器采用点符号"."来定义。类名称可以由用户定义，注意类名称的第一个字符不能使用数字。类选择器的语法格式如下：

.class {declaration1; declaration2; …; declarationN }

类选择器的声明必须符合 CSS 规则，结合通配选择器定义，示例如下：

*.attr {color:green; font-weight:bold; text-align:center;}

如果只想选择所有类名相同的元素，可以在类选择器中忽略通配选择器，这没有任何不好的影响。例如：

.attr {color:green; font-weight:bold; text-align:center;}

上述CSS样式代码定义了类选择器attr,所有拥有attr类的HTML元素的内容均为居中、绿色加粗字体。

为了将类选择器的样式与HTML元素关联,必须修改具体的HTML元素标记,将HTML元素的class属性指定为一个适当的类选择器。

【例3-5】 样式应用示例(3-5.html)。

```
<h1 class="attr">
    类选择器示例
</h1>
<p class="attr">
    类选择器的示例,HTML元素的内容均为居中绿色加粗字体。
</p>
```

在上面的HTML代码中,h1和p元素都有attr类,则两个元素都将遵守".attr"选择器中的规则。示例的运行结果如图3-2所示。

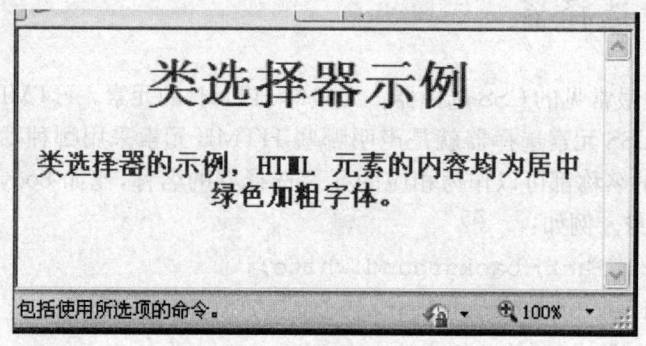

图3-2 类选择器示例

3.3.3 ID选择器

ID选择器为标有id属性的HTML元素设定样式。ID选择器的使用方法跟类选择器基本相同,但ID选择器不支持像类选择器那样的多风格样式设置,ID选择器只能在HTML页面中使用一次。ID选择器采用"#"符号来定义。ID选择器的语法格式示例如下：

```
<style>
    #red {color:red; font-weight:bold;}
    #green {color:green; font-weight:bold;}
</style>
```

上述CSS样式定义了两个ID选择器,第一个定义元素的文本内容显示为红色粗体字,第二个定义元素的文本内容显示为绿色粗体字。在HTML的元素标签中只需要利用元素的id属性,就可以直接调用CSS中的ID选择器。

【例3-6】 ID选择器应用示例(3-6.html)。

```
<p id="red">这个段落文字是红色。</p>
```

```
<p id= "green"> 这个段落文字是绿色。</p>
```
在每个 HTML 文档元素中,id 属性只能出现一次。在上面的 HTML 代码中,id 属性为 red 的 p 元素显示为粗体红色字,而 id 属性为 green 的 p 元素显示为粗体绿色字。示例的运行结果如图 3-3 所示。

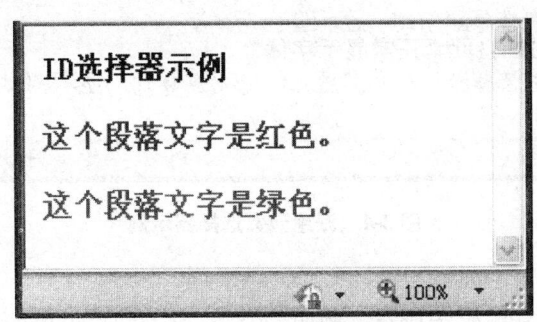

图 3-3　ID 选择器示例

3.3.4　派生选择器

派生选择器允许根据文档的上下文关系来确定某个标签的样式。合理地使用派生选择器,可以使 HTML 代码变得更加整洁。派生选择器主要有以下三种。

1. 派生元素选择器

派生元素选择器由 HTML 元素选择器派生而来,示例如下:
```
<style>
  strong { color: blue; }
  p strong { color: red; }
  li strong { font-style: italic; font-weight: normal; color: blue; }
</style>
```
上述样式将实现 strong 元素样式的定义及 p、li 元素的派生 strong 元素样式的定义。

【例 3-7】　派生元素选择器应用示例(3-7.html)。
```
<p>
  p 元素的派生选择器作用范围外的字体,<br>
  <strong> p 元素派生选择器作用范围内的加粗红色字体,</strong> <br>
  p 元素的派生选择器作用范围外的字体
</p>
<ol>
<li> <strong> 元素选择器样式:显示蓝色粗体字</strong> </li>
<li> html 的 li 元素正常显示字体</li>
<li> <strong> 派生选择器:li 元素内 strong 元素样式,显示斜体字</strong>
</li>
```
标记为<strong>元素的内容为蓝色字体,而作为派生选择器的样式则分别为红色字和斜体蓝色字。示例的运行结果如图 3-4 所示。

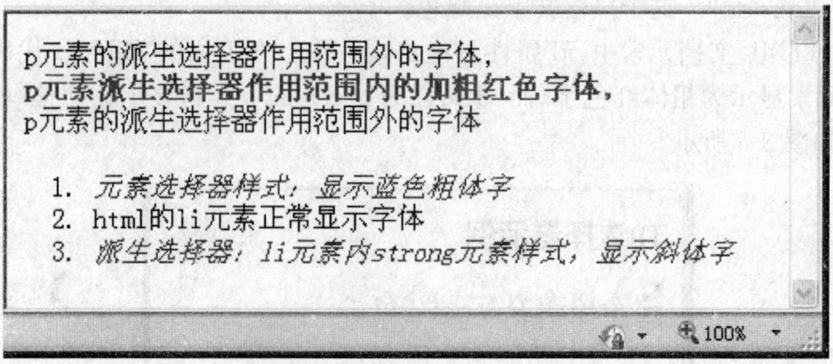

```
p元素的派生选择器作用范围外的字体，
p元素派生选择器作用范围内的加粗红色字体，
p元素的派生选择器作用范围外的字体

    1. 元素选择器样式：显示蓝色粗体字
    2. html的li元素正常显示字体
    3. 派生选择器：li元素内strong元素样式，显示斜体字
```

图 3-4 派生元素选择器示例

2. 派生类选择器

类选择器也可以建立派生选择器。例如：

```
<style>
.td_set td {
  color: #ff0;
  background: #666;
}
</style>
```

上述样式仅对类名为 td_set 的 HTML 元素包含的表格的单元格有效，指定以灰色背景黄色文字显示。

若仅希望对表格的某个单元格元素定义样式，也可以基于它们的类而选择。例如：

```
<style>
td.attr {
  color: #f60;
  background: #666;
}
</style>
```

上述样式仅对表格中类名为 attr 的单元格有效，指定以灰色背景的橙色文字显示。

【例 3-8】 两种样式应用示例(3-8.html)。

```
<strong> 类 td_set 对 div 元素包含的单元格有效</strong>
<div class= "td_set">
    <table border= "1">
        <tr> <td> 样式应用单元格 1</td> <td> 样式应用单元格 2</td> </tr>
    </table>
</div>
<strong> 类 td_set 对 table 元素包含的单元格有效</strong>
<table border= "1" class= "td_set">
    <tr> <td> 样式应用单元格 1</td> <td> 样式应用单元格 2</td> </tr>
</table>
```

```
<strong>类 td_set 直接用于单元格无效,而类 attr 有效</strong>
<table border= "1">
    <tr>
        <td class= "td_set">样式应用单元格 1</td>
        <td class= "attr">样式应用单元格 2</td>
    </tr>
</table>
```

将类 td_set 分配给任何一个包含表格 td 元素的 HTML 元素,则单元格都会显示灰色背景的黄色字。而那些没有被分配名为 td_set 的类的单元格则不会受到这条规则的影响。样式仅仅适用于 td 元素,所以任何其他被标注为 td_set 的元素也不会受这条规则的影响。示例的运行结果如图 3-5 所示。

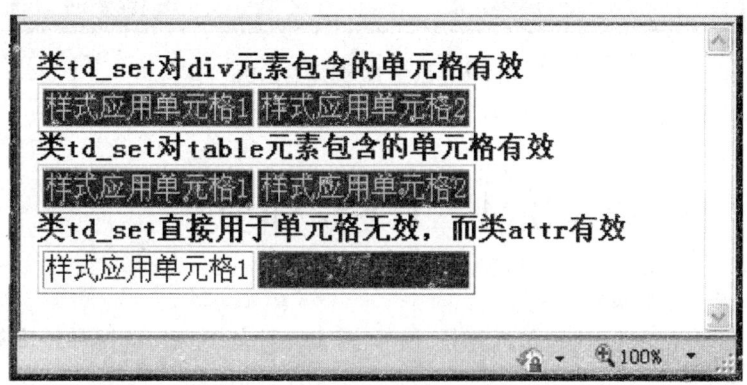

图 3-5 派生类选择器示例

3. 派生 ID 选择器

ID 选择器也常用于建立派生选择器。例如:

```
<style>
#tableset table{
    margin: 0.5em;
    margin-top: 0.5em;
    font-size: 1em;
    font-weight: normal;
    font-style: italic;
    line-height: 1.5;
    text-align: left;
    color: #0000ff
}
</style>
```

上面的样式对 id 是 sidebar 的 HTML 元素范围内的 table 有效。

【例 3-9】 样式应用示例(3-9. html)。

```
<div id= "tableset">
    <strong> id 为 tableset 对 div 元素包含的 table 有效</strong>
```

```
<table border="1">
  <tr> <td>样式应用单元格1</td> <td>样式应用单元格2</td> </tr>
</table>
</div>
```
示例运行结果如图 3-6 所示。

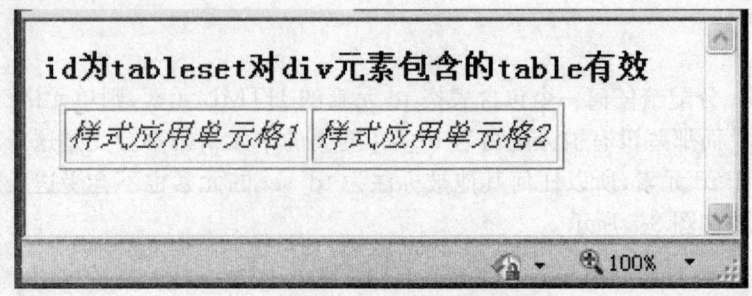

图 3-6　派生 ID 选择器示例

3.4　CSS 样式

CSS 样式有多种属性声明，包括背景、文本、字体、列表、表格、链接和轮廓等。下面做具体介绍。

3.4.1　CSS 背景

通过 HTML 元素标签的相关属性可以定义背景色和背景图像。CSS 样式可以用纯色作为背景，也可以用背景图像创建相当复杂的效果。

1. 背景色

background-color 属性用于设置背景色。颜色值可以是任何合法的值。例如把 HTML 元素 p 的文本内容的背景设置为灰色：

```
p {background-color: gray;}
```

background-color 不能继承，其默认值是 transparent（透明的）。如果一个元素没有指定背景色，那么背景就是透明的，这样其父级元素的背景才能可见。

2. 背景图像

background-image 属性用于设置背景图像。background-image 属性不能继承，默认值是 none，表示没有放置任何图像。设置一个 HTML 元素的背景图像，必须为 background-image 属性设置一个 URL 值。例如要设置整个网页的背景图像，可以设置 body 选择器的属性声明如下：

```
body {background-image: url("/image/bg.jpg");}
```

大多数背景都应用到 body 元素，不过并不仅限于此。

可仅对表格应用一个背景图像，而不涉及文档的其他元素。例如：

```
table {background-image: url("/image/talbe.jpg");}
```

3. 背景重复

background-repeat 属性用于设置背景图像是否平铺。其属性值为 repeat 则图像在水平、垂直方向上都平铺，为 repeat-x 和 repeat-y 则分别只在水平或垂直方向上重复，为 no-repeat 则不允许图像在任何方向上平铺。背景图像默认从一个元素的左上角开始放置。

例如：

```
body {
    background-image: url("/image/bg.jpg");
    background-repeat: repeat-y;
}
```

4. 背景定位

background-position 属性用于设置背景图像的位置，属性值由以下 5 种方式提供。

(1) 位置关键字

位置关键字包括 top、bottom、left、right 和 center，如表 3-1 所示。

表 3-1 位置关键字

单一关键字	等价的关键字
center	center center
top	top center 或 center top
bottom	bottom center 或 center bottom
right	right center 或 center right
left	left center 或 center left

位置关键字需要成对地按任何顺序出现，一个对应水平方向，另一个对应垂直方向。如果只出现一个关键字，则默认另一个关键字是 center。以将 body 元素中背景图像顶部居中放置为例，源代码如下：

```
body {
    background-image:url("/image/bg.jpg");
    background-repeat:no-repeat;
    background-position: top;
}
```

(2) 百分数值

因为百分数值同时应用于元素和图像，所以百分数值的表现方式更为复杂。background-position 的默认值是"0% 0%"，在功能上相当于"top left"。如果只提供一个百分数值，所提供的这个值将用作水平值，垂直值将假设为 50%。这一点与关键字类似。

如果希望用百分数值将图像在其元素中居中放置，则图像中心需与元素的中心对齐，即图像中描述为 50%、50% 的点（中心点）与元素中描述为 50%、50% 的点（中心点）应对齐。

如果想把一个图像放在水平方向 2/3、垂直方向 1/3 处，则可以这样声明：

```
body {
    background-image:url("/image/bg.jpg");
    background-repeat:no-repeat;
    background-position:66% 33% ;
}
```

（3）长度值

长度值设置元素内边距区左上角的偏移，偏移点是图像的左上角。例如，要将图像的左上角设置在元素内边距区左上角向右 50 像素、向下 100 像素的位置上，示例代码如下：

```
body {
    background-image:url("/image/bg.jpg");
    background-repeat:no-repeat;
    background-position: 50px 100px;
}
```

与百分数值不同，因为偏移只是从一个左上角到另一个左上角，所以图像的左上角与 background-position 声明中的指定的点对齐。

5. 背景关联

background-attachment 属性用于设置背景滚动。background-attachment 属性的默认值是 scroll，在默认的情况下，背景图像会随文档滚动。

如果文档比较长，当文档向下滚动时，背景图像也会随之滚动，当文档滚动到超过图像的位置时，图像就会消失。可以通过 background-attachment 属性，声明图像相对于可视区是固定的（fixed），这样就不会受到滚动的影响。

```
body {
    background-image:url("/image/bg.jpg");
    background-repeat:no-repeat;
    background-attachment:fixed
}
```

3.4.2 CSS 文本

CSS 文本属性可定义 HTML 元素中文本内容的外观。通过设置文本属性可以改变文本的颜色、字符间距，对齐文本，装饰文本，对文本进行缩进等等。CSS 文本属性如表 3-2 所示。

表 3-2 CSS 文本属性

属性	描述
color	设置文本颜色
text-align	对齐元素中的文本
text-indent	缩进元素中文本的首行

续表

属性	描述
text-decoration	向文本添加修饰
text-transform	控制元素中的字母
word-spacing	设置字间距
letter-spacing	设置字符间距
line-height	设置行高
direction	设置文本方向
unicode-bidi	设置文本方向
white-space	设置元素中空白的处理方式

1. 水平对齐

text-align 属性设置一个 HTML 元素中的文本行互相之间的对齐方式。属性值如表 3-3 所示。

表 3-3 text-align 属性值

属性值	描述
left	把文本排列到左边，默认值由浏览器决定
right	把文本排列到右边
center	把文本排列到中间
justify	实现两端对齐文本效果
inherit	规定应该从父元素继承 text-align 属性的值

两端对齐文本在打印领域很常见。在两端对齐文本中，文本行的左、右两端都放在父元素的内边界上，然后调整单词和字母间的间隔，使各行的长度恰好相等。

2. 缩进文本

text-indent 属性设置文本缩进。通过使用 text-indent 属性，所有元素的第一行都可以缩进一个给定的长度。将段落的首行缩进 5 em，代码如下：

```
p {text-indent: 5em;}
```

可以为所有 HTML 的块级元素应用 text-indent，但无法将该属性应用于行内元素。text-indent 属性值可以使用所有长度单位，可以取负值，也可以取百分比值。例如：

```
p {text-indent: -5em;}
p {text-indent: 20% ;}
```

3. 文本装饰

text-decoration 属性规定添加到文本的修饰。属性值如表 3-4 所示。

表 3-4 text-decoration 属性值

属性值	描述
none	默认值,定义标准的文本
underline	定义文本下的一条线
overline	定义文本上的一条贯穿线
line-through	定义穿过文本下的一条下划线
blink	定义闪烁的文本
inherit	规定应该从父元素继承 text-decoration 属性的值

例如,将 HTML 元素 h1 的文本内容用下划线修饰:

h1 {text-decoration: underline;}

4. 字符转换

text-transform 属性处理文本的大小写。属性值如表 3-5 所示。

表 3-5 text-transform 属性值

属性值	描述
none	默认值,定义带有小写字母和大写字母的标准的文本
capitalize	文本中的每个单词以大写字母开头
uppercase	定义仅有大写字母
lowercase	定义无大写字母,仅有小写字母
inherit	规定应该从父元素继承 text-transform 属性的值

例如,把所有 h1 元素变为大写:

h1 {text-transform: uppercase}

5. 字间距

word-spacing 属性可以改变字(单词)之间的标准间距。word-spacing 默认值为 normal,其值可以是正或负长度值。如果是正值,则字间距增加;如果是负值,则字间距会缩小。例如:

p.spread {word-spacing: 10px;}

p.tight {word-spacing: -0.5em;}

6. 字母间距

letter-spacing 属性修改的是字符或字母之间的间隔。letter-spacing 属性默认值为 normal,可取所有正、负长度值使字母之间的间隔增加或减少指定的量。例如:

h1 {letter-spacing: -0.5em}

h2 {letter-spacing: 10px}

7. 行间距

line-height 属性设置行间的距离,即行高度。line-height 属性不允许使用负值。该属性会影响行框的布局。在应用到一个块级元素时,它定义了该元素中基线之间的最小距离而不是最大距离。属性值如表 3-6 所示。

表 3-6 line-height 属性值

属性值	描述
normal	默认值，设置合理的行间距
number	设置数字，此数字会与当前的字体尺寸相乘来设置行间距
length	设置固定的行间距
%	基于当前字体尺寸的百分比行间距
inherit	规定应该从父元素继承 line-height 属性的值

line-height 属性值可取长度值或百分比值的行高。例如：

p.small {line-height: 80%}

p.big {line-height: 150%}

8. 文本方向

direction 属性设置块级 HTML 元素中文本的书写方向、表中列布局的方向、内容水平填充其元素框的方向以及两端对齐元素中最后一行的位置。direction 属性有两个值：ltr 和 rtl。默认值是 ltr，显示从左到右的文本。如果要显示从右到左的文本，应使用值 rtl。

对于行内元素，只有当 unicode-bidi 属性设置为 embed 或 bidi-override 时才会应用 direction 属性。

9. 处理空白符

white-space 属性影响用户代理对源文档中的空格、换行和 tab 字符的处理。通过使用该属性，可以影响浏览器处理字之间和文本行之间的空白符的方式。white-space 属性取值示例如下：

(1) normal 值

p {white-space: normal;}

white-space 属性设置为 normal 值，则换行字符(回车)会转换为空格，一行中多个空格的序列也会转换为一个空格。

(2) pre 值

p {white-space: pre;}

white-space 属性设置为 pre 值，空白符的处理有所不同，其行为就像 XHTML 的 pre 元素一样，空白符不会被忽略。

(3) nowrap 值

white-space 属性设置为 nowrap 值，会防止元素中的文本换行，除非使用了一个 br 元素。例如：

p {white-space: nowrap;}

在 CSS 中使用 nowrap 非常类似于 HTML 4 中用＜td nowrap＞将一个表单元格设置为不能换行，不过 white-space 值可以应用到任何元素。

3.4.3 CSS 字体

CSS 字体属性定义文本的字体系列、大小、加粗、风格(如斜体)和变形(如小型大写字母)。CSS 字体属性如表 3-7 所示。

表 3-7 CSS 字体属性

属性	描述
font	简写属性,作用是把所有针对字体的属性设置在一个声明中
font-size	设置字体的尺寸
font-family	设置字体系列
font-style	设置字体风格
font-variant	以小型大写字体或者正常字体显示文本
font-weight	设置字体的粗细

1. 字体大小

font-size 属性设置文本的大小。font-size 值可以是绝对值或相对值。绝对值将文本设置为指定的大小,不允许用户在所有浏览器中改变文本大小。相对值相对于周围的元素来设置大小,允许用户在浏览器中改变文本大小。

(1) 使用像素设置字体大小

若没有规定字体大小,普通文本的默认大小是 16 像素 (16 px=1 em)。可以通过像素设置文本大小,例如:

h1 {font-size: 60px;}
h2 {font-size: 40px;}
p {font-size: 14px;}

(2) 使用 em 来设置字体大小

em 是 W3C 推荐使用的尺寸单位。使用 em 单位代替 pixels,可以避免在浏览器中无法调整文本字体大小的问题。

1 em 等于当前的字体尺寸。在设置字体大小时,em 的值会相对于父元素的字体大小改变。如果一个元素的 font-size 为 16 px(像素),那么 16 就是元素的默认字体大小,1 em 就等于 16 px。这时可使用公式 pixels/16=em 进行像素转换。如果父元素的 font-size 为 20 px,那么公式需改为 pixels/20=em。例如:

p {font-size:0.875em;}   /* 14px/16= 0.875em */

(3) 结合使用百分比和 em 设置字体大小

对 body 元素(父元素)以百分比设置默认的 font-size 值,而在子元素中用 em 单位来设置字体大小,这是在所有浏览器中均有效的方式。例如:

body {font-size:100% ;}
p {font-size:0.875em;}

这样在所有浏览器中,可以显示相同的文本大小,并允许所有浏览器缩放文本的大小。

2. CSS 字体系列

在 CSS 中,有通用字体系列和特定字体系列两种不同类型的字体系列。通用字体系列是拥有相似外观的字体系统组合,而特定字体系列是具体的字体系列(比如"Times"或"宋体")。除了各种特定的字体系列外,CSS 定义了 5 种通用字体系列:Serif 字体、Sans-serif 字体、Monospace 字体、Cursive 字体和 Fantasy 字体。

在 CSS 中，采用 font-family 属性来设置文本的字体系列。示例如下：
(1) 使用通用字体系列
如果并不关心是哪一种字体，而希望文档使用一种 sans-serif 字体，则可做 CSS 声明如下：
   body {font-family: sans-serif;}
上述代码应用时，会从 sans-serif 字体系列中选择一种字体（如"Helvetica"）应用到 body 元素。同时，这种字体因为继承，还将应用到 body 元素包含的所有元素中，除非有一种更特定的选择器将其覆盖。

(2) 指定字体系列
若想采用特定字体，可以通过 font-family 属性设置。例如为所有 h1 元素设置"黑体"字体，代码如下：
   h1 {font-family: "黑体";}
如果没有安装"黑体"字体，就只能以默认字体来显示 h1 元素。可以通过结合特定字体名和通用字体系列来解决这个问题。例如：
   h1 {font-family: "黑体", serif;}
因此，在 font-family 规则中，建议都提供一个通用字体系列。

3. CSS 字体风格

font-style 属性用于规定文本显示风格。该属性有三个值：normal、italic、oblique，分别表示正常显示、斜体显示、倾斜显示。例如：
   p.normal {font-style: normal;}
   p.italic {font-style: italic;}
   p.oblique {font-style: oblique;}
斜体（italic）对每个字母的结构有一些小改动，来反映变化的外观。倾斜（oblique）则是正常竖直文本的一个倾斜版本。通常情况下，italic 和 oblique 文本在浏览器中看上去是完全一样的。

4. 字体变形

font-variant 属性设定小型大写字母。小型大写字母是不同大小的大写字母。例如：
   p {font-variant:small-caps;}

5. 字体加粗

font-weight 属性设置文本的粗细。属性值可以是 normal（正常）、bold（粗体）和 bolder（更粗），也可以是 9 级的加粗度。9 级加粗度分别对应关键字 100~900，100 对应最细的字体变形，900 对应最粗的字体变形。数字 400 等价于 normal，而 700 等价于 bold。例如：
   p.normal {font-weight: normal;}
   p.thick {font-weight: bold;}
   p.thicker {font-weight: 900;}

3.4.4 CSS 链接

链接有四种状态：
- a:link——普通的、未被访问的链接。

- a:visited——用户已访问的链接。
- a:hover——鼠标指针位于链接的上方。
- a:active——链接被点击的时刻。

CSS链接用于设置链接的样式。设置链接样式的CSS属性有很多种,需要根据它们所处的状态来设置它们的CSS样式。当为链接的不同状态设置样式时,需遵守以下次序规则:a:hover必须位于a:link和a:visited之后,a:active必须位于a:hover之后。

例如:

/* 未被访问的链接 */

a:link {color:#FF0000; text-decoration:none; background-color:#B2FF99;}

/* 已被访问的链接 */

a:visited {color:#00FF00; text-decoration:none; background-color:#FFFF85;}

/* 鼠标指针移动到链接上 */

a:hover {color:#FF00FF; text-decoration:underline; background-color:#FF704D;}

/* 正在被点击的链接 */

a:active {color:#0000FF; text-decoration:underline; background-color:#FF704D;}

3.4.5 CSS列表

CSS列表属性用于放置、改变列表项标志,或者将图像设置为列表项标志。CSS列表属性如表3-8所示。

表3-8 CSS列表属性

属性	描述
list-style	简写属性,用于把所有用于列表的属性设置于一个声明中
list-style-type	设置列表项标志的类型
list-style-image	将图像设置为列表项标志
list-style-position	设置列表中列表项标志的位置

1. 列表类型

list-style-type属性用于设置列表项的标志类型。list-style-type属性值如表3-9所示。

表3-9 list-style-type属性值

属性值	描述
none	无标记
disc	默认,标记是实心圆

属性值	描述
circle	标记是空心圆
square	标记是实心方块
decimal	标记是数字
decimal-leading-zero	0开头的数字标记(01,02,03等)
lower-roman	小写罗马数字(ⅰ,ⅱ,ⅲ,ⅳ,Ⅴ等)
upper-roman	大写罗马数字(Ⅰ,Ⅱ,Ⅲ,Ⅳ,Ⅴ等)
lower-alpha	小写英文字母(a, b, c, d, e等)
upper-alpha	大写英文字母(A, B, C, D, E等)
lower-greek	小写希腊字母(alpha, beta, gamma等)
lower-latin	小写拉丁字母(a, b, c, d, e等)
upper-latin	大写拉丁字母(A, B, C, D, E等)
hebrew	传统的希伯来编号方式
armenian	传统的亚美尼亚编号方式
georgian	传统的乔治亚编号方式(an, ban, gan等)
cjk-ideographic	简单的表意数字
hiragana	标记是:a, i, u, e, o, ka, ki等(日文片假名)
katakana	标记是:A, I, U, E, O, KA, KI等。(日文片假名)
hiragana-iroha	标记是:i, ro, ha, ni, ho, he, to等(日文片假名)
katakana-iroha	标记是:I, RO, HA, NI, HO, HE, TO等(日文片假名)

例如设置不同的列表样式：

`ul {list-style-type: square}`

上面的声明把无序列表中的列表项标志设置为方块。

2. 列表项图像

list-style-image 属性使用图像来替换列表项标记。list-style-image 属性值如表 3-10 所示。

表 3-10 list-style-image 属性值

属性值	描述
URL	图像的路径
none	默认，无图形被显示
inherit	规定从父元素继承 list-style-image 属性的值

若想对各标志使用一个图像，可以利用 list-style-image 属性实现。例如：

```
ul li {
    list-style-image: url("/image/arrow.gif");
```

```
list-style-type:square;
}
```
3. 列表标志位置

list-style-position 属性设置在何处放置列表项标记。list-style-position 属性值如表 3-11 所示。

表 3-11 list-style-position 属性值

属性值	描述
inside	列表项目标记放置在文本以内,且环绕文本根据标记对齐
outside	默认值。保持标记位于文本的左侧。列表项目标记放置在文本以外,且环绕文本不根据标记对齐
inherit	规定从父元素继承 list-style-position 属性的值

以下示例将规定列表中列表项目标记的位置:
```
ul li { list-style-position:inside;}
```
4. 简写列表样式

list-style 属性用于把所有用于列表的属性设置于一个声明中。所以,可以将以上 3 个列表样式属性合并为一个简写的属性,代码如下:
```
li {list-style: url("/image/arrow.gif") square inside}
```
list-style 的值可以按任何顺序列出。如果只提供了一个值,其他的值会填入其默认值。

3.4.6 CSS 表格

CSS 表格属性可以极大地帮助改善表格的外观。CSS 表格属性如表 3-12 所示。

表 3-12 CSS 表格属性

属性	描述
border-collapse	设置是否把表格边框合并为单一的边框
border-spacing	设置分隔单元格边框的距离
caption-side	设置表格标题的位置
empty-cells	设置是否显示表格中的空单元格
table-layout	设置显示单元、行和列的算法

1. 表格边框

border 属性设置表格边框。

以下示例将设置 table、th、td 为蓝色边框:
```
table, th, td { border: 1px solid blue; }
```
2. 折叠边框

在上例中,表格具有双线条边框,这是因为 table、th、td 元素都有独立的边框。如果需要把表格显示为单线条边框,可使用 border-collapse 属性。

border-collapse 属性设置是否将表格边框折叠为单一边框。border-collaps 属性值如表 3-13 所示。

表 3-13　border-collaps 属性值

属性值	描述
separate	默认值,边框会被分开,不会忽略 border-spacing 和 empty-cells 属性
collapse	如果可能,边框会合并为一个单一的边框,会忽略 border-spacing 和 empty-cells 属性
inherit	规定从父元素继承 border-collapse 属性的值

示例:
```
table { border-collapse:collapse; }
table,th, td { border: 1px solid blue; }
```

3. 表格宽度和高度

通过 width 和 height 属性定义表格的宽度和高度。例如将表格宽度设置为 100%,同时将 th 元素的高度设置为 50 px,代码如下:
```
table { width:100% ;}
th { height:50px;}
```

4. 表格文本对齐

通过 text-align 和 vertical-align 属性设置表格中文本的对齐方式。text-align 属性设置水平对齐方式,比如左对齐、右对齐或者居中。vertical-align 属性设置垂直对齐方式,比如顶部对齐、底部对齐或居中对齐。例如:
```
td { text-align:right;}
td { height:50px; vertical-align:bottom;}
```

5. 表格内边距

为 td 和 th 元素设置 padding 属性,可以控制表格中内容与边框的距离。例如:
```
td { padding:15px;   }
```

6. 表格颜色

设置边框的颜色,以及 th 元素的文本和背景颜色:
```
table, td, th { border:1px solid green; }
th { background-color:green; color:white; }
```

3.4.7　CSS 轮廓

CSS 轮廓(outline)属性规定元素轮廓的样式、颜色和宽度。轮廓是绘制于元素周围的一条线,位于边框边缘的外围,可起到突出元素的作用。outline 属性值如表 3-14 所示。

表 3-14 outline 属性值

属性值	描述
outline	在一个声明中设置所有的轮廓属性
outline-color	设置轮廓的颜色
outline-style	设置轮廓的样式
outline-width	设置轮廓的宽度

设置 4 个边框的颜色、样式和宽度：
p {outline:#00FF00 dotted thick; }
设置点状轮廓的颜色：
p {outline-color:#00ff00; }
设置轮廓的样式：
p { outline-style: dotted; }
设置点状轮廓的宽度：
p {outline-width:5px; }

第 4 章　JavaScript 基础

JavaScript 是一种基于对象(Object)和事件驱动(Event Driver)的脚本语言。通过在 HTML 超文本标记语言中嵌入或调入 JavaScript 脚本,可实现在 HTML 页面中链接多个对象、与客户的交互以及客户端动态效果的应用等。

4.1　JavaScript 引用方式

在 HTML 页面中引用 JavaScript 脚本,有嵌入和引入两种方式。

4.1.1　嵌入方式

嵌入方式就是直接将 JavaScript 脚本加入 HTML 文档中,成为 HTML 文档的一部分。此种方式中,JavaScript 脚本必须包含在＜script language="JavaScript"＞和＜/script＞这两个标记的范围内。格式如下:

```
<script language= "JavaScript">
  JavaScript 脚本代码;
  ……
</script>
```

说明:
① 标记＜script＞…＜/script＞指明 JavaScript 脚本代码包含在其间。
② 属性 language＝"JavaScript"说明标记中使用何种语言,这里表示使用 JavaScript 语言。

【例 4-1】　JavaScript 程序示例(4-1.html)。

```
<html>
<head>
<script language= "JavaScript">
    //JavaScript 脚本
    alert("这是用嵌入引用 JavaScript 的例子!");
</script>
</head>
</Html>
```

4.1.2 引入方式

引入方式就是从外部引入 JavaScript 脚本文档的方式。

首先，将 JavaScript 脚本保存在一个外部文档中，文档通常用.js 作为扩展名。例如将下列 JavaScript 脚本代码保存在"myjs.js"文档中：

```javascript
function showTime() {
  var myDate = new Date();    //获取当前日期时间对象
  var mytime= myDate.toLocaleTimeString();    //获取当前时间
  var Year= myDate.getFullYear();    //获取当前年份
  var Month= myDate.getMonth()+ 1;    //获取当前月份
  var Day= myDate.getDate();    //获取当前日号
  alert("现在时间是"+ Year+ '-'+ Month+ '-'+ Day+ ' '+ mytime);
}
```

然后，在 HTML 文档中，通过<script type="text/javascript" src="myjs.js">…</script>引入"myjs.js"文档，使其成为 HTML 文档的一部分从而可调用运行 JavaScript 脚本。

【例 4-2】 引入 myjs.js 文档(4-2.html)。

```html
<html>
<head>
    <script type="text/javascript" src="myjs.js"></script>
</head>
<body onload="showTime()">
</body>
</Html>
```

其中，"myjs.js"文档中定义的 showTime()方法在 body 元素标记的 onload 属性中被赋值调用，即<body onload="showTime()">。其运行结果将弹出一个显示当前时间的提示，如图 4-1 所示。

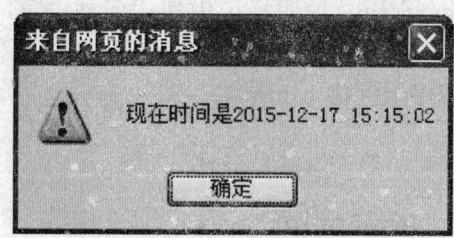

图 4-1 引入外部 JavaScript 示例

4.2 JavaScript 语法

4.2.1 基本数据类型

JavaScript 的基本数据类型中的数据可以是常量,也可以是变量。而在 JavaScript 语言中,存在以下四种基本的数据类型:
- 数值——整数和实数。
- 字符串型——用""或 '' 包括起来的字符或数值。
- 布尔型——表示真或假。
- 空值——NULL。

JavaScript 采用弱类型的形式,因而一个数据变量或常量,既可以先声明该数据的类型,也可以不首先做声明。先声明数据类型的变量或常量通过赋值自动说明其数据类型,未先做声明的变量或常量在使用或赋值时确定其数据类型。

4.2.2 常量

在 JavaScript 语言中,存在以下常量:
- 整型常量——是不能改变的整型数据。
- 实型常量——由整数部分加小数部分表示。
- 布尔值——只有真和假两种状态,主要用来说明或代表一种状态或标志。
- 字符型常量——使用一对单引号(')或双引号("")括起来的一个或几个字符。
- 空值——表示什么也没有。
- 特殊字符——以反斜杠(\)开头的不可显示的特殊字符,通常称为控制字符。

4.2.3 变量

变量是存取数据、信息的容器。对于变量必须明确变量的命名、类型、声明及其作用域。

1. 变量的命名

JavaScript 中的变量命名要注意以下两点:

(1) 必须是有效的变量名称。变量名称必须以字母开头,区分大小写,中间可以出现数字,除下划线"_"可作为连字符外,变量名称中不能有空格、"+"、"-"、","或其他的非法符号。

(2) 变量名称不能是 JavaScript 关键字。在 JavaScript 中,定义了 40 多个关键字,如 Var、int 等,这些关键字是 JavaScript 内部使用的,不能作为变量的名称。

2. 变量的声明与类型

JavaScript 变量可以在使用前先做声明和赋值。其最大益处是能及时发现代码中的错误。因为 JavaScript 是采用动态编译的,而动态编译不易发现代码中的错误,特别是在变量命名方面。

在 JavaScript 中,可以通过使用 var 关键字对变量做声明。例如:

var myvar;

上面的示例定义了一个 myvar 变量,但没有给变量赋值。

var myvar= "这是举例"

上面的示例定义了一个 myvar 变量,同时给变量赋了值。

在 JavaScript 中,变量也可以不做声明,而在使用时再根据数据的类型来确定该变量的类型。例如:

x = 100;
y = "125";
z = 真;
jg = 31.5;

其中,x 为整数类型,y 为字符串类型,z 为布尔型类型,jg 为实数类型。

3. JavaScript 变量的作用域

在 JavaScript 中,变量是存在作用域的,即同样有全局变量和局部变量之分。全局变量定义在所有函数体之外,其作用范围是所有函数;局部变量定义在函数体之内,只对该函数是可见的,而对其他函数则是不可见的。

4.2.4 表达式和运算符

1. 表达式

表达式是对变量进行赋值、改变、计算等的一系列操作过程,是变量、常量、布尔及运算符的集合。表达式可分为算术表达式、字符串表达式、赋值表达式以及布尔表达式等。

2. 运算符

运算符是完成操作的一系列符号。运算符分为单目运算符、双目运算符和三目运算符。

① 单目运算。只需一个操作数,其运算符可在前或后。

② 双目运算格式:

操作数 1　运算符　操作数 2

双目运算格式由两个操作数和一个运算符组成,如 20+40。

③ 三目运算格式:

操作数? 结果 1:结果 2

在三目运算中,若操作数的结果为真,则表达式的结果为结果 1,否则为结果 2。

在 JavaScript 中,有算术运算符、比较运算符、布尔逻辑运算符、字符串运算符。

(1) 算术运算符

JavaScript 的算术运算符分为单目运算符和双目运算符。

- 双目算术运算符:+(加)、-(减)、*(乘)、/(除)、%(取模)、|(按位或)、&(按位与)、<<(左移)、>>(右移)、>>>(右移,零填充)。
- 单目算术运算符:-(取反)、~(取补)、++(递加 1)、--(递减 1)。

(2) 比较运算符

比较运算首先对操作数进行比较,然后返回一个真或假的值。比较运算符有 6 种:＜(小于)、＞(大于)、＜＝(小于等于)、＞＝(大于等于)、＝＝(等于)、!＝(不等于)。

(3) 布尔逻辑运算符

在 JavaScript 中,增加了以下布尔逻辑运算符:!（取反）、&＝(与之后赋值)、&(逻辑与)、|＝(或之后赋值)、|(逻辑或)、^＝(异或之后赋值)、^(逻辑异或)、?:(三目操作符)、||(或)、＝＝(等于)、!＝(不等于)。

【例 4-3】 字符串表达式示例(4-3.html)。

```
<html>
<head>
<script language= "JavaScript">
  var a = "这是一个";
  var b= "JavaScript 字符串表达式示例!";
  var msg= a+ b;
  alert(msg);
</script>
</head>
<body>
</body>
</html>
```

4.3 JavaScript 控制语句与函数

4.3.1 JavaScript 控制语句

JavaScript 常用的程序控制语句有条件语句、循环语句等。

1. if 条件语句

if-else 语句是 JavaScript 中最基本的控制语句,通过它可以改变语句的执行顺序。

if 条件语句的基本格式:

```
if(表达式){
    语句段 1;
    ……
}
Else{
    语句段 2;
    ……
}
```

在 if-else 条件语句中,表达式中必须使用关系语句来实现判断。它是作为一个布尔值来估算的,将零和非零的数分别转化成 false 和 true。若 if 后的语句有多行,则必须使用花括号将其括起来。若 if-else 条件语句中的表达式为真,则执行语句段 1,否则执行语句段 2。

if-else 语句可以嵌套使用,格式如下:

if(布尔值)语句 1;
else if(布尔值)语句 2;
else if(布尔值)语句 3;
……
else 语句 4;

在这种情况下,每一级的布尔表达式都会被计算,若为真,则执行其相应的语句,否则执行 else 后的语句。

2. for 循环语句

for 循环语句的基本格式:

for(初始化;条件;增量){
　　语句集;
　　……
}

在 for 循环语句中,"初始化"、"条件"、"增量"三者之间必须使用分号分隔开。"初始化"对一些变量赋以初始值,告诉循环的开始位置;"条件"用于判别循环继续还是停止,若"条件"满足,则执行循环体,否则跳出;"增量"主要定义循环控制变量在每次循环时按什么方式变化。

3. while 循环

while 循环的基本格式:

while(条件){
　　语句集;
　　……
}

该语句与 for 语句一样,当条件为真时,重复循环,否则退出循环。

for 语句与 while 语句都是循环语句,使用 for 语句在处理有关数字的问题时更易看懂,也较紧凑;而 while 循环对复杂的语句效果更好。

4. break 和 continue 语句

(1) break 语句

break 语句的作用是结束当前的 for 或 while 循环并跳出。

(2) continue 语句

continue 语句的作用是结束当前的 for 或 while 循环,而进入下一次的 for 或 while 循环。

4.3.2 JavaScript 函数

1. JavaScript 函数的定义

JavaScript 函数定义格式：

```
function 函数名(参数|变元){
    函数体;
    return 表达式;
}
```

JavaScript 函数由关键字 function 定义。"函数名"定义函数名称，区分大小写。参数是传递给函数使用或操作的值，其值可以是常量、变量或其他表达式。

在 JavaScript 中，必须通过指定函数名(实参)来调用一个函数。当调用函数时，所用变量或字面量均可作为变元传递。字面量是一种表示值的记法，例如，5、true、false 和 null，它们分别表示一个整数、两个布尔值和一个空对象。JavaScript 还支持对象和数组字面量。函数使用 Return 语句将结果返回。

2. 函数形参

在 JavaScript 函数的定义中，函数名后可以带有参数，即形式参数，简称形参。这些形式参数可以是一个或多个。在 JavaScript 中可通过判断形式参数的长度来检查参数的个数。

【例 4-4】 函数调用示例(4-4.html)。

```
<html>
<head>
<script language="javascript">
function argDemo(arg1,arg2,arg3,arg4){
  Number = argDemo.arguments.length;
  if(Number> 1)
    document.write(arg2);
  else if(Number> 2)
    document.write(arg3);
  else if(Number> 3)
    document.write(arg4);
  else if(Number> 0)
    document.write(arg1);
  else
    document.write("函数调用没有设置形式参数!");
}
</script>
</head>
<body onload="argDemo()">
</body>
```

</Html>

3. JavaScript 系统函数

系统函数又称内部方法。JavaScript 提供了许多与任何对象都无关的系统函数,这些系统函数不需创建任何实例,就可以直接调用。JavaScript 函数可分为五类:常规函数、数组函数、日期函数、数学函数、字符串函数。

(1) 常规函数

JavaScript 常规函数包括以下 9 个函数:

- alert 函数——显示一个警告对话框,包括一个 OK 按钮。
- confirm 函数——显示一个确认对话框,包括 OK、Cancel 按钮。
- escape 函数——将字符转换成 Unicode 码。
- eval 函数——计算表达式的结果。
- isNaN 函数——测试是不是一个数字。
- parseFloat 函数——将字符串转换成浮点数字形式。
- parseInt 函数——将字符串转换成整数数字形式(可指定几进制)。
- prompt 函数——显示一个输入对话框,提示等待用户输入。
- unescape 函数——解码由 escape 函数编码的字符。

【例 4-5】 常规函数示例(4-5.html)。

```
<script language="javascript">
  alert("这是函数调用示例");
  echo= prompt("请输入您的姓名:","游客");
  confirm("确定姓名是"+ echo+ "吗?");
</script>
```

(2) 数组函数

JavaScript 数组函数包括以下 4 个函数:

- join 函数——转换并连接数组中的所有元素为一个字符串。
- length 函数——返回数组的长度。
- reverse 函数——将数组元素顺序颠倒。
- sort 函数——将数组元素重新排序。

【例 4-6】 数组函数示例(4-6.html)。

```
<script language="javascript">
  var a, b;
  a = new Array(0,3,1,2,4);
  b = a.join("-"); //分隔符
  document.write(b); //输出显示 b= "0-3-1-2-4"
</script>
```

(3) 日期函数

JavaScript 日期函数其实就是 Date 对象提供的方法,包括以下 20 个函数:

- getDate 函数——返回日期的"日"部分,值为 1～31。
- getDay 函数——返回星期几,值为 0～6,其中 0 表示星期日,1 表示星期一……6 表示星期六。

- getHours 函数——返回日期的"小时"部分,值为 0～23。
- getMinutes 函数——返回日期的"分钟"部分,值为 0～59。
- getMonth 函数——返回日期的"月"部分,值为 0～11,其中 0 表示 1 月,2 表示 3 月……11 表示 12 月。
- getSeconds 函数——返回日期的"秒"部分,值为 0～59。
- getTime 函数——返回系统时间。
- getTimezoneOffset 函数——返回此地区的时差(当地时间与 GMT 格林威治标准时间的地区时差),单位为分钟。
- getYear 函数——返回日期的"年"部分,返回值以 1900 年为基数,例如 1999 年返回 99。
- parse 函数——返回从 1970 年 1 月 1 日零时整算起的毫秒数(当地时间)。
- setDate 函数——设定日期的"日"部分,值为 0～31。
- setHours 函数——设定日期的"小时"部分,值为 0～23。
- setMinutes 函数——设定日期的"分钟"部分,值为 0～59。
- setMonth 函数——设定日期的"月"部分,值为 0～11,其中 0 表示 1 月……11 表示 12 月。
- setSeconds 函数——设定日期的"秒"部分,值为 0～59。
- setTime 函数——设定时间,时间数值为 1970 年 1 月 1 日零时整算起的毫秒数。
- setYear 函数——设定日期的"年"部分。
- toGMTString 函数——转换日期成为字符串,日期为 GMT 格林威治标准时间。
- setLocaleString 函数——转换日期成为字符串,日期为当地时间。
- UTC 函数——返回从 1970 年 1 月 1 日零时整算起的毫秒数,以 GMT 格林威治标准时间计算。

【例 4-7】 日期函数示例(4-7.html)。

```
<script language= "javascript">
  var d, day, x, s= "今天是";
  var x = new Array("星期天","星期一","星期二");
  var x = x.concat("星期三","星期四","星期五");
  var x = x.concat("星期六");
  d = new Date();
  day = d.getDay();
  document.write(s + = x[day]+ "!");
</script>
```

(4) 数学函数

JavaScript 的数学函数其实就是 Math 对象提供的方法,共包括以下 18 个函数:

- abs 函数——返回一个数字的绝对值。
- acos 函数——返回一个数字的反余弦值,结果为 0～π 弧度(radians)。
- asin 函数——返回一个数字的反正弦值,结果为 $-\pi/2$～$\pi/2$ 弧度。
- atan 函数——返回一个数字的反正切值,结果为 $-\pi/2$～$\pi/2$ 弧度。
- atan2 函数——返回一个坐标的极坐标角度值。

- ceil 函数——返回一个数字的最小整数值（大于或等于）。
- cos 函数——返回一个数字的余弦值，结果为-1~1。
- exp 函数——返回 e（自然常数）的乘方值。
- floor 函数——返回一个数字的最大整数值（小于或等于）。
- log 函数——自然对数函数，返回一个数字的自然对数值。
- max 函数——返回两个数中的最大值。
- min 函数——返回两个数中的最小值。
- pow 函数——返回一个数字的乘方值。
- random 函数——返回一个 0~1 间的随机数值。
- round 函数——返回一个数字的四舍五入值，类型是整数。
- sin 函数——返回一个数字的正弦值，结果为-1~1。
- sqrt 函数——返回一个数字的平方根值。
- tan 函数——返回一个数字的正切值。

（5）字符串函数

JavaScript 字符串函数就是 String 对象提供的方法，共包括以下 20 个函数：
- anchor 函数——产生一个链接点（anchor）以作超级链接用。
- big 函数——将字体加大一号。
- blink 函数——使字符串闪烁。
- bold 函数——使字体加粗。
- charAt 函数——返回字符串中指定的某个字符。
- fixed 函数——将字体设定为固定宽度字体。
- fontcolor 函数——设定字体颜色。
- fontsize 函数——设定字体大小。
- indexOf 函数——返回字符串中第一个查找到的下标 index，从左边开始查找。
- italics 函数——使字体成为斜体字。
- lastIndexOf 函数——返回字符串中第一个查找到的下标 index，从右边开始查找。
- length 函数——返回字符串的长度。
- link 函数——产生一个超级链接，相当于设定的 URL 地址。
- small 函数——将字体减小一号。
- strike 函数——在文本的中间加一条横线。
- sub 函数——显示字符串为下标字（subscript）。
- substring 函数——返回字符串中指定的几个字符。
- sup 函数——显示字符串为上标字（superscript）。
- toLowerCase 函数——将字符串转换为小写。
- toUpperCase 函数——将字符串转换为大写。

在 JavaScript 字符串函数中，anchor 函数设定链接点的名称，另一个函数 link 设定 URL 地址。

4.4 JavaScript 事件驱动与浏览器对象

JavaScript 是基于对象的语言。基于对象的基本特征就是采用事件驱动(event-driven)。在图形界面的环境下,我们通常将鼠标、热键或图形界面变化的动作称为事件(Event),而将由鼠标、热键或图形界面变化引发的程序处理的动作称为事件驱动(Event Driver)。对事件进行处理的程序或函数,我们称为事件处理程序(Event Handler)。

JavaScript 的输入输出是通过浏览器内部对象来完成的。浏览器内部对象的作用是将相关元素组织封装起来,提供给程序设计人员使用,可实现与 HTML 文档的交互,从而减轻开发人员的劳动,提高设计 Web 页面的效率。

JavaScript 的输入可通过窗口(Window)对象的方法来完成,而输出可通过文档(Document)对象的方法来实现。此外,浏览器还提供了历史(History)和位置(Location)对象。

4.4.1 事件处理程序

在 JavaScript 中,通常用函数(function)来完成对象事件的处理。事件处理函数的基本格式与函数一样,所以,可以将前面所介绍的所有函数也看作事件处理程序。

事件处理程序的一般格式如下:
```
function 事件处理名(参数表){
    事件处理语句集;
    ……
}
```

4.4.2 事件驱动

在 JavaScript 中,事件驱动大多数是由鼠标或热键的动作引发的,主要有以下几个事件:
- onClick 单击事件。
- onChange 改变事件。
- onSelect 选中事件。
- onFocus 获得焦点。
- onBlur 失去焦点。
- onLoad 载入文件。
- onUnload 卸载文件。

1. onClick 单击事件

当用户用鼠标单击窗体页面中的某个组件时就会产生 onClick 事件,同时将调用和执行指定的事件处理程序。onClick 事件通常由以下组件对象产生:button(按钮)、checkbox(复选框或检查列表框)、radio(单选按钮)、reset buttons(重置按钮)、submit buttons(提交按钮)。

【例4-8】 单击按钮激活 onClick 事件示例(4-8.html)。

```
<html>
<head>
<script language="JavaScript">
function dclick(){
    alert("你单击了按钮,引发 onClick 事件!");
}
</script>
</head>
<body>
<Form>
    <Input type="button" value="请点击按钮" onClick="dclick()">
</Form>
</body>
</html>
```

给 onClick 属性赋值,可以用编写的函数作为事件处理程序,也可以直接嵌入 JavaScript 代码或者调用内部函数等。例如:

```
<Input type="button" value="请点击按钮" onclick=alert("这是一个点击事件!");
```

2. onChange 改变事件

在 HTML 页面中文本框输入字符值改变时就会引发 onChange 事件。同样,在选择表格项中一个选项状态改变后也会引发该事件。

【例4-9】 在文本框输入内容后按回车键激发 onChange 事件示例(4-9.html)。

```
<html>
<head>
<script language="JavaScript">
function check(){
    alert("输入内容改变,引发 onChange 事件!");
}
</script>
</head>
<body>
<Form>
    请输入内容:<Input type="text" name="Test" value="" onChange="check()">
</Form>
</body>
</html>
```

3. onSelect 选中事件

在 HTML 页面中，对文本框内容进行选取被加亮后，就会引发 onSelect 事件。

4. onFocus 获得焦点事件

在 HTML 页面中，当用户单击文本输入框或者选择框时，就会产生该事件。此时该对象成为当前操作对象。

5. onBlur 失去焦点事件

在 HTML 页面中，当文本输入框或者选择框不再拥有焦点而退到后台时，引发 onBlur 事件。onBlur 与 onFocas 事件是一个对应的关系。

6. onLoad 载入文件事件

当 HTML 页面载入时，产生该事件。onLoad 的作用就是在首次载入一个文档时完成文档的初始化操作，例如检测 Cookie 值，创建变量并为其赋值，使变量可以在页面上下文中使用等。

7. onUnload 卸载文件事件

当退出 Web 页面时引发 onUnload 事件。onUnload 事件可用于更新 Cookie 的状态。

4.4.3 JavaScript 浏览器对象

浏览器提供的内部对象包括文档对象（Document）、浏览器对象（Navigator）、窗口对象（Windows）、位置对象（Location）、历史对象（History），它们的层次及主要作用如下。

- 文档对象（Document）：

Document 对象包含与文档元素（elements）一起工作的对象，它将这些元素封装起来供开发人员使用。

- 浏览器对象（Navigator）：

Navigator 对象提供有关浏览器的信息。

- 窗口对象（Windows）：

Window 对象处于对象层次的最顶端，它提供了处理 Navigator 窗口的方法和属性。

- 位置对象（Location）：

Location 对象提供了与当前打开的 URL 一起工作的方法和属性，它是一个静态的对象。

- 历史对象（History）：

History 对象提供了与历史清单有关的信息。

1. Document 文档对象

Document 对象的主要作用是把文档中的链接、表单、标签等基本元素封装起来，提供给开发人员使用。

Document 对象用 write()、writeln() 方法实现在 Web 页面上输出显示信息。

Document 对象提供下列属性，控制着颜色、文档标题、文档文件的 URL 以及文档最后更新的日期。

- AlinkColor：活动的链接文字颜色。
- LinkColor：链接文字颜色。
- VlinkColor：浏览过的链接文字颜色。

- BgColor:网页的背景颜色。
- FgColor:HTML 文档中文本的前景颜色。
- LastModified:网页的最后修改日期。
- Location:网页完整的 URL 地址。
- Title:网页的标题。

【例 4-10】 Document 对象示例(4-10.html)。

```html
<html>
<head>
<script type= "text/javascript">
function upperCase(x)
{
    var y= document.getElementById(x).value
    document.getElementById(x).value= y.toUpperCase()
}
</script>
</head>
<body>
<form name= "fm">
    请输入小写字母:
    <input type= "text" id= "fid" onchange= "upperCase(this.id)" />
</form>
<a name= "one" href= "http://www.hainu.edu.cn"> 海南大学</a> <br>
<a name= "two" href= "http://www.hainan.gov.cn"> 海南省人民政府</a> <br> <br>
<script Language= "JavaScript">
    document.write("在文档中有"+ document.links.length+ "个超链接。"+ "<br> ");
    document.write("在文档中有"+ document.forms.length+ "个表单。"+ "<br> ");
</script>
</body>
</html>
```

代码运行结果如图 4-2 所示。

2. Windows 窗口对象

Windows 对象对应于 HTML 文档中的<Body>和<FrameSet>两种标识。开发人员可以利用 Windows 对象控制浏览器窗口显示的各个方面,如对话框、框架等。

在 JavaScript 脚本中,可直接引用窗口对象,例如:

```
window.alert("窗口对象输入方法")
```

在 JavaScript 脚本中,也可直接使用以下格式:

```
alert("窗口对象输入方法")
```

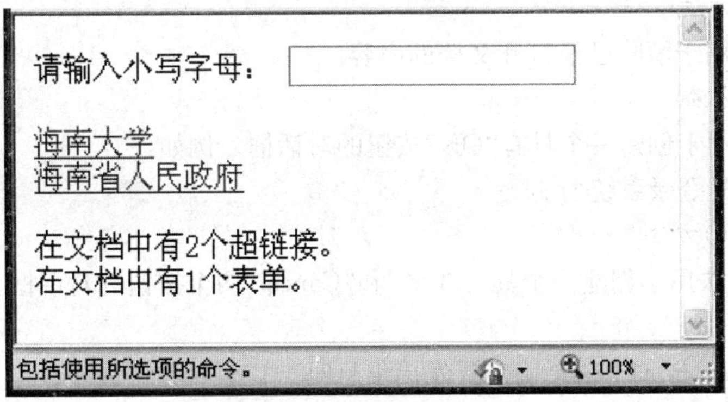

图 4-2 Document 对象示例

Windows 对象包括许多有用的属性、方法和事件驱动程序，文档加载事件 Onload 和卸载事件 onUnload 都是窗口对象的属性。Windows 窗口对象的方法如下：

(1) open()方法

open()方法用于创建一个新窗口，格式如下：

Window.open("URL","窗口名字","窗口属性")

通常浏览器窗口中，总有一个文档是打开的。因而在使用 Open()方法时，不需要为输出建立一个新文档。在使用 open()方法来打开一个新的输出时，可为文档指定一个有效的文档类型，包括 text/HTML、text/gif、text/xim、text/plugin 等。在完成对 Web 文档的写操作后，要使用或调用 close()方法来实现对输出流的关闭。

"窗口属性"参数是由一个字符串构成的列表项，属性之间用逗号分隔，指明有关新创建窗口的属性。"窗口属性"参数如表 4-1 所示。

表 4-1 窗口属性参数

参数	设定值	含义
toolbar	yes/no	建立或不建立标准工具条
location	yes/no	建立或不建立位置输入字段
directions	yes/no	建立或不建立标准目录按钮
status	yes/no	建立或不建立状态条
menubar	yes/no	建立或不建立菜单条
scrollbar	yes/no	建立或不建立滚动条
revisable	yes/no	能否改变窗口大小
width	yes/no	确定窗口的宽度
Height	yes/no	确定窗口的高度

(2) close()方法

close()方法用于关闭窗口。在多个文档对象中，必须使用 close()关闭一个对象后，才能打开另一个文档对象。close()方法关闭窗口代码如下：

```
<a href= "javascript:window.close()"> 关闭窗口</a>
```

(3) clear()方法

clear()方法用于清除已经打开文档的内容。

(4) alert()方法

alert()方法用于创建一个具有"OK"按钮的对话框。例如：

alert("请先登录系统");

(5) confirm()方法

confirm()方法用于创建一个具有"OK"和"Cancel"两个按钮的对话框。例如：

```
<Script>
    isSend= confirm("确实要发出信息吗?")
    if(isSend= = true) alert("信息已经发出!");
    else alert("信息没有发出!");
</Script>
```

(6) prompt()方法

prompt()方法允许用户在对话框中输入信息，同时可以设置使用默认值。例如：

echo= prompt("请输入你的姓名!","游客")

【例 4-11】 浏览器对象应用示例(4-11.html)。

```
<html>
<head>
<script language= "JavaScript">
function sizefont(text){
    var aString= "";
    var flag= 0;
    for(i= 0,j= 0;i<text.length;i= i+ 1){
      if (flag= = 0) {
        j+ + ;
        if (j> = 7) {flag= 1;}
      }
      if (flag= = 1) {
        j= j- 1;
        if (j<= 0) {flag = 0;}
      }
      aString+ = "<font size= "+ j+ "> " + text.substring(i,i+ 1) + "</font> ";
    }
    return aString
}
document.write(sizefont("这是一个浏览器对象的应用示例")+ "<br> ");
document.write("浏览器名称: "+ navigator.appName+ "<br> ");
document.write("版本号: "+ navigator.appVersion+ "<br> ");
document.write("代码名字: "+ navigator.appCodeName+ "<br> ");
```

```
document.write("用户代理标识："+ navigator.userAgent);
</script>
<body>
<form name= "fm">
    你在此停留了：<input name= "clock" size= "12" value= "在线时间">
</form>
<script language= "JavaScript">
    var id, iMinite = 0, iSecond = 1;
    start = new Date();
    function go()
    {
      now = new Date();
      time = (now.getTime()-start.getTime())/1000;
      time = Math.floor(time);
      iSecond = time% 60;
      iMinite = Math.floor( time / 60);
      if (iSecond<10)
        document.fm.clock.value= ""+iMinite+" 分 0"+iSecond+" 秒";
      else
        document.fm.clock.value= " "+ iMinite+" 分 "+iSecond+" 秒";
      id = setTimeout( "go()", 1000);
    }
    go();
</script>
</body>
</html>
```

代码运行结果如图 4-3 所示。

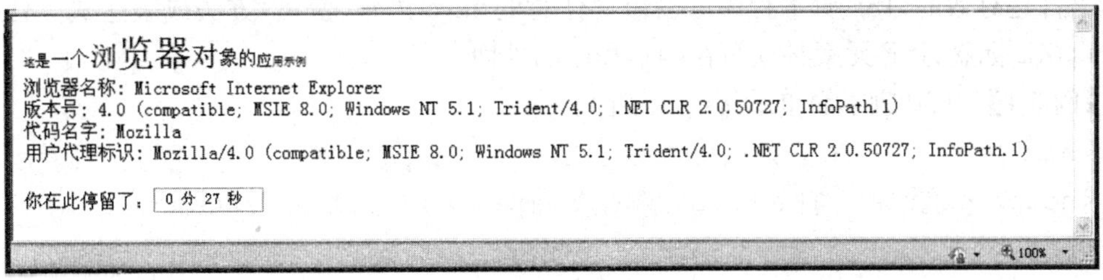

图 4-3 浏览器对象应用示例

第 5 章　JSP 技术

JSP(Java Server Pages)是一种动态网页开发技术。JSP可以用最简单的方式实现最复杂的应用。JSP使用JSP标签在HTML网页中嵌入Java代码。JSP标签有多种功能，如获取用户交互信息、访问JavaBeans组件、访问数据库等，还可以在不同的网页之间传递控制信息和共享信息。开发者可以动态地创建网页，通过网页表单获取用户输入数据、访问数据库及其他数据源。

JSP基于Java Servlets API，是Java EE的一个组件部分。JSP拥有包括JDBC、JNDI、EJB等强大的Java API的支持，因此，JSP是一个完整的企业级应用平台。

5.1　JSP 语法

本节介绍JSP的基础语法，包括JSP脚本、声明、表达式、注释、指令元素、动作元素、内置对象、运算符、常量。

5.1.1　JSP 脚本

JSP脚本的语法格式：

<％ Java 程序段 ％>

将Java程序段包含在以"<％"开始和"％>"结束的符号标志内，即为JSP脚本。只要脚本语言是有效的，JSP脚本程序可以包含任意的Java语句、变量、方法或表达式。任何文本、HTML标签、JSP元素必须写在脚本程序的外面。

【例5-1】　JSP脚本简单示例(5-1.jsp)。

```
<html>
<head> <title> The First JSP Example! </title> </head>
<body>
Hello! <br/>
<%
  out.println("This is the first JSP example!");
%>
</body>
</html>
```

打开MyEclipse，创建一个Web Project，工程名称为ch5。在工程的WebRoot内创建并保存 5-1.jsp 文件。然后发布部署工程,启动 Tomcat 服务器运行工程。最后打开浏览器并在地址栏中输入 http://localhost:8080/ch5/5-1.jsp,运行后即可得到以下运行结果。

```
Hello!
This is the first JSP example!
```

【例 5-2】 JSP 脚本控制语句示例(5-2.jsp)。

```
<html>
<head> <title> If&else Example</title> </head>
<body>
<%
  int day= 7;
  if (day= = 1|day= = 7) {
%>
<p> Today is Weekend.</p>
<% } else { %>
<p> Today is not Weekend.</p>
<% } %>
</body>
</html>
```

运行后得到以下结果:

```
Today is Weekend.
```

5.1.2 JSP 声明

JSP 声明的语法格式:

<%! 声明; [声明;]+ …%>

将 Java 程序段包含在以"<%!"开始和"%>"结束的符号标志内,即为一个 JSP 声明语句。一个 JSP 声明语句可以声明一个或多个变量、方法。经过 JSP 声明的变量、方法是全局性的,即经过 JSP 声明的变量值和方法可以被后续所属页面的 Java 代码继续调用。

JSP 声明简单示例:

```
<%! int i = 0; %>
<%! String a, b,c; %>
<%! Date d = new java.util.Date(); %>
```

【例 5-3】 JSP 声明应用示例(5-3.jsp)。

```
<%! int i; %>
<html>
<head> <title> Declaration Example</title> </head>
<body>
<%
  if (i> = 3){
    out.println("This is declaration example. Counter i= "+ i+ ".<br
```

```
> ");
       i+ + ;
    }
    else{
       while (i<3){
          out.println("This is declaration example. Counter i= "+ i+ ".<br> ");
          i+ + ;
       }
    }
% >
</body>
</html>
```

运行后得到的结果如图 5-1 所示，4 次打开相同的页面，而显示计数值不同。

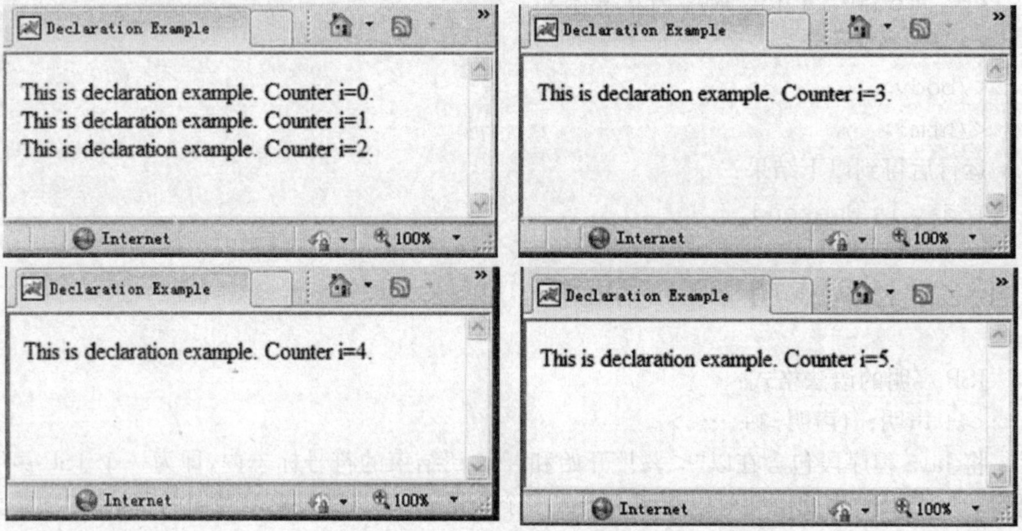

图 5-1　JSP 声明示例

5.1.3　JSP 表达式

JSP 表达式的语法格式：

<% = 表达式 % >

将 Java 表达式语句包含在以"<％="开始和"％>"结束的符号标志内，即为一个 JSP 表达式。JSP 表达式元素中可以包含任何符合 Java 语言规范的表达式，但是不能使用分号来结束表达式。一个 JSP 表达式，首先完成 Java 语言表达式运算，然后被转化成 String，最后插入到表达式出现的地方。

【例 5-4】　JSP 表达式示例(5-4.jsp)。

```
<html>
```

```
<head> <title> JSP Expression Example</title> </head>
<body>
<p>
   Time now is <% = (new java.util.Date()).toLocaleString()% > .
</p>
</body>
</html>
```
上述程序运行后得到如图 5-2 所示的结果。

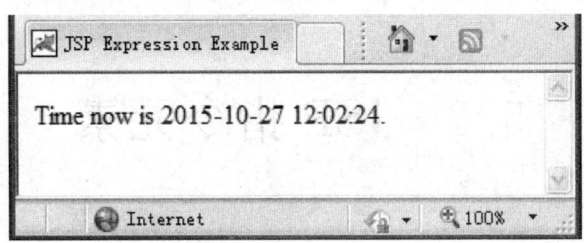

图 5-2　JSP 表达式示例

5.1.4　JSP 注释

JSP 注释的语法格式：

`<%-- 这里可以填写 JSP 注释 --%>`

将注释语句包含在以"<%--"开始和"--%>"结束的符号标志内，即为一个 JSP 注释。JSP 注释主要有两个作用：为代码做注释和将某段代码注释掉。

程序示例：

```
<html>
<head> <title> JSP Comment Example</title> </head>
<body>
<h2> This is JSP Comment Example.</h2>
<%-- This is  comment.It wasn't be displayed. --%>
</body>
</html>
```

运行后，得到以下结果：

This is JSP Comment Example.

在 JSP 页面中，在不同情况下使用注释的语法规则如表 5-1 所示。

表 5-1　JSP 注释语法规则

注释语法	描述
<%-- 注释 --%>	JSP 注释，注释内容不会被发送至浏览器，甚至不会被编译
<!-- 注释 -->	HTML 注释，通过浏览器查看网页源代码时可以看见注释内容
//注释	JSP 脚本中的单行 Java 代码注释
/* 注释 */	JSP 脚本中的多行 Java 代码注释

5.1.5 JSP 运算符与常量

JSP 支持所有 Java 逻辑、算术运算符和常量,例如:
- Boolean——true 和 false。
- String——以单引号或双引号开始和结束。"'"被转义成"\'","""被转义成"\"","\"被转义成"\\"。
- Null——null。

5.2 JSP 指令元素

JSP 指令元素语法格式:
`<%@ directive attribute= "value" %>`
将 JSP 指令元素包含在以"<%@"开始和"%>"结束的符号标志内,即为一个 JSP 指令元素。JSP 指令元素用于设置与整个 JSP 页面相关的属性。

JSP 指令元素包括三种指令标签,如表 5-2 所示。

表 5-2 JSP 指令元素

指令元素	描述
<%@ page … %>	定义页面的依赖属性,比如脚本语言、error 页面、Java 类包等
<%@ include …%>	包含其他文件
<%@ taglib…%>	引入标签库的定义,可以是自定义标签

5.2.1 page 指令

page 指令的语法格式:
`<%@ page attribute= "value" %>`
page 指令为容器提供当前页面的使用说明。page 指令通常放置在页面的开始位置,一个 JSP 页面可以包含多个 page 指令。page 指令的属性如表 5-3 所示。

表 5-3 page 指令的属性

属性	描述
language	定义 JSP 页面所用的脚本语言,默认是 Java
contentType	指定当前 JSP 页面的 MIME 类型和字符编码
pageEncoding	指定当前 JSP 页面本身的编码格式,用于 JSP 输出时的编码
import	导入要使用的 Java 类

续表

属性	描述
errorPage	指定当 JSP 页面发生异常时需要转向的错误处理页面
isErrorPage	指定当前页面是否可以作为另一个 JSP 页面的错误处理页面
buffer	指定 out 对象使用缓冲区的大小
autoFlush	控制 out 对象的缓存区
extends	指定 servlet 从哪一个类继承
info	定义 JSP 页面的描述信息
isThreadSafe	指定对 JSP 页面的访问是否为线程安全
session	指定 JSP 页面是否使用 session
isELIgnored	指定是否执行 EL 表达式
isScriptingEnabled	确定脚本元素能否被使用

在本章 5.1 小节中的所有举例都没有采用中文内容显示,因为若没有采用 page 指令设置页面的字符编码,将会出现中文显示乱码的情况。

【例 5-5】 contentType 和 pageEncoding 属性应用示例(5-5.jsp)。

```
<html>
<head> <title> page 指令设置字符编码示例</title> </head>
<body>
   <h2> 这是在 JSP 页面中设置字符编码显示中文的情况。</h2>
</body>
</html>
```

上述代码的运行结果如图 5-3 所示。

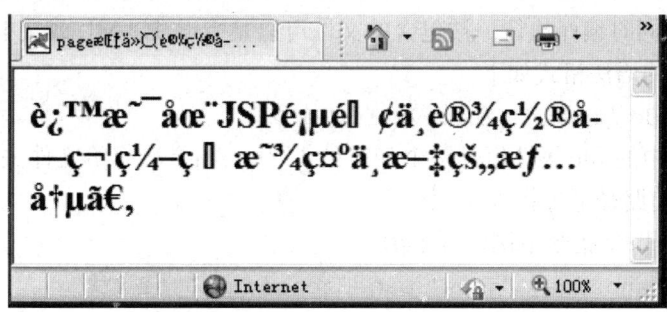

图 5-3　JSP 未用 page 指令而出现中文乱码

在上述代码的首行加入下列 page 指令,设置中文字符编码。

```
<% @ page language= "java" contentType= "text/html;charset= utf-8"% >
```

或者

```
<% @ page language= "java" pageEncoding= "utf-8"% >
```

运行结果正常显示中文,如图 5-4 所示。

图 5-4 JSP 使用 page 指令后正常显示中文

page 指令的 contentType 属性指定当前 JSP 页面的 MIME 类型和字符编码。MIME 类型的默认值是 text/html,字符编码方式的默认值是 ISO-8859-1,MIME 类型和字符编码方式由分号隔开。page 指令的 pageEncoding 只是指明 JSP 页面本身的编码格式。

JSP 容器在读取数据时将其转化为内部使用的 Unicode 码,而在页面显示时则将内部的 Unicode 码转换为 contentType 指定的编码,然后显示页面内容。如果 JSP 页面有 pageEncoding 属性存在,则 JSP 页面的字符编码方式就由 pageEncoding 属性决定,否则由 contentType 属性中的 charset 决定。如果 charset 也不存在,JSP 页面的字符编码方式就采用默认的 ISO-8859-1。

对于 contentType 属性中的 charset 的中文编码值,可以选择"GB2312"编码,也可以选择扩容后兼容 GB2312 的"GBK"编码,但建议选择既支持简体和繁体中文编码又支持 Unicode 编码的通用性强的国际编码"utf-8"编码。

5.2.2 include 指令

在 JSP 文档中,可以通过 include 指令来包含其他文件,包含的文件就好像是该 JSP 文件的一部分,会被同时编译执行。被包含的文件可以是 JSP、HTML 或文本文件。

include 指令的语法格式如下:

```
<%@ include file= "relative url" % >
```

include 指令中的 file 属性值是一个相对的 URL。如果没有给文件关联一个路径,JSP 编译器默认在当前路径下寻找。

【例 5-6】 include 指令举例(5-6.jsp)。

```
<%@ page language= "java" pageEncoding= "utf-8"% >
<html>
<head> <title> include 指令示例</title> </head>
<body>
<%@ include file= "5-5.jsp" % >
<%@ include file= "5-4.jsp" % >
</body>
</html>
```

以上代码通过 include 指令包含 2 个 JSP 文件,运行结果如图 5-5 所示。

图 5-5 include 指令示例

5.2.3 taglib 指令

JSP 允许用户自定义标签。自定义标签的集合就是自定义标签库。taglib 指令用于引入一个自定义标签库的定义,包括库路径、自定义标签。

taglib 指令的语法:

<%@ taglib uri= "uri" prefix= "prefixOfTag" % >

其中,uri 属性确定标签库的位置,prefix 属性指定标签库的前缀。

有关 taglib 指令和自定义标签库的应用,将在后续的章节中做详细讲解。

5.3 JSP 动作元素

动作元素为一系列动作标签,是一些预先就定义好的函数。其语法格式如下:

<jsp:action_name attribute= "value" />

JSP 动作元素使用 XML 语法结构,完成一个文件的动态插入,重用 JavaBean 组件,引导用户去另一个页面,为 Java 插件产生相关的 HTML 等功能。

JSP 规范用 jsp 作为前缀,定义了一系列的标准动作。常用的 JSP 动作元素标签如表 5-4 所示。

表 5-4 JSP 动作元素

动作元素	描述
jsp:include	用于在当前页面中包含静态或动态资源
jsp:forward	从一个 JSP 文件向另一个文件传递一个包含用户请求的 request 对象
jsp:param	用来进行参数传递
jsp:plugin	用于在生成的 HTML 页面中包含 Applet 和 JavaBean 对象
jsp:useBean	寻找和初始化一个 JavaBean 组件
jsp:setProperty	设置 JavaBean 组件的值
jsp:getProperty	将 JavaBean 组件的值插入到 output 中

所有的动作要素都有两个属性：id 属性和 scope 属性。

- id 属性：id 属性是动作元素的唯一标识，可以在 JSP 页面中引用。动作元素创建的 id 值可以通过 pageContext 来调用。
- scope 属性：scope 属性用于识别动作元素的生命周期。scope 属性有四个可能的值：page、request、session 和 application。

id 属性和 scope 属性有直接关系，scope 属性定义了相关联 id 对象的寿命。

5.3.1 \<jsp:include\>动作

\<jsp:include\>动作语法格式：

`<jsp:include page= "relative URL" flush= "true" />`

\<jsp:include\>动作用于包含静态或动态的文件。该动作把指定文件插入正在生成的页面。

与 include 指令元素不同，include 指令元素是在 JSP 文件被转换成 Servlet 的时候将其引入文件中，而\<jsp:include\>动作引入文件的时间是在页面被请求的时候。如表 5-5 所示是\<jsp:include\>动作的属性列表。

表 5-5　\<jsp:include\>动作元素

属性	描述
page	包含页面的相对 URL 地址
flush	布尔属性，定义在包含资源前是否刷新缓存区

【例 5-7】 \<jsp:include\>动作示例(5-7.jsp)。

```
<%@ page language= "java" pageEncoding= "utf-8"% >
<html>
<head> <title> jsp:include 动作元素示例</title> </head>
<body>
    <h2> 这是 jsp:include 动作元素示例</h2>
    <jsp:include page= "5-4.jsp" flush= "true" />
</body>
</html>
```

以上代码通过\<jsp:include\>动作包含 5-4.jsp 文件，运行显示结果如图 5-6 所示。

5.3.2 \<jsp:forward\>动作

\<jsp:forward\> 动作语法格式：

`<jsp:forward page= "Relative URL" />`

\<jsp:forward\>动作把请求转到另外的 JSP 页面。jsp:forward 标记只有一个 page 属性，如表 5-6 所示。

图 5-6 ＜jsp:include＞动作元素示例

表 5-6 ＜jsp:forward＞动作元素

属性	描述
page	page 属性包含的是一个相对 URL。其值既可以直接给出,也可以在请求的时候动态计算,可以是一个 JSP 页面或者一个 Java Servlet

【例 5-8】 ＜jsp:forward＞ 动作元素示例(5-8.jsp)。

```
<%@ page language= "java" pageEncoding= "utf-8"% >
<html>
<head> <title> jsp:forward动作元素示例</title> </head>
<body>
    <h2> 这是jsp:forward动作元素示例</h2>
    <jsp:forward page= "5-4.jsp"/>
</body>
</html>
```

以上代码通过＜jsp:forward＞动作转到 5-4.jsp 页面,运行 5-4.jsp 页面代码,结果是显示当前的时间。

5.3.3 ＜jsp:params＞和＜jsp:param＞动作

＜jsp:param＞动作语法格式:
＜jsp:param name= "name" value= "…"/＞
其中,name 属性是参数名称,value 属性是传递的参数值。
＜jsp:params＞动作包含＜jsp:param＞动作。＜jsp:param＞动作不能单独使用,通常与＜jsp:include＞动作、＜jsp:forward＞动作、＜Jsp:plugin＞动作配套使用。＜Jsp:include＞动作、＜jsp:forward＞动作利用本章后续小节讲解的内置对象传递和读取参数。

5.3.4 ＜jsp:plugin＞动作

＜jsp:plugin＞动作元素用于根据浏览器的类型插入通过 Java 插件运行 Java Applet 所必需的 OBJECT 或 EMBED 元素。如果需要的插件不存在,则会下载插件,然后执行 Java

组件。Java 组件可以是一个 Applet 或一个 JavaBean。

<jsp:plugin>动作有多个对应 HTML 元素的属性用于格式化 Java 组件。param 元素可用于向 Applet 或 Bean 传递参数。

【例 5-9】 plugin 动作的典型示例(5-9.jsp)。

```
<%@ page language= "java" pageEncoding= "utf-8"% >
<html>
<head> <title> jsp:plugin 示例</title> </head>
<body>
    <jsp:plugin type= "applet" code= "applet.MyApplet"
      codebase= "." align= "center" width= "400" height= "400">
    <jsp:params>
        <jsp:param name= "image" value= "image/pic.jpg"/>
    </jsp:params>
    <jsp:fallback> 在插入 applet 时产生错误!</jsp:fallback>
    </jsp:plugin>
</body>
</html>
```

读者可以编写一个 Applet 来测试<jsp:plugin>动作,<fallback>元素的作用是在组件出现故障时发送错误提示信息给用户。

5.3.5 <jsp:useBean>动作

<jsp:useBean>动作元素语法格式：

<jsp:useBean id= "name" class= "package.class" />

<jsp:useBean>动作用于装载一个将在 JSP 页面中使用的 JavaBean。在 JavaBean 类载入后,我们即可通过<jsp:setProperty>和<jsp:getProperty>动作元素来修改和检索 Bean 的属性。

这个功能非常有用,因为它使得我们可以发挥 Java 组件重用的优势。<jsp:useBean>动作的属性如表 5.7 所示。

表 5-7 <jsp:useBean>动作元素

属性	描述
id	指定 Bean 的唯一标识
class	指定 Bean 的完整包名
type	指定将引用该对象变量的类型
beanName	通过 java.beans.Beans 的 instantiate() 方法指定 Bean 的名字

<jsp:useBean>动作元素的具体讲解,将在后续的 JavaBean 技术章节中展开。

5.3.6 \<jsp:setProperty\>和\<jsp:getProperty\>动作

1. \<jsp:setProperty\>动作

\<jsp:setProperty\>动作元素通常配合\<jsp:useBean\>动作使用，用来设置已经实例化的 JavaBean 对象的属性。\<jsp:setProperty\>动作的属性如表 5-8 所示。

表 5-8 \<jsp:setProperty\>动作元素

属性	描述
name	name 属性是必需的。它用来指定要设置属性的对象属于哪个 Bean
property	property 属性是必需的。它用来指定要设置 Bean 的哪个属性。有一个特殊用法：如果 property 的值是"*"，表示所有名字和 Bean 属性名字匹配的请求参数都将被传递给 Bean 相应的属性 set 方法
value	value 属性是可选的。它用来指定 Bean 属性的值。字符串数据会在目标类中通过标准的 valueOf 方法自动转换成数字、boolean、Boolean、byte、Byte、char、Character 类型。例如，boolean 和 Boolean 类型的属性值（比如"true"）通过 Boolean.valueOf 转换，int 和 Integer 类型的属性值（比如"16"）通过 Integer.valueOf 转换。value 和 param 属性可以使用其中任意一个，但不能同时使用
param	param 是可选的。它用来指定用哪个请求参数作为 Bean 属性的值。如果当前请求没有参数，则什么事情也不做，系统不会把 null 传递给 Bean 属性的 set 方法。因此，可以让 Bean 自己提供默认属性值，只有当请求参数明确指定了新值时才修改默认属性值

\<jsp:setProperty\>动作有以下两种用法。

(1) 在\<jsp:useBean\>动作外使用\<jsp:setProperty\>元素

示例如下：

```
<jsp:useBean id="BeanId" …/>
    ……
<jsp:setProperty name="BeanId" property="someProperty" …/>
```

此时，不管是\<jsp:useBean\>动作找到一个现有的 Bean，还是创建一个新的 Bean 实例，\<jsp:setProperty\>动作都会执行。

(2) 在\<jsp:setProperty\>动作内使用\<jsp:setProperty\>元素

示例如下：

```
<jsp:useBean id="BeanId" …>
    <jsp:setProperty name="BeanId" property="someProperty" .../>
    ……
</jsp:useBean>
```

此时，\<jsp:setProperty\>动作只有在新建 Bean 实例时才会执行。如果是使用现有实例则不执行\<jsp:setProperty\>动作。

2. ＜jsp:getProperty＞动作

＜jsp:getProperty＞动作语法格式：

```
<jsp:useBean id= "BeanId" …/>
……
<jsp:getProperty name= "BeanId" property= "someProperty" …/>
```

＜jsp:getProperty＞动作提取指定 Bean 属性的值，并转换成字符串，然后输出。与 getProperty 相关联的属性如表 5-9 所示。

表 5-9　＜jsp: getProperty＞动作元素

属性	描述
name	要检索的 Bean 属性名称。Bean 必须已定义
property	要提取 Bean 属性的值

＜jsp:setProperty＞、＜jsp:getProperty＞和＜jsp:useBean＞动作元素的具体讲解，将在后续的 JavaBean 技术章节中展开。

5.4　JSP 内置对象

JSP 内置对象是 JSP 容器提供的 Java 对象，开发者可以直接使用这些内置对象，而不用事先做显式声明。JSP 支持 9 个内置对象，如表 5-10 所示。

表 5-10　JSP 内置对象

内置对象	有效范围	描述
out	page	PrintWriter 类的实例，提供对输出流的访问，用于把结果输出到网页上
request	request	HttpServletRequest 类的实例，该对象提供对 HTTP 请求数据的访问，同时还提供用于加入特定请求数据的上下文
response	page	HttpServletResponse 类的实例，可用来向客户端输出数据
session	session	HttpSession 类的实例，可用来保存在服务器与一个客户端之间需要保存的数据，当客户端关闭网站的所有网页时，session 变量会自动消失
application	application	ServletContext 类的实例，代表应用程序上下文，允许 JSP 页面与包括在同一应用程序中的任何 Web 组件共享信息
page	page	该对象代表 JSP 页面对应的 Servlet 类实例，作用类似于 Java 类中的 this 关键字
config	page	ServletConfig 类的实例，允许将初始化数据传递给一个 JSP 页面

内置对象	有效范围	描述
pageContext	page	PageContext 类的实例,提供对 JSP 页面所有对象及命名空间的访问
exception	page	Exception 类的对象,代表发生错误的 JSP 页面中对应的异常对象

request 和 response 是重要的 JSP 内置对象,JSP 通过 request 对象获取客户浏览器的请求,通过 response 对客户浏览器进行响应。这 2 个对象体现了服务器端与客户端(即浏览器)进行交互通信的控制。客户端的浏览器从 Web 服务器上获得网页,实际上是使用 HTTP 协议向服务器端发送一个 request 请求,服务器在收到来自客户端浏览器发来的请求后,做出 response 响应请求。即:客户打开浏览器(客户端),在地址栏中输入 URL 地址(Web 服务器的服务页面地址)提交 request 请求后,Web 服务器 response 响应返回服务的网页,客户端浏览器就会显示 Web 服务器上的网页内容。

5.4.1　out 对象

out 对象是 javax.servlet.jsp.JspWriter 类的实例,用来向客户端输出信息和管理缓冲响应。JspWriter 类对象根据页面是否有缓存来进行不同的实例化操作。JspWriter 新增了一些专为处理缓存而设计的方法。在默认情况下,输出的数据先存放在缓冲区中,当达到某一状态时才向客户端输出数据。这样,不用每次执行输出语句时都向客户端进行响应,加快了处理的速度。可以在 page 指令中使用 buffered='false'属性来轻松关闭缓存。表 5-11 列出了用来输出 boolean、char、int、double、Srtring、object 等类型数据的重要方法。

表 5-11　out 对象的方法

方法	描述
print(dataType dt)	输出 Type 类型的值
println(dataType dt)	输出 Type 类型的值,然后换行
getBufferSize()	获取缓冲区大小
getRemaining()	获取剩余缓冲区大小
isAutoFlush()	是否自动清空缓冲区
clearBuffer()	清除缓冲区
flush()	刷新缓冲区

【例 5-10】　利用 out 对象管理缓冲区示例(5-10.jsp)。

```
<%@ page language="java" pageEncoding="utf-8"%>
<html>
<head> <title> out 对象管理缓冲区示例</title> </head>
<body>
  <%
    int size = out.getBufferSize();
    int remain = out.getRemaining();
```

```
        int useSize = size - remain;
        out.print("默认缓冲区大小:" + size + "<br> ");
        out.print("剩余缓冲区大小:" + remain + "<br> ");
        out.print("已用缓冲区大小:" + useSize + "<br> <hr> ");
        out.println("<h4> 不执行 clearBuffer()则显示所有 print()的内容。</h4> ");
        remain = out.getRemaining();
        useSize = size - remain;
        out.print("剩余缓冲区大小:" + remain + "<br> ");
        out.print("已用缓冲区大小:" + useSize + "<br> <hr> ");
        out.clearBuffer();
        out.println("<h4> 执行 clearBuffer()则只显示后续 print()内容。</h4> ");
        remain = out.getRemaining();
        useSize = size - remain;
        out.print("剩余缓冲区大小:" + remain + "<br> ");
        out.print("已用缓冲区大小:" + useSize + "<br> <hr> ");
        out.println("<h4> 执行 flush()则清空缓冲区的内容。</h4> ");
        out.flush();
        remain = out.getRemaining();
        useSize = size - remain;
        out.print("剩余缓冲区大小:" + remain + "<br> ");
        out.print("已用缓冲区大小:" + useSize + "<br> ");
        out.print("是否 AutoFlush:" + out.isAutoFlush());
    %>
  </body>
</html>
```

上述代码的运行结果如图 5-7 所示。读者可以分别将 out.clearBuffer()和 out.flush() 注释掉,然后运行查看显示结果的变化。

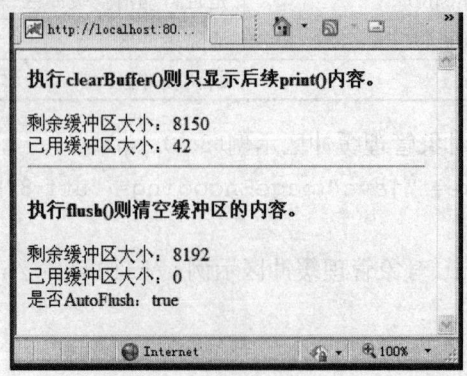

图 5-7　out 对象管理缓存示例

5.4.2 request 对象

request 对象是 javax.servlet.http.HttpServletRequest 类的实例。request 对象在服务器启动时自动创建。当客户端访问服务器端时，会提交一个 HTTP 请求。客户端通过 HTTP 请求一个 JSP 页面时，服务器端的 JSP 引擎会将客户端提交的请求信息封装在 request 对象中，而通过调用 request 对象的方法可以获取请求信息。

客户端可通过 HTML 表单或在网页 URL 中提供参数的方法提交数据，然后通过 request 对象的相关方法来获取这些数据。

request 对象提供了各种方法，用来处理客户端浏览器提交的请求中的各项参数和选项，包括获取客户信息和获取 HTTP 信息头。request 对象提供的常用方法如表 5-12 所示。

表 5-12 request 对象的常用方法

方法	描述
String getParameter(String name)	返回此 request 中 name 指定的参数，若不存在则返回 null
String[] getParameterValues(String name)	返回指定名称的参数的所有值，若不存在则返回 null
Enumeration getParameterNames()	返回请求中所有参数的集合
HttpSession getSession()	返回 request 对应的 session 对象，如果没有，则创建一个
HttpSession getSession(boolean create)	返回 session 对象，如果没有并且参数 create 为 true，则返回一个新的 session 对象
String getRequestedSessionId()	返回 request 指定的 session ID
Cookie[] getCookies()	返回客户端所有的 Cookie 的数组
Object getAttribute(String name)	返回 name 的属性值，如果不存在则返回 null
Enumeration getAttributeNames()	返回 request 对象的所有属性名称的集合
String getQueryString()	返回此 request URL 包含的查询字符串
String getRemoteAddr()	返回客户端的 IP 地址
String getRemoteHost()	返回客户端的完整名称
String getRemoteUser()	返回客户端通过登录认证的用户，若用户未认证则返回 null
String getRequestURI()	返回 request 的 URI
String getServletPath()	返回所请求的 servlet 路径
int getServerPort()	返回服务器端口号

方法	描述
String getContextPath()	返回 request URI 中指明的上下文路径
String getPathInfo()	返回任何额外的与此 request URL 相关的路径
String. getRealPath(String name)	获取客户端所请求的网页文件的真实路径
Enumeration getHeaderNames()	返回所有 HTTP 头的名称集合
int getIntHeader(String name)	返回指定名称的 request 信息头的值
Locale getLocale()	返回当前页的 Locale 对象,可以在 response 中设置
ServletInputStream getInputStream()	返回请求的输入流
String getAuthType()	返回认证方案的名称,用来保护 servlet,比如"BASIC"或者"SSL"或 null(如果 JSP 没有设置保护措施)
String getCharacterEncoding()	返回 request 的字符编码集名称
String getContentType()	返回 request 主体的 MIME 类型,若未知则返回 null
String getHeader(String name)	返回 name 指定的信息头
String getMethod()	返回此 request 中的 HTTP 方法,比如 GET、POST 或 PUT
String getProtocol()	返回此 request 所使用的协议名和版本
boolean isSecure()	返回 request 是否使用了加密通道,比如 HTTPS
int getContentLength()	返回 request 主体所包含的字节数,若未知则返回-1

1. 调用 request 对象获取客户端系统及 HTTP 报头信息

【例 5-11】 调用 request 对象获取客户端系统及 HTTP 报头信息示例(5-11.jsp)。

```
<%@ page language= "java" pageEncoding= "utf-8"% >
<html>
<head> <title> request 对象获取客户端信息</title> </head>
<body>
<br> 获取通信协议:<% = request.getProtocol()% >
<br> 获取客户端的主机名称:<% = request.getRemoteHost()% >
<br> 获取提交数据的客户端 IP 地址:<% = request.getRemoteAddr()% >
<br> 获取客户端登录认证的用户名称:<% = request.getRemoteUser()% >
<br> 获取客户端提交信息的请求方式:<% = request.getMethod()% >
<br> 获取发出请求字符串的客户端 URL 地址:<% = request.getRequestURI()% >
<br> 获取客户端所请求的上下文路径:<% = request. getContextPath()% >
<br> 获取客户端所请求的网页文件的真实路径:<% = request.getRealPath("/
```

5-11.jsp")% >

 获取服务器的名称:<% = request.getServerName()% >

 获取服务器端口号:<% = request.getServerPort()% >

 获取 Http 协议定义的文件头信息 Host 的值:<% = request.getHeader("host")% >

 获取 Http 协议的头信息 User-Agent 的值:<% = request.getHeader("user-agent")% >

 获取查询字符串:<% = request.getQueryString()% >

 获取 Session 对象:<% = request.getSession(true) % >

 获取 Session 对象的编号:<% = request.getRequestedSessionId()% >

 获取字符编码:<% = request.getCharacterEncoding()% >

 获取 reguest 主体长度:<% = request.getContentLength()% >

 获取 reguest 主体 MIME 类型:<% = request.getContentType()% >

 获取当前页的 Locale 对象:<% = request.getLocale()% >
    </body>
    </html>

以上代码的运行显示结果如图 5-8 所示。

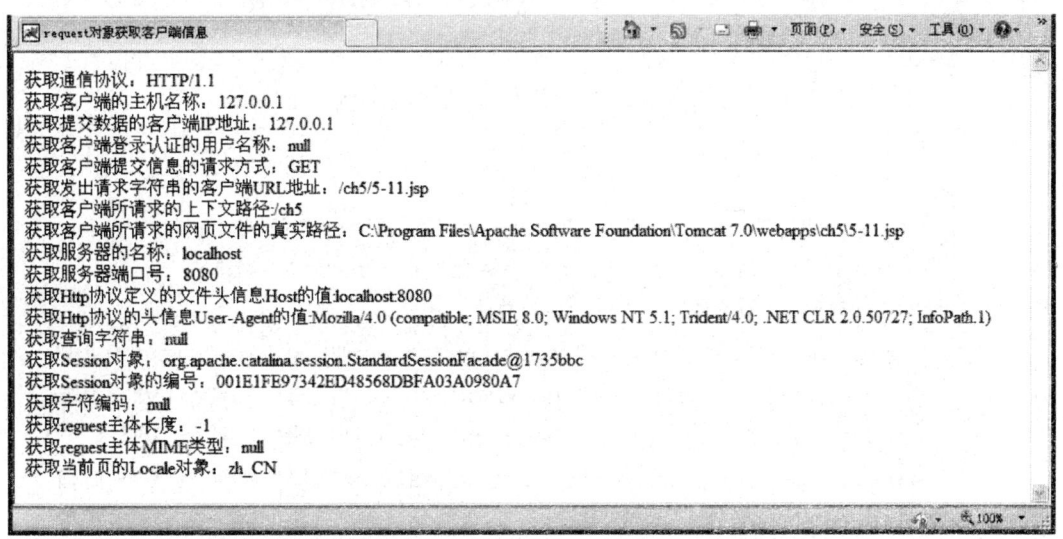

图 5-8　request 对象获取客户端系统及 HTTP 报头信息

2. 用 request 对象获取客户端提交的参数信息

我们在浏览网页的时候，经常需要向服务器提交信息，并让后台程序处理。用 request 对象可以获取任何基于 HTTP 请求传递的信息，包括从 Form 表单用 POST 方法或 GET 方法向服务器提交传递的参数。

(1) GET 方法

GET 方法将请求参数的编码信息添加在网址后面，网址与参数编码信息通过"?"号分隔，参数与参数之间的编码信息通过"&"号分隔。如下所示：

http://localhost:8080/ch5/5-12.jsp? name= 张三 &city= 北京

GET 方法是浏览器默认传递参数的方法,传输数据的大小有限制,最大为 1024 字节。一些敏感信息,如密码等不建议使用 GET 方法。

(2) POST 方法

一些敏感信息(如密码)和较大数据量的信息,可以通过 POST 方法传递。POST 提交数据是隐式的、不可见的,而 GET 是在 URL 里面传递的。

request 的作用范围是一个请求期,即 request 实例在从一个页面跳转到另一个页面后,它的生命周期就结束了,与之绑定的 request 属性变量会变成垃圾对象而被回收。如果要延长 request 的生命周期,可以用 RequestDispatcher 接口实现。

JSP 读取表单数据如表 5-12 所示,其中 request 对象的获取客户端参数名称和参数值的方法如下:

① getParameter(String name) 获取指定参数名的值。
② getParameterValues(String name) 获取所有参数名的值。
③ getParameterNames() 获取所有的参数名,存储在枚举型对象中。
④ getInputStream() 获取来自客户端的二进制数据流。

以下是 request 对象获取客户端 Form 表单通过 GET 方法提交参数的示例。

【例 5-12】 一个客户端的 Form 表单页面(5-12.jsp)。

```
<%@ page language="java" pageEncoding="utf-8"%>
<html>
  <head>
    <title> request 对象获取客户端提交的参数示例</title>
</head>
<body>
  <form name="fm" method="get" action="5-13.jsp" id="fm">
    姓名:<input name="name" type="text" id="name"> <br>
    <p> 请选择你喜欢的城市:
      <input name="city" type="checkbox" value="北京" id="city"> 北京
      <input name="city" type="checkbox" value="上海" id="city"> 上海
      <input name="city" type="checkbox" value="广州" id="city"> 广州
      <input name="city" type="checkbox" value="海口" id="city"> 海口
      <input name="city" type="checkbox" value="三亚" id="city"> 三亚
    </p>
    <input name="submit" type="submit" value="提交">
  </form>
</body>
</html>
```

上述代码的运行结果如图 5-9 所示。

【例 5-13】 由 5-12.jsp 页面提交的信息通过 request 对象获取并显示(5-13.jsp)。

```
<%@ page language="java" pageEncoding="utf-8" %>
<html>
<head> <title> request 对象获取客户端提交的参数示例</title> </head>
```

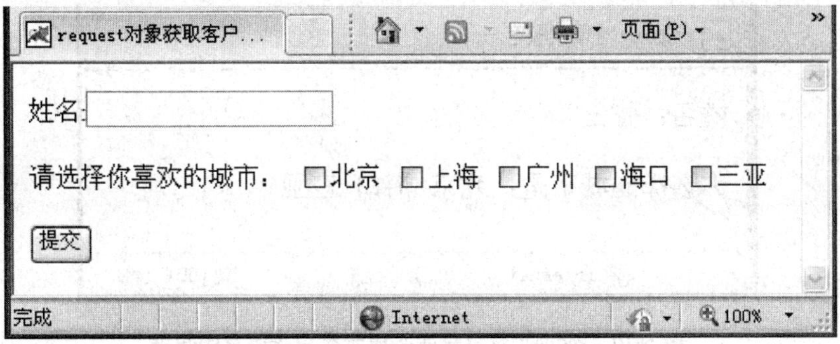

图 5-9　客户端的 Form 表单页面

```
<%!
  //因为表单 form 采用 method= "get"方式,所以需要编码转换解决中文乱码
  //若表单 form 采用 method= "post"方式,则无需进行编码转换,
  public static String ConvertToChinese(String str){
    try{
      byte st[]= str.getBytes("ISO8859-1");
      //以 ISO8859-1 编码取值并按字节存储
      return new String(st,"utf-8");      //转为 UTF-8 编码
    }catch(Exception e){
      return str;
    }
  }
%>
<body>
<%
  String name = request.getParameter("name");
  String city[]= request.getParameterValues("city");
  out.print("<p> 姓名:"+ ConvertToChinese(name)+ "</p> ");
  out.print("你选择的城市是:");
  for(int i= 0;i<city.length;i+ + ){
    out.print(ConvertToChinese(city[i])+ " ");
  }
%>
</body>
</html>
```

首先运行 5-12.jsp 页面,录入和选择城市,然后点击"提交"按钮,则 Form 表单会调用 5-13.jsp 代码,其运行结果如图 5-10 所示。

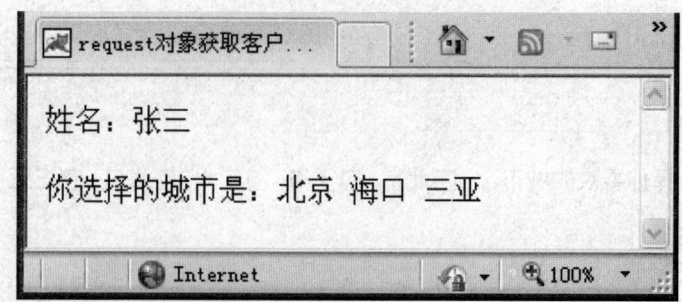

图 5-10　request 对象获取并显示客户端提交的数据

5.4.3　response 对象

　　response 对象是 javax.servlet.http.HttpServletResponse 类的实例。response 对象主要是将服务器处理后的结果返回到客户端，对客户的请求做出动态的响应。当服务器创建 request 对象时，会同时创建用于响应这个客户端的 response 对象。

　　response 对象提供了各种方法，用来处理客户端浏览器提交的请求中的各项参数和选项，包括用来获取客户信息和获取 HTTP 信息头。response 对象提供的常用方法如表 5-13 所示。

表 5-13　response 对象的方法

方法	描述
void setContentType(String type)	设置响应的内容的类型，如果响应还未被提交的话
void sendRedirect(String location)	使用指定的 URL 向客户端发送一个临时的间接响应
String encodeRedirectURL(String url)	对 sendRedirect() 方法使用的 URL 进行编码
void setCharacterEncoding(String charset)	指定响应的编码集（MIME 字符集），例如 UTF-8
void setContentLength(int len)	指定 HTTP servlets 中响应的内容的长度，此方法用来设置 HTTP Content-Length 信息头
void setBufferSize(int size)	设置响应体的缓存区大小
void flushBuffer()	将任何缓存中的内容写入客户端
void reset()	清除任何缓存中的任何数据，包括状态码和各种响应头
void resetBuffer()	清除基本的缓存数据，不包括响应头和状态码
void addCookie(Cookie cookie)	添加指定的 Cookie 至响应中
String encodeURL(String url)	将 URL 编码，回传包含 Session ID 的 URL
boolean containsHeader(String name)	返回指定的响应头是否存在
boolean isCommitted()	返回响应是否已经提交到客户端

方法	描述
void setDateHeader(String name, long date)	使用指定名称和值设置响应头的名称和内容
void addDateHeader(String name, long date)	添加指定名称的响应头和日期值
void setHeader(String name, String value)	使用指定名称和值设置响应头的名称和内容
void addHeader(String name, String value)	添加指定名称的响应头和值
void setIntHeader(String name, int value)	使用指定名称和值设置响应头的名称和内容
void addIntHeader(String name, int value)	添加指定名称的响应头和 int 值
void sendError(int sc)	使用指定的状态码向客户端发送一个出错响应,然后清除缓存
void sendError(int sc, String msg)	使用指定的状态码和消息向客户端发送一个出错响应
void setLocale(Locale loc)	设置响应的语言环境,如果响应尚未被提交的话
void setStatus(int sc)	设置响应的状态码

1. HTTP 响应头示例

【例 5-14】 使用 setIntHeader()方法完成定时刷新页面模拟一个数字时钟(5-14.jsp)。

```
<%@ page language="java" pageEncoding="utf-8"%>
<%@ page import="java.io.*,java.util.*"%>
<html>
<head> <title> 页面自动刷新示例</title> </head>
<body>
  <h2> 页面自动刷新示例</h2>
  <%
    // 设置每隔 5 秒自动刷新
    response.setIntHeader("Refresh", 5);
    // 获取当前时间
    Calendar calendar = new GregorianCalendar();
    int hour = calendar.get(Calendar.HOUR);
    int minute = calendar.get(Calendar.MINUTE);
    int second = calendar.get(Calendar.SECOND);
    String am_pm;
    if(calendar.get(Calendar.AM_PM) == 0){
      am_pm = "AM";
    } else{
      am_pm = "PM";
    }
    String CT = hour+ ":"+ minute + ":"+ second + " "+ am_pm;
```

```
        out.println("当前时间是: " + CT + "\n");
    %>
</body>
</html>
```
上述代码的运行结果如图 5-11 所示。

图 5-11 response 对象 HTTP 响应头示例

2. 页面重定向示例

当需要从当前页面跳转到一个新的页面时,就需要使用 JSP 重定向。

方式 1:使用 response 对象的 sendRedirect()方法。这个方法将状态码和新的页面位置作为响应发回给浏览器。使用 response 对象的 sendRedirect()方法示例如下:

```
<%
    String url = "5-1.jsp";
    response.sendRedirect(url);
%>
```

方式 2:使用 response 对象的 setStatus()和 setHeader()方法。

【例 5-15】 重定向方式 2 示例(5-15.jsp)。

```
<%@ page language="java" pageEncoding="utf-8"%>
<html>
<head> <title>页面重定向</title> </head>
<body>
    <h1>页面重定向</h1>
    <%
        // 重定向到新页面地址
        String url = "http://www.hainu.edu.cn";
        response.setStatus(response.SC_MOVED_TEMPORARILY);
        response.setHeader("Location", url);
    %>
</body>
</html>
```

将以上代码保存在 5-15.jsp 文件中,然后运行,访问 http://localhost:8080/ch5/5-15.jsp,页面将会跳转到海南大学的主页(http://www.hainu.edu.cn/)。

3. Cookie 应用

Cookie 为 Web 应用程序保存用户相关信息提供了一种有用的方法。Cookies 是存储在客户机的文本文件,伴随着用户请求和页面在 Web 服务器和浏览器之间传递。Cookies 保存了大量轨迹信息,是服务器暂存在客户端浏览器内存或硬盘文件中的数据,比如名字、年龄、ID 号码等。

每当用户访问站点时,Web 应用程序都可以读取 Cookie 包含的信息,得知用户的相关信息,就可以做出相应的动作。例如,当用户访问站点时,可以利用 Cookie 保存用户首选项或其他信息。当用户再次访问站点时,浏览器在发送任何请求至服务器时,会同时将这些 Cookies 信息发送给服务器,然后服务器使用这些信息来识别用户或者干些其他事情。

Cookie 数据有一定的有效期。有效期短的直接存储于浏览器内存中,关闭浏览器,这些 Cookie 信息也就丢失了。有效期长的信息存于硬盘文件上,例如 Windows XP 的 C 盘中,会有一个 Cookies 文件夹,文件夹中存储有曾经访问过的网站的文本文件。

Cookie 对象中常用的方法如表 5-14 所示。

表 5-14 Cookie 对象的方法

方法	描述
public String getName()	返回 cookie 的名称,名称创建后将不能被修改
public void setValue(String newValue)	设置 cookie 的值
public String getValue()	获取 cookie 的值
public void setMaxAge(int expiry)	设置 cookie 有效期,以秒为单位,默认有效期为当前 session 的存活时间
public int getMaxAge()	获取 cookie 有效期,以秒为单位,默认为-1,表明 cookie 会存活到浏览器关闭为止
public void setPath(String uri)	设置 cookie 的路径,默认为当前页面目录下的所有 URL,还有此目录下的所有子目录
public String getPath()	获取 cookie 的路径
public void setSecure(boolean flag)	指明 cookie 是否要加密传输
public void setDomain(String pattern)	设置 cookie 的域名,如 www.hainu.edu.cn
public String getDomain()	获取 cookie 的域名,如 www.hainu.edu.cn
public void setComment(String purpose)	设置注释描述 cookie 的目的。当浏览器将 cookie 展现给用户时,注释将会变得非常有用
public String getComment()	返回描述 cookie 目的的注释,若没有则返回 null

在 JSP 中,设置和应用 Cookie 包含以下步骤:

(1) 创建一个 Cookie 对象

调用 Cookie 的构造函数,使用一个 Cookie 名称和值作为参数,代码如下:

```
Cookie cookie = new Cookie("key","value");
```

注意:Cookie 对象中的名称和值不能包含空格或者如下的字符:

[ ] ( ) = ，" / ? @ : ;

(2) 设置 Cookie 对象的有效期

可通过 setMaxAge()函数设置 Cookie 在多长时间（以秒为单位）内有效。将有效期设为 24 小时的代码如下：

```
cookie.setMaxAge(60*60*24);
```

(3) 向 HTTP 响应头中添加 Cookie 对象

可调用 response 对象的 addCookie()方法来向 HTTP 响应头中添加 Cookies。代码如下：

```
response.addCookie(cookie);
```

(4) 从 HTTP 响应头中读取 Cookie 对象

可调用 request 对象中的 getCookies()方法获取 Cookie 中的数据。代码如下：

```
Cookie[] cookie = request.getCookies();
```

(5) 删除 Cookie 对象

删除一个 Cookie 的方法是获取一个存在的 Cookie，将该 Cookie 的有效期设置为 0，然后将这个 Cookie 重新添加进响应头中。

【例 5-16】 添加和读取 Cookie 对象示例(5-16.jsp)。

要读取 Cookies，就需要调用 request.getCookies()方法来获得一个 javax.servlet.http.Cookie 对象的数组，然后遍历这个数组，使用 getName()方法和 getValue()方法来获取每一个 Cookie 的名称和值。

```
<%@ page language="java" pageEncoding="utf-8"%>
<html>
<head> <title>读取和添加 Cookie 对象示例</title> </head>
<%
// 获取 Cookies 的对象数组
String txtName="",txtPwd="";
Cookie[] cookies = request.getCookies();
if (cookies!=null){
  for (int i=0;i<cookies.length;i++){
    Cookie cookie = cookies[i];
    if(cookie.getName().equals("name")){txtName=cookie.getValue();}
    if(cookie.getName().equals("pwd")){txtPwd=cookie.getValue();}
  }
}
//判断是否将接收的姓名和密码保存为 Cookie 对象
String save=request.getParameter("save")+"";
if (save.equals("1")){
  // 为 name 和 password 设置 cookie
  Cookie name = new Cookie("name", request.getParameter("name"));
  Cookie pwd = new Cookie("pwd", request.getParameter("pwd"));
```

```
        // 设置 cookie 过期时间为 24 小时
        name.setMaxAge(60* 60* 24);
        pwd.setMaxAge(60* 60* 24);
        // 在响应头部添加 cookie
        response.addCookie(name);
        response.addCookie(pwd);
    }
%>
<body>
<h1>读取和添加 Cookie 对象示例</h1>
<form name= "fm" method= "get" action= "5-16.jsp" id= "fm">
    姓名:< input name= "name" type= "text" id= "name" value= "<% = txtName% > "><br>
    密码:< input name= "pwd" type= "text" id= "pwd" value= "<% = txtPwd% > "><br>
    <p>是否保存密码:
        <input name= "save" type= "checkbox" value= "1" checked>保存
    </p>
    <input name= "submit" type= "submit" value= "提交">
</form>
</body>
</html>
```

上述代码首次运行时,Cookie 对象为空,需要输入姓名和密码,选择保存后点击"提交"按钮,将会创建和保存 name 和 pwd 两个 cookie 对象。当再次点击刷新访问该 JSP 页面时,Cookies 对象会发给服务器,通过 reuqest 对象读取 Cookie 值,并在网页中显示姓名和密码。

【例 5-17】 读取和删除 Cookie 对象示例(5-17.jsp)。

删除一个 Cookie 的方法是获取一个存在的 Cookie,将该 Cookie 的有效期设置为 0,然后将这个 cookie 重新添加进响应头中。

```
<%@ page language= "java" pageEncoding= "utf-8" % >
<html>
<head><title>读取和删除 Cookie 对象示例</title></head>
<body>
<h2>读取和删除 Cookie 对象示例</h2>
<%
    //获取 cookies 的对象数组
    Cookie[] cookies = request.getCookies();
    if (cookies! = null){
        out.println("<h3>读取 Cookies 对象的名称和值</h3> ");
        for (int i= 0;i<cookies.length;i+ + ){
            Cookie cookie = cookies[i];
```

```
        out.print("cookie对象名称:"+ cookie.getName()+ ",");
        out.print("cookie对象的值:"+ cookie.getValue()+ "<br/> ");
      }
      out.println("<hr> <h3> 删除 Cookies 对象的名称和值</h3> ");
      for (int i= 0;i<cookies.length;i+ + ){
        Cookie cookie =  cookies[i];
    if((cookie.getName()).compareTo("pwd")= = 0){
    cookie.setMaxAge(0);
    response.addCookie(cookie);
    out.print("删除的 cookie 对象:"+ cookie.getName()+ "<br/> ");
        }
      }
  }else{
    out.println("<h3> 没有 cookies 对象</h3> ");
  }
% >
</body>
</html>
```

运行 5-16.jsp,设置 Cookie 对象,然后再运行 5-17.jsp,将会得到输出结果,如图 5-12 所示。

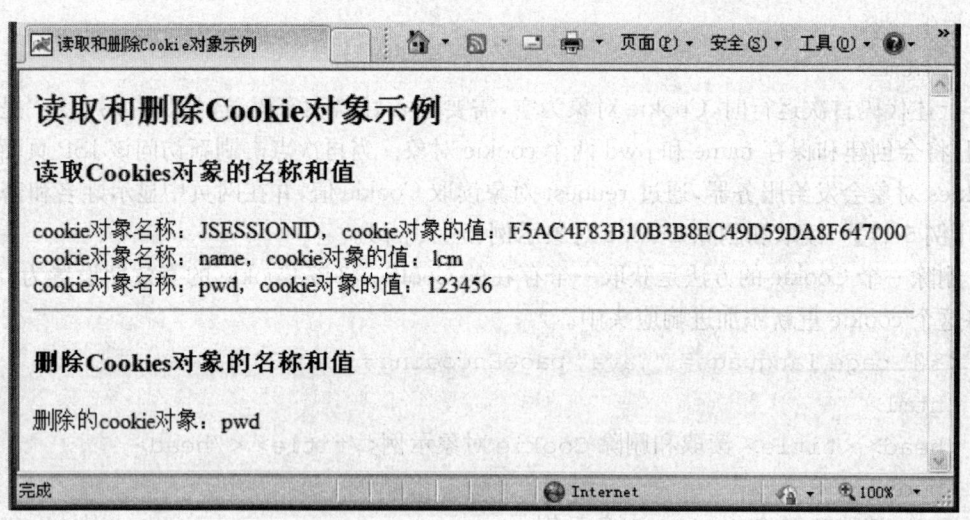

图 5-12 读取和删除 Cookie 对象示例

5.4.4 session 对象

session 对象是 javax.servlet.http.HttpSession 类的实例。session 对象用来保存客户私有信息及客户端上下文请求之间的会话。在默认情况下,JSP 允许会话跟踪,HttpSession 对象将会自动地为新的客户端实例化。如果要禁止会话跟踪,则需要通过将 page 指令中

session 属性值设为 false 来显式地关掉它,代码如下:

```
<%@ page session="false" %>
```

JSP 页面可以将任何对象作为属性来保存,开发者就可以方便地用 session 对象存储或检索数据。session 对象的一些重要方法如表 5-15 所示。

表 5-15　session 对象的方法

方法	描述
public void setAttribute(String name, Object value)	使用指定的名称和值来产生一个对象并绑定到 session 中
public Object getAttribute(String name)	返回 session 对象中与指定名称绑定的对象,如果不存在则返回 null
public Enumeration getAttributeNames()	返回 session 对象中所有的对象名称
public void removeAttribute(String name)	移除 session 中指定名称的对象
public long getCreationTime()	返回 session 对象被创建的时间,以毫秒为单位,从 1970 年 1 月 1 日凌晨开始算起
public String getId()	返回 scssion 对象的 ID
public void setMaxInactiveInterval(int interval)	用来指定时间,以秒为单位,servlet 容器将会在这段时间内保持会话有效
public long getLastAccessedTime()	返回客户端最后访问的时间,以毫秒为单位,从 1970 年 1 月 1 日凌晨开始算起
public int getMaxInactiveInterval()	返回最大时间间隔,以秒为单位,servlet 容器将会在这段时间内保持会话打开
public void invalidate()	将 session 无效化,解绑任何与该 session 绑定的对象
public boolean isNew()	返回是否为一个新的客户端,或者客户端是否拒绝加入 session

1. session 对象应用

【例 5-18】 使用 HttpSession 对象获取时间示例(5-18.jsp)。

使用 HttpSession 对象来获取创建时间和最后一次访问时间。如果 session 对象尚未存在的话,将会为 request 对象关联一个新的 session 对象。

```
<%@ page language="java" pageEncoding="utf-8" %>
<%
    String title="再次访问 session 示例页面";
    if (session.isNew()){    //检测网页是否由新的用户访问
        title="首次访问 session 示例页面";
        session.setAttribute("visitCount", new Integer(0));
    }
    else{
      if (session.getAttribute("visitCount")==null){
        session.setAttribute("visitCount", new Integer(0));
```

```
            }
        }
        session.setAttribute("userID","LCM");
        Integer visitCount = (Integer) session.getAttribute("visitCount");
        visitCount = visitCount + 1;
        session.setAttribute("visitCount", visitCount);
%>
<html>
<head><title> Session 访问应用示例 </title></head>
<body>
<h2><%=title%></h2>
<table border="0">
    <tr bgcolor="#949494"><th> Session 信息</th><th> session 值</th></tr>
    <tr><td> session 编号</td><td><%=session.getId()%></td></tr>
    <tr><td> 创建时间</td><td><%=session.getCreationTime()%></td></tr>
    <tr><td> 访问时间</td><td><%=session.getLastAccessedTime()%></td></tr>
    <tr><td> 用户 ID</td><td><%=session.getAttribute("userID")%></td></tr>
    <tr><td> 访问次数</td><td><%=visitCount%></td></tr>
</table>
</body>
</html>
```

代码运行结果如图 5-13 所示，多次访问 session，则访问时间和次数都不同。

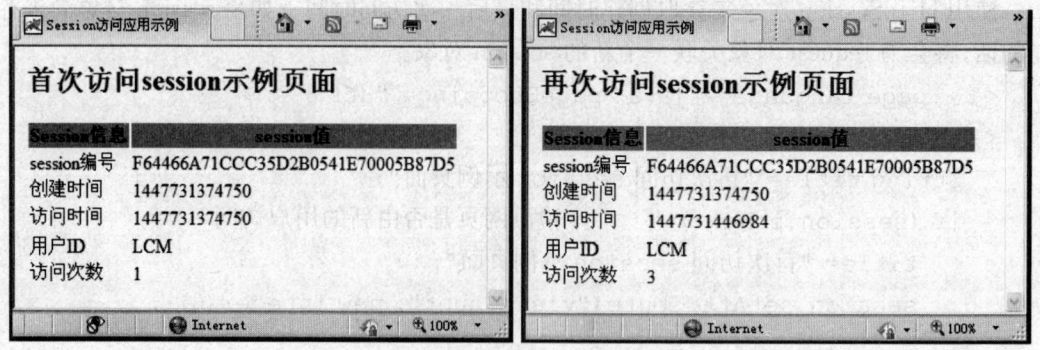

图 5-13 session 对象应用

2. 删除 session 及其数据

当处理完一个用户的会话数据后,开发者可以进行如下操作。

(1) 移除一个特定的 session 属性

调用 public void removeAttribute(String name)方法来移除指定的 session 属性。

(2) 删除整个 session 会话

调用 public void invalidate() 方法来使整个 session 无效。

(3) 设置 session 有效期

调用 public void setMaxInactiveInterval(int interval)方法来设置 session 超时时间。

(4) 配置 web.xml 文件

如果使用的是 Tomcat,可以配置 web.xml 文件如下:

< session-config>
    < session-timeout> 15< /session-timeout>
< /session-config>

以分钟为单位,Tomcat 中默认的超时时间是 30 分钟。在 Servlet 中,getMaxInactiveInterval( ) 方法以秒为单位返回超时时间。如果在 web.xml 中配置的是 15 分钟,则 getMaxInactiveInterval( ) 方法将会返回 900。

5.4.5 application 对象

application 对象是 javax.servlet.ServletContext 类的实例,其直接包装了 Servlet 的 ServletContext 类的对象。application 对象用于保存所有应用程序中的公有数据。服务器启动并且自动创建 application 对象后,只要没有关闭服务器,application 对象将一直存在,所有用户可以共享 application 对象。通过向 application 中添加属性,Web 应用的所有的 JSP 文件都能访问到这些属性。

application 对象与 session 对象有所区别,session 对象和用户会话相关,不同用户的 session 是完全不同的对象,而不同用户的 application 对象是相同的一个对象,即共享这个内置的 application 对象。

application 对象的 getAttribute()和 setAttribute()方法可以用来设置一个变量及更新该变量的值。

(1) 创建变量的方法如下:

application.setAttribute(String name, Object Value);

(2) 读取变量的方法如下:

application.getAttribute(String name);

application 对象的一些重要方法如表 5-16 所示。

当需要知道某个页面被访问的次数时,就需要在页面上添加页面统计器。可以利用 application 对象创建计数器变量。在每次访问页面时,读取计数器的当前值并递增 1,然后重新设置,在下一个用户访问时就将新的值显示在页面上。

表 5-16 application 对象的方法

方法	描述
public void setAttribute(String name,Object value)	把一个属性写入 application 作用范围
public Objiect getAttribute(String name)	返回指定名字的 application 对象的属性值,返回值是一个 Object 对象,一般要进行强制类型转换,还原其原有数据类型
public Enumeration getAttributeNames()	返回所有 application 对象的属性的名字,并存储在枚举型对象中
public void removeAttribute(String name)	从 Servlet 容器中删除指定名字的 application 属性
public Objiect getInitParameterNames()	返回初始化参数的变量名,并存储在枚举型对象中,如果没有初始化参数,则返回 null
public Objiect getInitParameter(String name)	返回指定变量名的初始化参数值
public Objiect getRealPath()	返回一个字符串,包含一个给定虚拟路径的真实路径
public void log()	用于记录日志信息

【例 5-19】 利用 Application 对象创建计数器应用示例(5-19.jsp)。

```
<%@ page language= "java" pageEncoding= "utf-8" % >
<html>
<head> <title> Applcation 对象应用示例</title> </head>
<body>
<%
    Integer hitsCount =  (Integer) application. getAttribute ("hitCounter");
    if( hitsCount = = null || hitsCount = =  0 ){
      out.println("<h2> 首次访问本页面</h2> ");
      hitsCount= 1;
    }else{
      out.println("<h2> 再次访问本页面</h2> ");
      hitsCount + =  1;
    }
    application.setAttribute("hitCounter", hitsCount);
%>
<p> 当前页面访问次数:<%= hitsCount% > </p>
</body>
</html>
```

代码运行页面将会生成一个计数器。在每次刷新页面时,计数器都会发生递增变化。

同样,如果通过不同的浏览器访问,计数器也会在每次访问后增加 1。计数变化如图 5-14 所示。

图 5-14 application 对象应用

上述示例讲解了如何使用 JSP 来计算特定页面访问的次数。如果要计算整个网站页面的总点击量,那么就必须将该代码放在所有的 JSP 页面上。另外,使用以上方法,在 Web 服务器重启后,计数器会被复位为 0,即前面保留的数据都会消失。所以,最终的解决办法是将计数保存到数据文件或者数据库中。

5.4.6 pageContext 对象

pageContext 对象是 javax.servlet.jsp.PageContext 类的实例。pageContext 对象用于管理页面的属性,主要用来访问页面信息,同时过滤掉大部分实现细节。它是 JSP 页面所有功能的集成者,可以访问到本页中的所有其他内置对象及其属性。

pageContext 类定义了一些字段常量,包括 PAGE_SCOPE、REQUEST_SCOPE、SESSION_SCOPE、APPLICATION_SCOPE。它提供了 40 余种方法,有一半继承自 javax.servlet.jsp.JspContext 类。

1. 取得其他隐含对象的方法

pageContext 对象存储了 request 对象、response 对象、application 对象、session 对象、out 对象、config 对象的引用。调用 pageContext 对象中的 getPage()、getOut()、getException()、getRequest()、getResponse()、getSession()等方法,可以获得相应的内置对象。

2. 取得属性的方法

- getAttribute(String name, int scope)——在指定范围内返回属性名称为 name 的属性对象。
- setAttribute(String name, Object value, int scope)——在指定范围内设置属性及其值。
- removeAttribute(String name, int scope)——在指定范围内删除属性名为 name 的属性对象。
- findAttribute(String name)——依次在 page、request、session 和 application 范围内寻找属性名称为 name 的属性对象。

3. 实现包含或转发跳转

利用 pageContext 对象执行 include 和 forward 操作,效果与调用 RequestDispatcher 中

的方法相当。
- include(String URL)——在当前位置包含另一个文件。
- forward(String URL)——将页面跳转到指定的 URL。

【例 5-20】 利用 pageContext.forward()实现 request 页面跳转示例(5-20.jsp)。

```
<%
    request.setAttribute("LoginName","LCM");
    pageContext.forward("5-21.jsp");
%>
```

【例 5-21】 在 JSP 页面中读取 request 属性的代码(5-21.jsp)。

```
<%
    out.print(request.getAttribute("LoginName"));
%>
```

5.4.7 exception 对象

exception 对象称为异常对象,用来封装页面运行时抛出的异常信息。它通常被用来产生对出错条件的适当响应,通过 exception 对象可读出运行时的异常信息。exception 对象抛出的异常信息将被传递给异常处理页面进行处理。如果一个 JSP 页面中设定<%@ page isErrorPage="true" %>,则这个 JSP 页面属于异常处理页面。如果一个 JSP 页面中没有此设定,则 exception 对象在此页面中不可用。

exception 对象常用的方法:
- toString( )——该方法以字符串的形式返回一个对异常的描述。
- getMessage( )——获取错误提示信息。

【例 5-22】 发生异常页面示例(5-22.jsp)。

```
<%@ page language="java" pageEncoding="utf-8" errorPage="5-23.jsp" %>
<%
    String arg= request.getParameter("arg");    //获取结果,arg 为空值
    int i= Integer.parseInt(arg);     //因为 arg 为空值,而产生空值转换异常
%>
```

【例 5-23】 异常处理页面示例(5-23.jsp)。

```
<%@ page language="java" pageEncoding="utf-8" isErrorPage="true" %>
<html>
<head> <title> exception 对象处理异常</title> </head>
<body>
    <% out.print("异常事件:"+ exception.toString()); %> <br>
    <% out.println("异常消息:"+ exception.getMessage()); %>
</body>
</html>
```

在 5-22.jsp 代码中，会发生空值转换异常，由异常处理页面 5-23.jsp 处理，结果如图 5-15 所示。

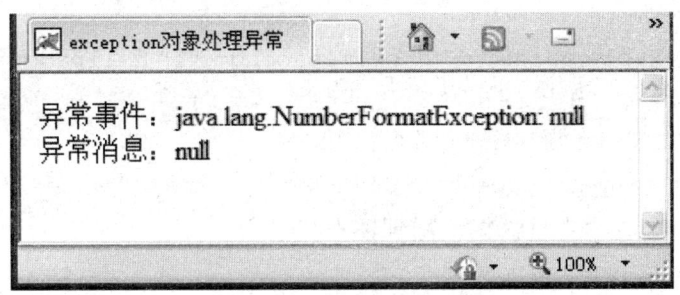

图 5-15　exception 对象应用

5.5　JSP 应用实例

以下是一个录入图书信息并提交显示的应用实例。首先从网页录入图书信息，在页面中显示，效果如图 5-16 所示。

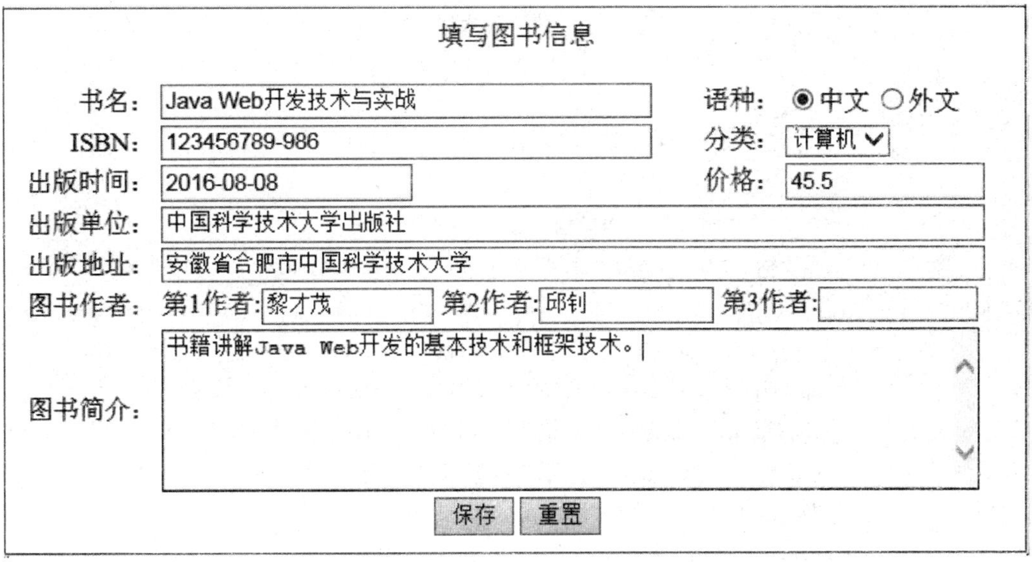

图 5-16　图书信息录入页面

该页面文档详细代码如下(5-24.jsp)：
```
<%@ page language= "java" pageEncoding= "utf-8"% >
<html>
<head>  <title>图书信息</title>  </head>
<body>
<div align= "center">
```

```html
<div> <p>填写图书信息</p> </div>
<form name="fm" id="fm" action="5-25.jsp" method="post"> <div align="center">
</div> <table border="0" cellspacing="1" cellpadding="1">
  <tr>
    <td align="right">书名:</td>
    <td> <input type="text" name="bookname" size="45"/> </td>
    <td align="right">语种:</td>
    <td>
      <input type="radio" name="language" value="中文" checked="true">
        中文</input>
      <input type="radio" name="language" value="外文">
        外文
      </input>
    </td>
  </tr>
  <tr>
    <td align="right">ISBN:</td>
    <td> <input type="text" name="bookISBN" size="45"/> </td>
    <td align="right">分类:</td>
    <td>
      <select name="category" id="category">
        <option value="计算机" selected="true">计算机</option>
        <option value="数学">数学</option>
        <option value="文学">文学</option>
        <option value="外语">外语</option>
        <option value="艺术">艺术</option>
      </select>
    </td>
  <tr>
    <td align="right">出版时间:</td>
    <td> <input type="text" name="publicationTime" /> </td>
    <td align="right">价格:</td>
    <td> <input type="text" name="price" id="price" size="15"/> </td>
  </tr>
  </tr>
```

```html
          <tr>
            <td align="right">出版单位:</td>
            <td colspan="3"><input type="text" name="press" size="80"/></td>
          </tr>
          <tr>
            <td align="right">出版地址:</td>
            <td colspan="3"><input type="text" name="address" size="80"/></td>
          </tr>
          <tr>
            <td align="right">图书作者:</td>
            <td colspan="3">
              第1作者:<input type="text" name="authors" size="12"/>
              第2作者:<input type="text" name="authors" size="12"/>
              第3作者:<input type="text" name="authors" size="11"/>
            </td>
          </tr>
          <tr>
            <td align="right">图书简介:</td>
            <td colspan="3">
              <textarea name="intro" cols="60" rows="6"></textarea>
            </td>
          </tr>
          <tr>
            <td colspan="4" align="center">
              <input type="submit" value="保存"/>
              <input type="reset" value="重置"/></tr>
            </td>
        </table>
    </form>
  </div>
 </body>
</html>
```

填写书籍信息后点击"保存"按钮,表单元素的信息将提交给 5-25.jsp 文档接收然后显示,结果如图 5-17 所示。

图书信息			
书名：	Java Web开发技术与实战	语种：	中文
ISBN：	123456789-986	分类：	计算机
出版时间：	2016-08-08	价格：	45.5元
出版单位：	中国科学技术大学出版社		
出版地址：	安徽省合肥市中国科学技术大学		
图书作者：	黎才茂 邱钊		
图书简介：	书籍讲解Java Web开发的基本技术和框架技术。		
关闭			

图 5-17 图书信息处理结果页面

该处理页面的详细代码如下(5-25.jsp)：

```jsp
<%@ page language="java" pageEncoding="utf-8"%>
<html>
<head>
    <title>图书信息显示</title>
</head>
<body>
<%
request.setCharacterEncoding("utf-8");
String bookname= request.getParameter("bookname");
String language= request.getParameter("language");
String nation= request.getParameter("nation");
String bookISBN= request.getParameter("bookISBN");
String price= request.getParameter("price");
String category= request.getParameter("category");
String publicationTime= request.getParameter("publicationTime");
String press= request.getParameter("press");
String address= request.getParameter("address");
String authors[]= request.getParameterValues("authors");
String intro= request.getParameter("intro");
%>
<div> <div align="center">
  <strong>图书信息</strong> </div>
</div>
<div> <div align="right">
</div> <form name="fm" id="fm"> <div align="right">
  </div> <table border="1" cellpadding="1" cellspacing="1">
    <tr>
```

```jsp
      <td width="80" align="right">书名:</td>
      <td width="205"><%=bookname%></td>
      <td width="94" align="right">语种:</td>
      <td width="207"><%=language%></td>
    </tr>
    <tr>
      <td align="right">ISBN:</td>
      <td><%=bookISBN%></td>
      <td align="right">分类:</td>
      <td><%=category%></td>
    </tr>
    <tr>
      <td align="right">出版时间:</td>
      <td><%=publicationTime%></td>
      <td align="right">价格:</td>
      <td><%=price%>元</td>
    </tr>
    <tr>
      <td align="right">出版单位:</td>
      <td colspan="6"><%=press%></td>
    </tr>
    <tr>
      <td align="right">出版地址:</td>
      <td colspan="3"><%=address%></td>
    </tr>
    <tr>
      <td align="right">图书作者:</td>
      <td colspan="3">
      <%
        for(int i=0;i<authors.length;i++){
          out.print(authors[i]+" ");
        }
      %>
      </td>
    </tr>
    <tr>
      <td align="right">图书简介:</td>
      <td colspan="3"><%=intro%></td>
    </tr>
    <tr>
```

```
            <td colspan= "4" align= "center">
             < input type= "button" value= "关闭" onclick= "window.close()"/>
            </td>
           </tr>
        </table>
    </form>
    </div>
    </body>
    </html>
```

在 5-24.jsp 代码中,"图书作者"的 3 个表单元素的名称都是"authors",所以在 5-25.jsp 代码中,接收图书作者"authors"需要用 request.getParameterValues()方法完成获取数组值,语句如下:

```
String authors[]= request.getParameterValues("authors");
```

在显示作者数组值时,语句如下:

```
<%
    for(int i= 0;i<authors.length;i+ + ){
      out.print(authors[i]+ " ");
    }
%>
```

第 6 章 JavaBean 技术

JavaBean 是一种 Java 代码封装的 Java 类,通过封装属性和方法而成为具有某种功能或者处理某个业务的对象,简称 Bean。在 Java 模型中,通过 JavaBean 可以无限扩充 Java 程序的功能,可以快速生成新的应用程序,是可重用的软件组件。

JavaBean 组件技术的宗旨是"一次性编写,任何地方执行,任何地方重用",这正迎合了当今软件开发的潮流。JavaBean 可以将复杂需求分解成简单的功能模块,这些模块是相对独立的,可以继承、重用,这就为软件开发提供了一个简单、紧凑、优秀的解决方案。

6.1 JSP+JavaBean 设计模式

对于软件开发人员来说,使用 JavaBean 最大的好处是可以实现程序的重复利用。例如开发一个网上书店信息系统。由于图书信息存放在数据库中,因此需要对数据库进行连接、添加、修改和查询图书信息等操作。如果将数据库操作以及数据实体对象的 Java 代码都写在 JSP 页面中,则 JSP 页面的代码复杂度和可阅读性是可想而知的。同时,对于进行 UI 设计的非编程人员来说也是根本无法接受的,这将为开发带来极大的不便。以下内容描述了 JSP 设计模式的发展。

6.1.1 JSP 基本设计模式

在 JSP 技术发展的初级阶段,没有框架与逻辑分层的概念,JavaBean 组件技术还没有提出和实施,每个 JSP 页面都需要编写相同的连接数据库 Java 代码和类似的访问数据库 Java 代码。这给 JSP 页面的开发和维护带来了很多不便。该设计模式如图 6-1 所示。

6.1.2 JSP+JavaBean 设计模式

随着软件开发技术的发展,框架与逻辑分层的概念被提出,JavaBean 组件技术也随即被提出和实施。JavaBean 组件分为可视化组件和非可视化组件两种。可视化的 JavaBean 是简单的 GUI 元素,如按钮、文本框、菜单等,一般用于编写 Applet 程序或者 Java 应用程序。可视化的 JavaBean 必须继承 java.awt.Component 类,只有这样才能将其添加到可视化容器中。而非可视化的 JavaBean 没有 GUI 界面,不需要继承特定的类或接口,一般用于封装业务逻辑、数据库操作等,可以很好地实现后台业务逻辑和前台表示逻辑的分离,使得系统具有了灵活、健壮、易维护的特点。

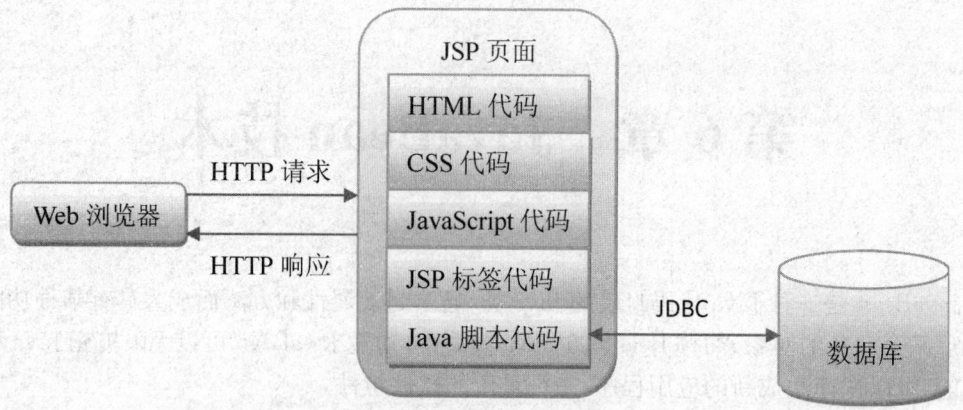

图 6-1　JSP 基本设计模式结构图

数据库操作和数据实体对象的 Java 代码相同或者类似，把数据库操作或数据实体对象的 Java 代码封装在 JavaBean 组件中，则每个 JSP 页面只需要调用这些 JavaBean 就可以实现对数据库和实体对象的操作。这样，不仅可以简化 JSP 页面代码，而且提高了 Java 程序代码的重用性及可维护性。

JSP 与 JavaBean 结合的设计模式如图 6-2 所示。其中 JSP 和 JavaBean 部署在应用服务器(Web 服务器＋JSP 引擎)中。

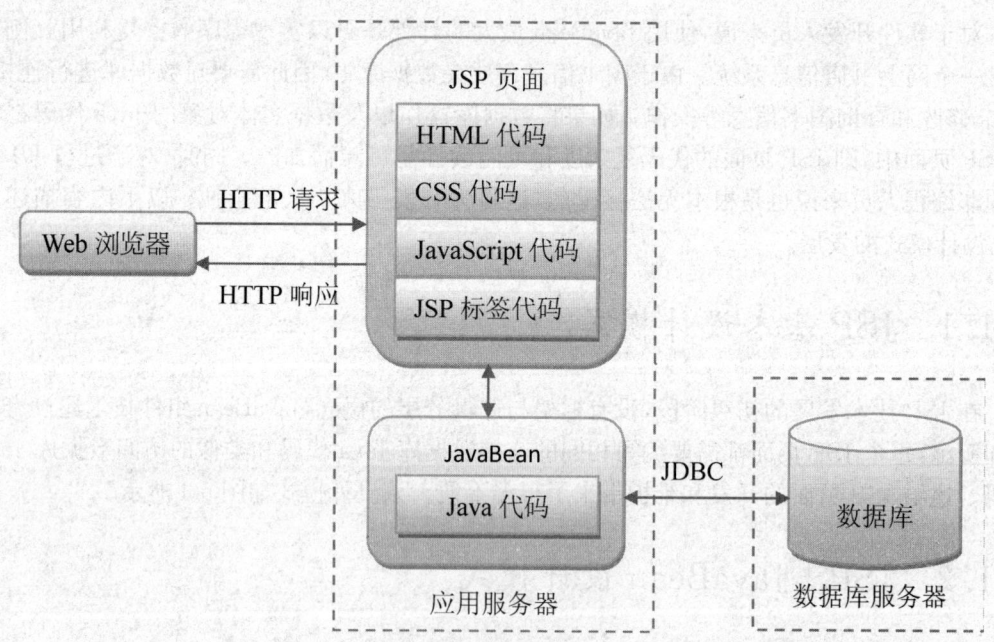

图 6-2　JSP＋JavaBean 设计模式结构图

6.2 JavaBean 属性与方法

由于 JavaBean 是基于 Java 语言的,因此,JavaBean 不依赖平台。通常一个标准的 JavaBean 需遵循以下规范:

(1) 实现 java.io.Serializable 接口。
(2) 是一个公共类。
(3) 类中必须存在一个无参数的构造函数。
(4) 提供对应的 setXxx()和 getXxx()方法来存取类中的属性,方法中的"Xxx"为属性名称,属性的第一个字母应大写。若属性为布尔类型,则可使用 isXxx()方法代替 getXxx()方法。

在 JSP 中使用 JavaBean 组件,创建 JavaBean 时不必实现 java.io.Serializable 接口仍然可以运行。一般 JavaBean 分为以下 4 种属性:

(1) 简单属性(Simple)。
(2) 索引属性(Indexed)。
(3) 绑定属性(Bound)。
(4) 约束属性(Constrained)。

其中,绑定属性和约束属性在可视化 JavaBean 的图形编程中较常用,而在 JSP 开发中使用 JavaBean 的简单属性和索引属性较多。所以,这里仅仅学习简单属性和索引属性。

6.2.1 简单属性

简单属性即为 JavaBean 的类属性。该属性解释怎样把属性赋予 JavaBean,或者怎样获得 JavaBean 属性。在 JavaBean 中,创建每一个属性时,JavaBean 的属性应该定义为 private 类型,但它需要对外提供 public 类型的访问方法,即要对该属性创建 setXxx()和 getXxx()方法,用来设置属性或取得属性值,其格式如下:

```
public void setXxx(type value);
public type getXxx();
```

其中,type 表示相应属性的数据类型;setXxx()是 void 型的,用于给属性赋值;getXxx()用于读取并返回属性的值。set/get 方法名中的"Xxx"一般是属性名的首字母大写后而得到的。若属性为布尔类型,则可以使用 isXXX()方法代替 getXxx()方法。

JavaBean 规范中虽然没有规定 JavaBean 必须使用 package 包名,但建议每一个 JavaBean 都使用包名。

JavaBean 简单属性示例:

```
package com.shop.vo;
public class Book implements java.io.Serializable {
    //图书属性
    private Integer bookid;    //图书编号
```

```java
    private String bookname;   //图书名称
    //默认构造函数
    public Book() {
    }
    //属性的 getXxx()/setXxx()方法
    public Integer getBookid() {
      return this.bookid;
    }
    public void setBookid(Integer bookid) {
      this.bookid = bookid;
    }
    public String getBookname() {
      return this.bookname;
    }
    public void setBookname(String bookname) {
      this.bookname = bookname;
    }
}
```

6.2.2 索引属性

在 JavaBean 中,需要通过索引访问的属性通常称为索引属性。例如数组类型的属性,要获取数组指定位置中的元素,需要该元素的索引,因此该数组类型的属性就被称为索引属性。

在 JavaBean 中,索引属性的 getXxx()与 setXxx()方法格式如下:

```java
public void setXxx(type[] value);
public type[] getXxx();
public void setXxx(int index,type value);
public type getXxx(int index);
```

其中,type 表示属性类型。第一个 setXxx()方法为简单的 setXxx()方法,用来为类型为数组的属性赋值;第二个 setXxx()方法增加了一个表示索引的参数,用来为数组中索引为 index 的元素赋值为 value 指定的值。第一个 getXxx()方法为简单 getXxx()方法,用来返回一个数组;第二个 getXxx()方法增加了一个表示索引的参数,用来返回数组中索引为 index 的元素值。

JavaBean 索引属性示例:

```java
package com.shop.vo;
public class Book implements java.io.Serializable {
    //图书属性
    private Integer bookid;   //图书编号
    private String bookname;   //图书名称
```

```java
    private String[] authors;   //图书作者
//默认构造函数
public Book() {
}
//属性的 getXxx()/setXxx()方法
public Integer getBookid() {
   return this.bookid;
}
public void setBookid(Integer bookid) {
   this.bookid = bookid;
}
public String getBookname() {
return this.bookname;
}
public void setBookname(String bookname) {
   this.bookname = bookname;
}
public String[] getAuthors() {
   return this.authors;
}
public void setAuthors(String[] authors) {
   this.authors= authors;
}
public String getAuthors(int index) {
   return this.authors[index];
}
public void setAuthors(int index,String author) {
   this.authors[index]= author;
}
}
```

6.3 JavaBean 作用范围与属性访问

  JavaBean 的包名自行定义，当编译成功后，在工程项目的\WEB-INF\classes 目录下将生成一个以 JavaBean 代码中的包名命名的文件夹，编译所得的 JavaBean 字节码文件就存储在此文件夹下。JSP 对于在 Web 应用中集成 JavaBean 组件提供了完善的支持。部署完 JavaBean 之后，JSP 文件即可调用该 JavaBean，JSP 文件可以放在除 WEB-INF 目录以外的其他任何地方。

6.3.1 JavaBean 的作用范围

JavaBean 有四种生命周期和作用范围，分别是 application、session、request 和 page，其中 scope 的默认属性值为 page。可以通过 JSP 动作元素＜jsp:useBean＞来设定 JavaBean 的 scope 属性值，示例如下：

`<jsp:useBean id= "book" class= "com.shop.vo.Book" scope= "page" />`

scope 属性使得 JavaBean 对于不同的任务具有不同的生命周期和不同的使用范围。

1. page 范围

当 JavaBean 的 scope 属性值设为 page 时，JavaBean 的生命周期为 JSP 程序的运行周期，其作用范围只限于当前的 JSP 程序。当 JSP 程序运行结束，则该 JavaBean 的生命周期也就结束，该 JavaBean 在别的 JSP 程序中将不起作用。不同的客户端请求，服务器都会创建新的 JavaBean 对象。当客户端的请求执行完毕，该 JavaBean 对象会随即注销，不能被别的客户端请求使用。

2. request 范围

当 JavaBean 的 scope 属性值设为 request 时，JavaBean 对象的生命周期、作用范围和 JSP 的 request 对象一样。若 JSP 页面使用＜jsp:forward＞和＜jsp:include＞动作指令，则使用这两个动作指令的 JSP 页面将会把 request 对象传送到下一个 JSP 页面，此时设置为 request 作用范围的 JavaBean 对象也将随着 request 对象传送给该 JSP 页面程序。因此，通过这两个动作指令连接在一起的 JSP 页面程序都可以共享 request 作用范围的 JavaBean 对象。

3. session 范围

当 JavaBean 的 scope 属性值为 session 时，表示这个 JavaBean 的生命周期、作用范围和 JSP 的 session 对象一样。会话过程是对于单个用户而言的，以某个用户开始访问网站为开始，以该用户结束对该网站的访问为结束。session 属性的 JavaBean 的生命周期就是某个用户的会话过程所经历的时间，其作用范围在某个用户的会话周期都有效。不同的用户对应着不同的会话过程，不同的会话过程之间互不干涉、互不影响。

4. application 范围

当 JavaBean 的 scope 属性值为 application 时，其生命周期、作用范围和 JSP 的 application 对象一样。若某个 JavaBean 设置为 application 属性范围，则这个 JavaBean 就一直保存在服务器的内存空间中，直到服务器关闭，其所占用的系统资源才会被释放。因此，属性值为 application 的 JavaBean 可以在多个用户之间共享全局信息，随时处理客户端的请求。

6.3.2 访问 JavaBean 属性

开发 JavaBean 时，JavaBean 的属性和方法的代码编写是有一定规范的，JavaBean 属性的 getXxx()和 setXxx()方法的命名要能够反映出所操作的属性。在 JSP 页面程序中访问 JavaBean 时，如果采用＜jsp:getProperty＞元素和＜jsp:setProperty＞元素来设置或获取 JavaBean 的属性值，则必须遵循属性的命名方式，即这两个动作元素中的属性值必须与

JavaBean 的属性值一致,并且区分大小写。如果不用<jsp:getProperty>元素和<jsp:setProperty>元素,直接使用类的方法调用时,则可以任意命名。下面以 JavaBean 实例 book 对象为例,详细介绍在 JSP 页面程序中设置与获取 JavaBean 属性值的方法。

1. 获取 JavaBean 的属性值

(1) 采用<jsp:getProperty>元素获取属性值

```
<jsp:getProperty name= "book" property= "bookname" />
```

这个示例运用<jsp:getProperty>元素方法来获取 book 对象的 bookname 属性值。

(2) 直接运用程序获取

```
<% = book.getBookname() %>
```

这个示例运用 Java 类的实例方法调用来获取 book 对象的 bookname 属性值。

2. 设置 JavaBean 的属性值

(1) 设置 JavaBean 的所有属性

```
<jsp:setProperty name= "book" property= "*" />
```

这个示例运用<jsp:setProperty>元素方法和通配符"*"来自动设置 book 对象的所有属性值。该通配符"*"应用方式需要前一个 JSP 页面提交所有与 JavaBean 对应的属性值给当前 JSP 页面的 JavaBean 对象。要求上下文的 property 属性名称一致,区分大小写。

(2) 设置指定属性的值

```
<jsp:setProperty name= "book" property= "bookname" />
```

这个示例运用<jsp:setProperty>元素方法给 book 对象的指定属性 bookname 设置值。该应用需要上一个 JSP 页面提交与 JavaBean 对应的 bookname 属性值给当前 JSP 页面的 JavaBean 对象。适用于上下文的 property 属性名称与 param 参数名一致的情况,区分大小写。

(3) 运用请求参数设置属性值

```
<jsp:setProperty name= "book" property= "bookname" param= "bName" />
```

这个示例运用<jsp:setProperty>元素方法,运用请求参数设置 book 对象的指定属性 bookname 的值。此方式适用于上下文的 property 属性名称与 param 参数名不一致的情况。

(4) 通过 value 设置属性值

```
<jsp:setProperty name= "book" property= "bookname" value= "Java Web 开发" />
```

这个示例运用<jsp:setProperty>元素的 value 属性直接赋值的方法,给 book 对象的指定的属性 bookname 设置值。

(5) 采用程序直接给属性赋值

```
<% = book.setBookname("Java Web 开发") %>
```

这个示例运用类的方法调用来设置 book 对象的 bookname 属性值。

6.3.3 JSP 调用 JavaBean

在 JSP 页面中,访问 JavaBean 主要有以下 3 个步骤:

1. 导入 JavaBean 类

通过 JSP 指令元素<%@ page import=" * " %>导入 JavaBean 类,例如：

<%@ page import= "com.shop.vo.Book" % >

2. 声明 JavaBean 的对象实例

通过 JSP 动作元素<jsp:useBean>来声明 JavaBean 的调用实例,例如：

<jsp:useBean id= "book" class= "com.shop.vo.Book" scope= "page" />

3. 访问 JavaBean 属性

(1) JSP 通过<jsp:getProperty>动作元素来获取 JavaBean 的属性值,例如：

<jsp:getProperty name= "book" property= "bookname"/>

(2) JSP 通过<jsp:setProperty>动作元素来设置 JavaBean 的属性值,例如：

<jsp:setProperty name= "book" property= "bookname" value= "Java Web 开发"/>

6.4 JavaBean 应用实例

本节以一个网上购书的示例展示 JavaBean 属性值的设置和在购物车中的应用。

6.4.1 添加新书

添加新书运行界面如图 6-3 所示。

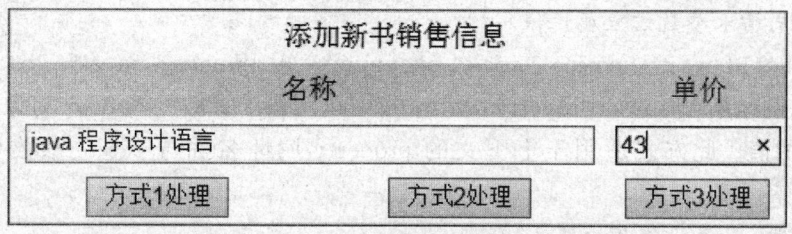

图 6-3 添加新书信息页面

添加新书信息页面代码如下(addBook.jsp)：

```
<%@ page language= "java" pageEncoding= "utf-8"% >
<html>
<head>
<title> 添加新书</title>
<script type= "text/javascript">
    function fs(st){
      if(fm.name.value= = ''){
        alert('请输入名称！');
        return;
```

```
        }
        if(fm.price.value= = ''){
          alert('请输入数值! ');
          return;
        }
        if(! validate_ascii_data(fm.price.value)){
          alert('请输入数值! ');
          return;
        }
        fm.st.value= st;
        fm.submit();
      }

      function validate_ascii_data(urstr)
      //检查是否全为数字
      {
        var i; var result;
        for(i= 0; i<urstr.length; i+ + ) {
          if((urstr.charAt(i)! = ".")&&((urstr.charAt(i) < "0") ||
(urstr.charAt(i) > "9")))
             return false;
        }//end for
        return true;
      }
  </script>
  </head>
  <body>
  <form name= "fm" id= "fm" action= "add.jsp" method= "post">
      <input name= "st" type= "hidden">
      <table border= "1" width= "450" cellspacing= "0" cellpadding= "0">
        <tr height= "30"> <td colspan= "3" align= "center"> 添加新书信息 </td> </tr>
        <tr align= "center" height= "30" bgcolor= "lightgrey">
          <td colspan= "2"> 名称</td>
          <td> 单价</td>
        </tr>
        <tr height= "30" align= "center">
          <td colspan= "2"> <input name= "name" type= "text" size= "50"> </td>
```

```html
            <td> <input name= "price" type= "text" size= "10"> </td>
        </tr>
        <tr height= "30">
            <td> <input type= "button" value= "方式 1 处理" onclick= "fs(1)" > </td>
            <td> <input type= "button" value= "方式 2 处理" onclick= "fs(2)" > </td>
            <td> <input type= "button" value= "方式 3 处理" onclick= "fs(3)" > </td>
        </tr>
    </table>
</form>
</body>
</html>
```

在上述代码中,表单信息由 add.jsp 文档代码来接收处理,添加新书页面提供了 3 种方式选择来提交表单书籍信息,根据不同的方式在 add.jsp 代码中 JavaBean 将采用不同的方式获取属性值。add.jsp 代码如下:

```jsp
<%@ page language= "java" pageEncoding= "utf-8"% >
<%@ page import= "java.util.ArrayList" % >
<%@ page import= "com.book.vo.Book" % >
< jsp:useBean id= "book" class= "com.book.vo.Book"/>
< %
String st= request.getParameter("st");
if(st= = null||st.equals("")||st.equals("1")){
//方式 1:用通配符 * 获取所有的属性值
% >
    <jsp:setProperty name= "book" property= "* " />
<% }
else if(st.equals("2")) {
//方式 2:适用于 property 属性名称与 param 参数名一致的情况
% >
    <jsp:setProperty name= "book" property= "name" />
    <jsp:setProperty name= "book" property= "price" />
<% }else if(st.equals("3")) {
//方式 3:适用于 property 属性名称与 param 参数名不一致的情况
% >
    <jsp:setProperty name= "book" property= "name" param= "name" />
    <jsp:setProperty name= "book" property= "price" param= "price" />
<%
    }
```

```
    ArrayList bookslist = (ArrayList) session.getAttribute("
bookslist");
    if(bookslist= = null||bookslist.size()= = 0){
        bookslist= new ArrayList();
        book.setNum(1);       //封装购买数量信息
        bookslist.add(0,book);
        //保存书籍到bookslist集合对象中
    }
    else{
        book.setNum(1);       //封装购买数量信息
        bookslist.add(bookslist.size(),book);
        //保存书籍到bookslist集合对象中}
    session.setAttribute("bookslist",bookslist);
        //保存书籍列表到session中
    response.sendRedirect("showBook.jsp");
        //跳转到showBook.jsp页面显示书籍
%>
```

在代码中，运用<jsp:useBean id="book" class="com.book.vo.Book"/>动作指令创建了一个book名称的JavaBean，根据不同的方式给book名称的JavaBean的属性赋值。com.book.vo.Book是一个JavaBean类，其代码如下：

```
package com.book.vo;
public class Book {
    private String name;      //保存书籍名称
    private float price;      //保存书籍价格
    private int num;          //保存书籍购买数量

    public String getName() {
        return name;
    }
    public void setName(String name) {
        this.name = name;
    }
    public int getNum() {
        return num;
    }
    public void setNum(int num) {
        this.num = num;
    }
    public float getPrice() {
        return price;
```

```
        }
        public void setPrice(float price) {
            this.price = price;
        }
    }
```

将添加的书籍保存到 bookslist 集合对象中,并保存书籍列表到 session 中,然后跳转到 showBook.jsp 页面显示书籍。显示书籍页面代码如下(showBook.jsp):

```jsp
<%@ page language="java" pageEncoding="UTF-8"%>
<%@ page import="java.util.ArrayList" %>
<%@ page import="com.book.vo.Book" %>
<% ArrayList bookslist = (ArrayList)session.getAttribute("bookslist");%>
<html>
<head> <title> 显示书籍</title> </head>
<body>
<table border="1" width="450" rules="none" cellspacing="0" cellpadding="0">
    <tr height="50"> <td colspan="3" align="center"> 书籍销售信息</td> </tr>
    <tr align="center" height="30" bgcolor="lightgrey">
        <td> 名称</td> <td> 单价</td> <td> 购买</td>
    </tr>
    <%  if(bookslist==null||bookslist.size()==0){ %>
    <tr height="100"> <td colspan="3"> 没有可购买的书籍!</td> </tr>
    <%
        }
        else{
            for(int i=0;i<bookslist.size();i++){
                Book book=(Book)bookslist.get(i);
    %>
    <tr height="50" align="center">
        <td> <%=book.getName()%> </td>
        <td> <%=book.getPrice()%> </td>
        <td> <a href="doCart.jsp?action=buy&id=<%=i%>"> 购买</a> </td>
    </tr>
    <%
            }
        }
    %>
```

```
<tr height= "50">
    <td align= "center" colspan= "1"> <a href= "addBook.jsp"> 添加一种书</a> </td>
    <td align= "center" colspan= "2"> <a href= "bookCart.jsp"> 查看购物车</a> </td>
</tr>
</table>
</body>
</html>
```
上述代码运行后的显示界面如图 6-4 所示。

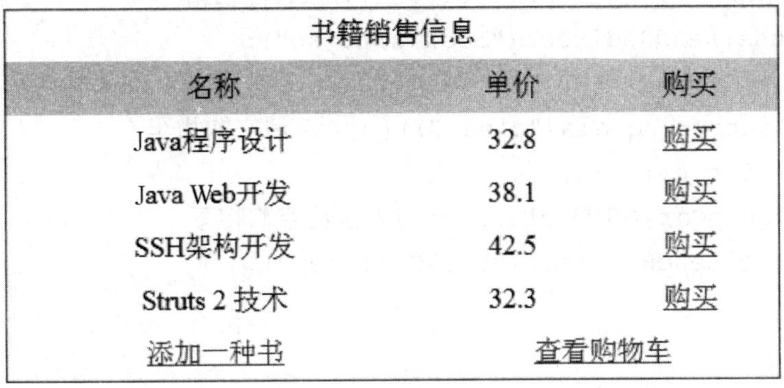

书籍销售信息		
名称	单价	购买
Java程序设计	32.8	购买
Java Web开发	38.1	购买
SSH架构开发	42.5	购买
Struts 2 技术	32.3	购买
添加一种书		查看购物车

图 6-4　销售书籍列表页面

6.4.2　购物车的实现

在显示销售的书籍页面中,选择要购买的书籍,点击"购买"链接即向书籍购物车添加了一条购买记录。其中,对应点击"购买"链接的是 doCart.jsp 文档,其代码如下:

```
<%@ page language= "java" pageEncoding= "UTF-8"% >
<%@ page import= "java.util.ArrayList" % >
<%@ page import= "com.book.vo.Book" % >
<%@ page import= "com.book.util.ConvertTools" % >
<%@ page import= "com.book.util.BookCart" % >
<jsp:useBean id= "bookCart" class= "com.book.util.BookCart" scope= "session"/>
<%
String action= request.getParameter("action");
if(action= = null)
    action= "";
if(action.equals("buy")){     //购买书籍
    ArrayList bookslist = (ArrayList) session.getAttribute ( "
```

```
bookslist");
    int id= ConvertTools.strToInt(request.getParameter("id"));
    Book book= (Book)bookslist.get(id);
    bookCart.addItem(book);
      //调用 ShopCar 类中的 addItem()方法添加书籍
    response.sendRedirect("showBook.jsp");
}
else if(action.equals("remove")){     //移除书籍
    String name= request.getParameter("name");    //获取书籍名称
    bookCart.removeItem(name);
    //调用 ShopCar 类中的 removeItem()方法移除书籍
    response.sendRedirect("bookCart.jsp");
}
else if(action.equals("clear")){    //清空购物车
    bookCart.clearCar();
    //调用 ShopCar 类中的 clearCar()方法清空购物车
    response.sendRedirect("bookCart.jsp");
}
else{
    response.sendRedirect("showBook.jsp");
}
%>
```

在代码中，运用＜jsp：useBean id＝"bookCart" class＝"com.book.util.BookCart" scope＝"session"/＞动作指令创建了一个 bookCart 名称的 JavaBean，其作用范围必须是 scope＝"session"，这样才能在 session 会话期使用 bookCart 实例。com.book.util.BookCart 是一个 JavaBean 类，其代码如下：

```
package com.book.util;
import java.util.ArrayList;
import com.book.vo.Book;
public class BookCart {
    private ArrayList buylist= new ArrayList();    //用来存储购买的书籍
    public ArrayList getBuylist() {
        return buylist;
    }
    /**
     * @功能 向购物车中添加书籍
     * @参数 book 为 Book 类对象,封装了要添加的书籍信息
     */
    public void addItem(Book book){
        if(book!= null){
```

```java
            if(buylist.size()= = 0){      //如果 buylist 中不存在任何书籍
                Book temp= new Book();
                temp.setName(book.getName());
                temp.setPrice(book.getPrice());
                temp.setNum(book.getNum());
                buylist.add(temp);       //存储书籍
            }
        else{    //如果 buylist 中存在书籍
                int i= 0;
                //遍历 buylist 集合对象,判断该集合中是否已经存在当前要添加的书籍
                for(;i< buylist.size();i+ + ){
                    //获取 buylist 集合中当前元素
                    Book temp= (Book)buylist.get(i);
                    //判断从 buylist 集合中获取的当前书籍的名称
                    //是否与要添加的书籍的名称相同
                    if(temp.getName().equals(book.getName())){
                        //如果相同,说明已经购买了该书籍,只需要将书籍的购买数量加 1
                        temp.setNum(temp.getNum()+ 1);     //将书籍购买数量加 1
                        break;   //结束 for 循环
                    }
                }
                if(i> = buylist.size()){    //说明 buylist 中不存在要添加的书籍
                    Book temp= new Book();
                    temp.setName(book.getName());
                    temp.setPrice(book.getPrice());
                    temp.setNum(book.getNum());
                    buylist.add(temp);      //存储书籍
                }
            }
        }
    }
    /* *
     * @功能 从购物车中移除指定名称的书籍
     * @参数 name 表示书籍名称
     */
    public void removeItem(String name){
        for(int i= 0;i< buylist.size();i+ + ){
            //遍历 buylist 集合查找指定名称的书籍
            Book temp= (Book)buylist.get(i);    //获取集合中当前位置的书籍
            //如果书籍的名称为 name 参数指定的名称
```

```java
        if(temp.getName().equals(ConvertTools.toChinese(name))){
          if(temp.getNum()> 1){        //如果书籍的购买数量大于1
            temp.setNum(temp.getNum()-1);     //则将购买数量减1
            break;              //结束for循环
          }
          else if(temp.getNum()= = 1){     //如果书籍的购买数量为1
            buylist.remove(i);       //从buylist集合对象中移除该书籍
          }
        }
      }
    }
    /* *
     * @功能 清空购物车
     * /
    public void clearCar(){
      buylist.clear();      //清空buylist集合对象
    }
  }
```

当向购物车中添加书籍后，就可以查看购物车获取准备购买的书籍信息。查看购物车的文档是bookCart.jsp，其代码如下：

```jsp
<%@ page language= "java" pageEncoding= "UTF-8"% >
<%@ page import= "java.util.ArrayList"% >
<%@ page import= "com.book.vo.Book"% >
<%@ page import= "com.book.util.BookCart"% >
<!—通过动作标识,获取bookCart类实例-->
<jsp:useBean id= "bookCart" class= "com.book.util.BookCart" scope= "session"/>
<%
ArrayList buylist= bookCart.getBuylist();
//获取实例中用来存储购买的书籍的集合
float total= 0;     //用来存储应付金额
% >
<html>
<head>
<title>书籍购物车</title>
</head>
<body>
<table border= "1" width= "450" rules= "none" cellspacing= "0" cellpadding= "0">
  <tr height= "50"> <td colspan= "5" align= "center">准备购买的书籍<
```

```jsp
/td></tr>
    <tr align="center" height="30" bgcolor="lightgrey">
      <td width="25%">名称</td>
      <td>价格</td>
      <td>数量</td>
      <td>总价(元)</td>
      <td>移除(-1/次)</td>
    </tr>
    <% if(buylist==null||buylist.size()==0){ %>
    <tr height="100"><td colspan="5" align="center">您的购物车为空！
</td></tr>
    <%
     }
     else{
       for(int i=0;i<buylist.size();i++){
         Book book=(Book)buylist.get(i);
         String name=book.getName();      //获取书籍名称
         float price=book.getPrice();     //获取书籍价格
         int num=book.getNum();           //获取购买数量
         //计算当前书籍总价,并进行四舍五入
         float money=((int)((price*num+0.05f)*10))/10f;
         total+=money;     //计算应付金额
   %>
    <tr align="center" height="50">
       <td><%=name%></td>
       <td><%=price%></td>
       <td><%=num%></td>
       <td><%=money%></td>
       <td>
         <a href="doCart.jsp?action=remove&name=<%=book.getName
()%>">移除</a>
       </td>
    </tr>
    <%
      }
      total=((int)((total+0.05f)*10))/10f;
       //计算当前书籍总价,并进行四舍五入
     }
   %>
    <tr height="50" align="center"><td colspan="5">应付金额:<%=
```

```
total% > </td> </tr>
    <tr height= "50" align= "center">
      <td colspan= "2"> <a href= "showBook.jsp"> 继续购物</a> </td>
      <td colspan= "3"> <a href= "doCart.jsp? action= clear"> 清空购物车
</a> </td>
    </tr>
  </table>
  </body>
</html>
```

在代码中,依然运用＜jsp:useBean id＝"bookCart" class＝"com.book.util.BookCart" scope＝"session"/＞动作指令调用一个 session 作用范围的 bookCart 名称的 JavaBean,即实现购物车类实例的调用。其运行页面如图 6-5 所示。

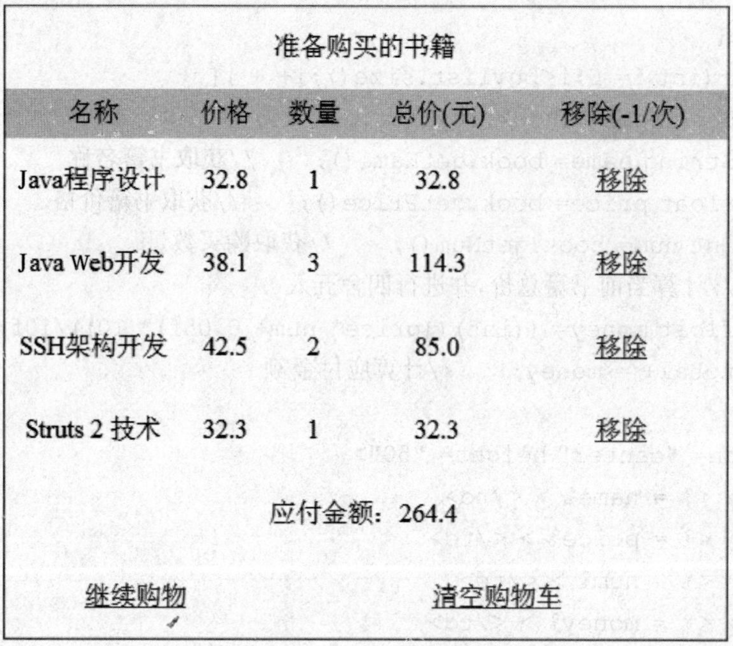

准备购买的书籍				
名称	价格	数量	总价(元)	移除(-1/次)
Java程序设计	32.8	1	32.8	移除
Java Web开发	38.1	3	114.3	移除
SSH架构开发	42.5	2	85.0	移除
Struts 2 技术	32.3	1	32.3	移除
应付金额: 264.4				
继续购物			清空购物车	

图 6-5 书籍购物车页面

第 7 章　JDBC 技术

本章对 JDBC 的概念、接口和方法进行详细描述。通过本章的学习，读者能够掌握 JDBC 的基本概念、接口和方法，并学会使用 JDBC 编写基本的数据库访问程序。

7.1　JDBC 技术与驱动程序

7.1.1　JDBC 概述

Java 应用程序通过 JDBC(Java Database Connectivity,JDBC)技术访问数据库。JDBC 是一个独立于特定数据库管理系统的、提供了通用的 SQL 数据库存取和操作的公共接口(一组 API)，其定义了用来访问数据库的标准 Java 类库(java.sql 包)，使用这个类库可以一种标准的方法方便地访问数据库资源。

JDBC 为访问不同的数据库提供了一种统一的途径，像 ODBC(Open Database Connectivity,ODBC)一样，JDBC 对开发者屏蔽了一些具体的细节问题。JDBC 的目标是使 Java 应用程序开发人员使用 JDBC 可以连接任何提供了 JDBC 驱动程序的数据库系统，并且开发人员无需对一些特定数据库系统有过多的了解，从而简化和加快开发过程。JDBC 连接不同数据库的过程如图 7-1 所示。

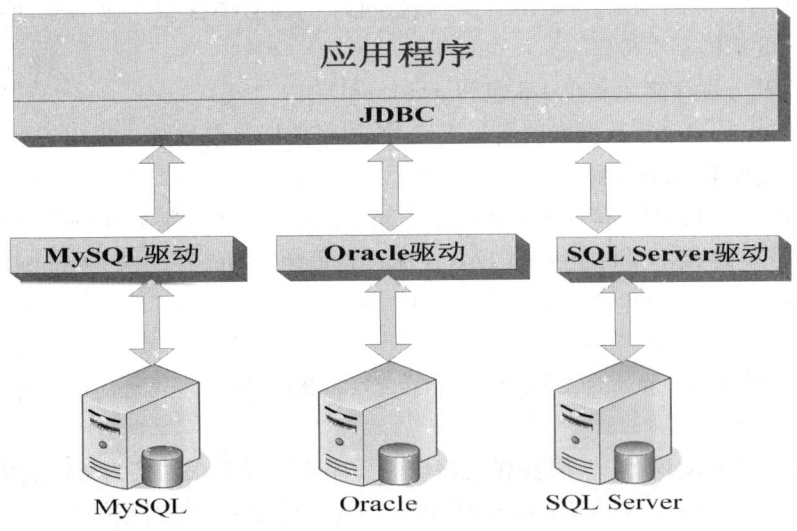

图 7-1　JDBC 与不同数据库的连接

7.1.2 JDBC 驱动程序

Java 提供的连接数据库的方式有 JDBC-ODBC 桥、本地 API 驱动、JDBC 网络纯 Java 驱动、本地协议纯 Java 驱动这四种方式。其中,被普通采用的是 JDBC-ODBC 桥和纯 Java 驱动方式。

1. JDBC-ODBC 桥方式

JDBC-ODBC 桥方式是将 JDBC API 的调用转换为另一种数据访问 API 映射来实现,即调用时采用 JDBC API,然后转换为 ODBC API 与具体的数据源相连接。这种方式通常依赖于本地库文件,可移植性差,而且通过 JDBC API 转换为 ODBC API,性能大大降低了,这种方式目前很少使用。

2. 纯 Java 驱动方式

纯 Java 驱动方式由各数据库厂商提供各自的 JDBC 驱动程序,并且完全采用 Java 语言编写,底层使用套接字编程实现。这种方式采用特定的数据源网络协议,客户机直接与数据源连接,可移植性和性能都比 JDBC-ODBC 桥方式高。在本书的教学实例中,仅介绍采用纯 Java 驱动方式连接数据库。

7.2 JDBC 常用接口与类

7.2.1 JDBC API

面向 Java 程序员的 JDBC API 指 Java 程序员通过调用此 API 从而实现连接数据库、执行 SQL 语句并返回结果集。

面向数据库厂商的 JDBC Driver API 指数据库厂商必须提供相应的驱动程序并实现 JDBC API 所要求的基本接口。

JDBC API 分别存储在 java.sql 包和 javax.sql 包中。
- java.sql:用来连接数据源的类和接口,处理将数据提取到结果集中的 SQL 语句,插入、更新或删除数据,执行存储过程。
- javax.sql:用于像连接池和分布式事务这类的高级服务器端处理特性的类和接口。

JDBC 主要的接口和类包括 Driver 接口、DriverManager 类、Connection 接口、Statement 接口、PreparedStatement 接口、CallableStatement 接口、ResultSet 接口以及 Metadata 类。
- DriverManager(java.sql.DriverManager):装载驱动程序,管理应用程序与驱动程序之间的连接。
- Driver(由驱动程序开发商提供):将应用程序的 API 请求转换为特定的数据库请求。
- Connection(java.sql.Connection):将应用程序连接到特定的数据库。
- Statement(java.sql.Statement):在一个给定的连接中,用于执行一个静态的数据库

SQL 语句。

• PreparedStatement(java.sql.PreparedStatement)：用于执行一个含有参数的动态 SQL 语句，该接口为 Statement 接口的子接口。

• CallableStatement(java.sql.CallableStatement)：用于执行 SQL 存储过程的接口，该接口为 PreparedStatement 的子接口。

• ResultSet(java.sql.ResultSet)：SQL 语句执行完后，返回的数据结果集（包括行、列）。

• Metadata(包括 java.sql.DatabaseMetadata 和 java.sql.ResultSetMetadata)：关于查询结果集、数据库和驱动程序的元数据信息。

7.2.2 Statement 接口的主要方法

Statement 对象用 Connection 的 createStatement() 方法创建。Statement 接口提供的主要方法如下：

• ResultSet executeQuery (String sql)：执行 Statement 对象，返回单个结果集。
• int executeUpdate (String sql)：执行 Statement 对象，返回本次操作影响的行数。
• boolean execute (String sql)：执行 Statement 对象，返回布尔值。
• void close ()：关闭 Statement 对象。
• int getMaxFieldSize ()：获得字段最大长度。
• void setMaxFieldSize (int max)：设置字段最大长度。
• int getMaxRows ()：获得最大行数。
• void setMaxRows (int max)：设置最大行数。
• int getQueryTimeout ()：获得查询超时时间限。
• void setQueryTimeout (int seconds)：设定查询超时时间限。
• java.sql.SQLWarning getWarnings ()：获得与 statement 对象有关的警告。
• ResultSet getResultSet ()：得到下一个结果集。
• int getUpdateCount ()：得到修改的行数。
• boolean getMoreResults ()：检测是否有多个结果集。

7.2.3 PreparedStatement 接口的主要方法

如果需要多次执行一个 SQL 语句，可以使用 PreparedStatement 对象。在创建 PreparedStatement 对象时，通过传递不同参数值多次执行 PreparedStatement 对象，可以得到多个不同的结果。PreparedStatement 接口提供的设置参数值的主要方法如下。

• void clearParameters ()：清除 PreparedStatement 对象中的参数。
• void setAsciiStream (int parameterIndex, java.io.InputStream x, int length)：设置指定索引的参数值为定长的 ASCII 字符流。
• void setBinaryStream (int parameterIndex, java.io.InputStream x, int length)：设置指定索引的参数值为定长的二进制流。
• void setBoolean (int parameterIndex, boolean x)：设置指定索引的参数值为布尔值。

- void setByte（int parameterIndex，byte x）：设置指定索引的参数值为字节。
- void setBytes（int parameterIndex，byte x[]）：设置指定索引的参数值为字节数组。
- void setDate（int parameterIndex，java.sql.Date x）：设置指定索引的参数值为日期。
- void setDouble（int parameterIndex，double x）：设置指定索引的参数值为双精度数值。
- void setFloat（int parameterIndex，float x）：设置指定索引的参数值为浮点型数值。
- void setInt（int parameterIndex，int x）：设置指定索引的参数值为整型数值。
- void setLong（int parameterIndex，long x）：设置指定索引的参数值为长整型数值。
- void setShort（int parameterIndex，short x）：设置指定索引的参数值为短整型数值。
- void setString（int parameterIndex，String x）：设置指定索引的参数值为字符串。
- void setTime（int parameterIndex，java.sql.Time x）：设置指定索引的参数值为时间。
- void setTimestamp（int parameterIndex，java.sql.Timestamp x）：设置指定索引的参数值为时间戳。
- void setUnicodeStream（int parameterIndex，java.io.InputStream x，int length）：设置指定索引的参数值为定长的 Unicode 编码流。
- void setObject（int parameterIndex，Object x）：设置指定索引的参数值为对象。
- ResultSet executeQuery（）：执行 PreparedStatement 对象，返回单结果集。
- int executeUpdate（）：执行 PreparedStatement 对象，返回操作影响的行数。
- boolean execute（）：执行 PreparedStatement 对象，返回布尔值。

7.3 JDBC 与不同数据库的连接

7.3.1 JDBC 连接数据库一般步骤

使用 JDBC 连接数据库的一般步骤包括：加载驱动程序；创建与数据库的连接；创建语句对象；编写、执行 SQL 语句；处理结果集中的数据；关闭相关对象和处理异常。如图 7-2 所示。

1. 加载驱动程序

通过 java.lang.Class 类的静态方法 forName(String className)实现。成功加载后，会将 Driver 类的实例注册到 Driver Manager 类中。

加载驱动程序的语句是：

Class.forName("MyDriver"); //MyDriver 是驱动程序的名字

例如，加载 MySQL 驱动的语句是：

Class.forName("com.mysql.jdbc.Driver");

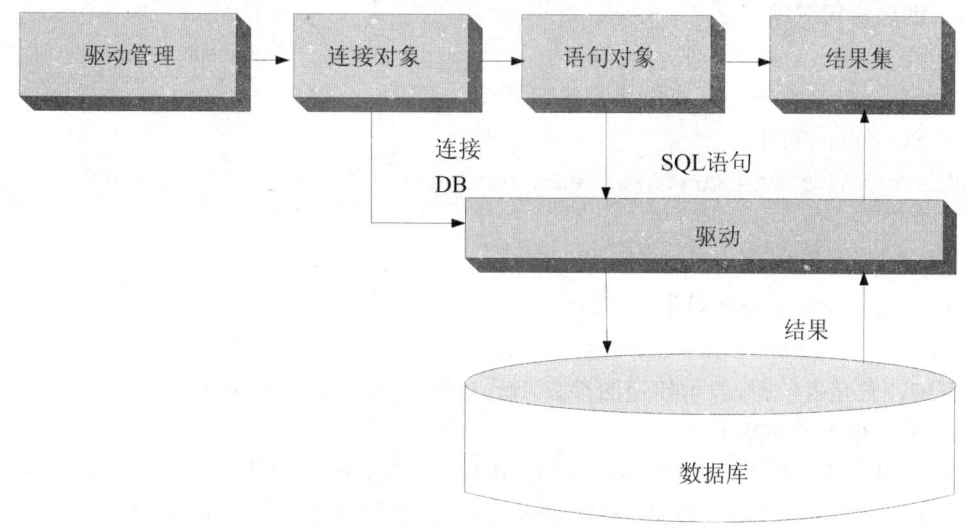

图 7-2 JDBC 连接数据库步骤

2. 创建与数据库的连接

对数据库操作之前,首先需要创建数据库连接。通常连接数据库需要的信息包括以下几个方面:

- 数据库的位置——所在主机,端口号。
- 数据库的信息——数据库名。
- 用户信息——用户名和密码。

一般格式如下:

Connection con = DriverManager.getConnection(constr, user, password);

其中,constr 为 URL 连接字符串,user 为用户名,password 为密码。

JDBC URL 的标准语法如下所示:

jdbc:子协议:主机名:端口号

该字符串由几个字段组成,不同的字段之间使用冒号隔开。其中,第一个字段 jdbc 表示协议,而且只能使用 jdbc;第二个字段子协议,用来区分 JDBC 数据库驱动程序,不同的数据库厂商的子协议是不同的;第三个字段指定数据库的主机名;第四个字段指定采用的端口号,不同厂商的数据库使用的端口是不同的,例如 MySQL 默认为 3306。另外还需要指定连接的数据库名称以及用户名、密码等。

MySQL 数据库的 URL 示例:

jdbc:mysql://localhost:3306/Mydb

该 URL 连接的是本地 MySQL 数据库,使用的端口号为 3306,连接的数据库名为 Mydb。

MySQL 数据库连接示例:

Connection con = DriverManager.getConnection("jdbc:mysql://localhost:3306/Mydb", "root", "root");

3. 创建语句对象

语句对象包括三种，分别是 Statement 对象、PreparedStatement 对象和 CallableStatement 对象。其实例化方式如下：

- Statement 对象：

```
Statement stmt= con.createStatement();
```

- PreparedStatement 对象：

```
PreparedStatement pstmt= con.prepareStatement(sql)
```

- CallableStatement 对象：

```
CallableStatement cstmt = con.prepareCall("{call mypro (?,?)}");
```

其中，"?"是占位符，表示传递的参数；con 指数据库连接 Connection 对象。

4. 编写相应的 SQL 语句

SQL 四大基本操作语句为 insert 语句、delete 语句、selete 语句、update 语句，在程序中 SQL 语句表现为字符串。编写好 SQL 语句之后，用语句对象执行 SQL 语句。

5. 用语句对象执行 SQL 语句

（1）用 Statement 对象来执行 SQL 语句

```
String sql;
Statement stmt = cn.createStatement();
stmt.executeQuery(sql);      //执行数据查询语句
stmt.executeUpdate(sql);     //执行数据更新语句
statement.close();
```

（2）用 PreparedStatement 对象来执行 SQL 语句

```
String sql;
sql = "insert into t_user (id,username,password) values (?,?)";
PreparedStatement pstmt = cn.prepareStatement(sql);
ps.setInt(1,1006);
ps.setString(2,"张三");
ps.setString(3,"123456");
……
ResultSet rs = ps.executeQuery();    //执行数据查询语句
int c = ps.executeUpdate();          //执行数据更新语句
```

（3）用 CallableStatement 对象执行 SQL 存储过程

CallableStatement 对象从 PreparedStatement 中继承了用于处理 IN 参数的方法，而且还增加了用于处理 OUT 参数和 INOUT 参数的方法。IN 参数是程序必须传入的参数，可以通过 setXXX 方法进行参数值设置。OUT 参数则需要通过程序进行设置，可以用 Callable Statement 对象的 registerOutParameter 方法来注册 OUT 参数。例如：

```
cs.registerOutParameter(3, Types.STRING);
```

设置完毕后，当调用存储过程后要获取输出参数值，可以通过 getXXX 方法来完成处理结果集中的数据。

若是对数据进行删除、插入或者更新操作，执行完就可以了。若是查询数据，则需要处理查询结果。

6. 处理结果集中的数据

JDBC 通过 ResultSet 对象来管理结果集。

ResultSet 可分类为最基本的 ResultSet、可滚动的 ResultSet、可更新的 ResultSet 和可保持的 ResultSet。

(1) 最基本的 ResultSet 创建方法

Statement stmt = con.CreateStatement;

ResultSet rs = Statement.excuteQuery(sql);

特点:不支持滚动读取功能,只能使用 next()方法逐个地读取行数据,只能读取一次,不能够来回滚动读取。

(2) 可滚动的 ResultSet 创建方法

Statement stmt = con.createStatement (int resultSetType, int resultSetConcurrency);

ResultSet rs = stmt.executeQuery(sql);

其中,resultSetType 设置 ResultSet 对象的类型可滚动,或者是不可滚动;resultSetConcurrency 设置 ResultSet 对象是否可以修改。

特点:支持 next()方法、previous()方法、first()方法、absolute(int row)方法、relative(int row)方法等,可以随意移动指向结果集的指针,方便灵活地获取任何想要的记录。

(3) 可更新的 ResultSet 创建方法

Statementstmt = con.createStatement (Result.TYPE_SCROLL_INSENSITIVE,Result.CONCUR_UPDATABLE)

特点:借助这样的 ResultSet 对象可以完成对数据库中表的修改。但是 SQL 语句存在前提条件:

① 只引用了单个表。

② 不含有 join 或者 group by 子句。

③ 列中要包含主关键字。

(4) 可保持的 ResultSet 创建方法

Statement stmt= createStatement (int resultsetscrollable, int resultsetupdateable, int resultsetSetHoldability);

ResultSet rs = stmt.excuteQuery(sql);

其中,resultSetHoldability 表示在结果集提交后结果集是否打开。

- ResultSet.HOLD_CURSORS_OVER_COMMIT:修改提交时,不关闭。
- ResultSet.CLOSE_CURSORS_AT_COMMIT:修改提交时关闭。

7. 关闭相关对象

连接对象、语句对象和结果集对象如果不关闭,会一直占用资源。对于网络应用来说,用户量非常大,如果每个用户都浪费资源的话,系统资源的浪费就会很大。

- 关闭连接对象的代码是:con.close()。
- 关闭语句对象的代码是:stmt.close()。
- 关闭结果集对象的代码是:rs.close()。

关闭对象的顺序和创建对象的顺序刚好相反,创建对象的顺序是连接对象、语句对象、结果集对象,关闭对象的顺序反之。

8. 异常处理

使用下面的框架对异常进行处理：

```
try{
    ……    //要执行的可能出错的代码
}catch(Exception e){
    ……    //出错后的处理代码
}finally{
    ……    //不管是否出错都要执行的代码
}
```

所有可能出错的代码放在 try 语句中，出错后的处理代码放在 catch 语句中，不管是否出错都需要处理的代码放在 finally 中。

注意：当向数据库发送一个 SQL 语句，如"SELECT * FROM Student"，数据库中的 SQL 解释器负责把 SQL 语句生成底层的内部命令并执行该命令，完成相关操作。如果不断地向数据库提交 SQL 语句，不仅会增加数据库的负担，也会增加网络负载，势必影响应用程序的执行速度。而使用预处理语句或者存储过程能够极大地减轻数据库的负担及网络负载。因此，在 JDBC 程序中建议使用 PrepareStatement 或者 CallableStatement 代替 Statement，可以预防 SQL 注入问题，减轻网络负载（注意适度原则，减轻网络负载的同时，也就意味着增加了数据库服务器的负载）。

7.3.2 数据库连接池简介

在实际应用开发中，如果 JSP、Servlet 等使用 JDBC 直接访问数据库中的数据，每一次数据访问请求都必须经历建立数据库连接、操作数据和关闭数据库连接等步骤，而连接并打开数据库是一件既消耗资源又费时的工作，如果频繁发生这种数据库操作，系统的性能必然会急剧下降，甚至会导致系统崩溃。

数据库连接池技术是解决此类问题最常用的方法。所谓数据库连接池，就是在一个虚拟的池中，预先创建好一定数量的 Connection 对象等待客户端的连接，当有客户端连接时，就分配一个空闲的 Connection 对象给客户端连接数据库；当这个客户端请求结束时，则将 Connection 对象归还到池中，等待下一个客户端的访问。

1. 工作原理

(1) 预定义一定数量的连接，并存放在数据库连接池中。

(2) 当客户端请求一个数据库连接时，连接池将为该请求从数据库连接池中分配一个空闲的连接，而不是重新建立一个连接对象；当该请求结束后，该连接会重新回到数据库连接池中，而不是直接将其释放。

(3) 当连接池中的空闲连接数量低于下限时，连接池将会根据配置信息追加一定数量的连接对象；空闲连接数量高于上限时，连接池会释放一定数量的连接。

2. 数据库连接池技术优势

应用程序使用数据库连接池技术具有以下优势：

(1) 创建一个新的数据库连接所耗费的时间主要取决于网络的速度以及应用程序和数据库服务器的(网络)距离，这个过程通常是一个很耗时的过程，而采用数据库连接池后，数据库连接请求可以直接通过连接池满足,而不需要为该请求重新连接、认证到数据库服务器,从而节省了时间。

(2) 提高了数据库连接的重复使用率。

(3) 解决了数据库对连接数量的限制。

在使用数据库连接池时需要特别注意,在定义连接池的连接个数和空闲连接个数之前,开发人员必须比较准确地预先估算出连接的数量。

3. 基于 Web 服务器的数据库连接池

绝大多数 Web 服务器都支持数据库连接池技术,下面以 Tomcat 服务器为例配置访问 MySQL 数据库的数据库连接池,具体步骤如下:

(1) 在 Web 应用的 META-INF 下新建 context.xml 文件,配置数据源。

```
<?xml version="1.0" encoding="UTF-8"?>
<Context>
  <Resource name="DBPool"
    type="javax.sql.DataSource"
    auth="Container"
    driverClassName="com.mysql.jdbc.Driver"
    url="jdbc:mysql://localhost:3306/test"
    username="root"
    password="123456"
    maxActive="5"
    maxIdle="2"
    maxWait="6000" />
</Context>
```

(2) 使用 JNDI 访问数据库连接池。

JDBC 提供了 javax.sql.DataSource 接口,负责与数据库建立连接,在应用中无需编写连接数据库代码,便可直接从数据源(context.xml)中获得数据库连接。

在 DataSource 中预先建立了多个数据库连接,这些数据库连接保存在数据库连接池中,当程序访问数据库时,只需从连接池中取出空闲的连接,访问结束后,再将连接归还给连接池。DataSource 对象由 Web 服务器(例如 Tomcat)提供,不能通过创建实例的方法来获得 DataSource 对象,需要利用 Java 的 JNDI(Java Naming and Directory Interface,Java 命名和目录接口)来获得 DataSource 对象的引用。

示例:

```
public static Connection getConnection()
{
  try
  {
    //Context 是 javax.name 包中的一个接口,用于查找数据库连接池的配置文件
    Context ctx = new InitialContext();
    ctx = (Context) ctx.lookup("java:comp/env");
    DataSource ds = (DataSource) ctx.lookup("DataPool");
```

```
    conn = ds.getConnection();
  }catch(Exception e)
  {
    e.printStackTrace();
  }
  return conn;
}
```

7.3.3 其他常见数据库的连接

1. 连接 SQL Server 2005 数据库

第一步,下载 SQL Server 2005 JDBC 驱动。

第二步,加载驱动程序。

`Class.forName("com.microsoft.jdbc.sqlserver.SQLServerDriver");`

第三步,建立连接。

`Connection con =`
`DriverManager.getConnection("jdbc:sqlserver://localhost:1433;DatabaseName=dbName", userID, userPWD);`

其中 dbName 表示连接数据库的名称,userID 表示数据库的用户名,userPWD 表示对应用户的密码。

2. 连接 Oracle 数据库

(1) 连接 Oracle 数据库(oci 方式)

在 Oracle 的安装目录中找到 jdbc/lib/classes12.zip 文件,将该文件重命名为 classes.jar 并复制到 Eclipse 的 Java Web 应用的 WEB-INF/lib 目录下。然后,通过如下的两步连接 Oracle 数据库。

第一步,加载驱动程序。

`DriverManager.registerDriver(new oracle.jdbc.driver.OracleDriver());`

第二步,建立连接。

`conn =`
`DriverManager.getConnection("jdbc:oracle:oci8:@ "+ dbNAME, userID, userPWD);`

其中 dbName 表示连接数据库的名称,userID 表示数据库的用户名,userPWD 表示对应用户的密码。

(2) 连接 Oracle 数据库(thin 方式)

thin 方式是通过远程方式访问 Oracle 数据库,这种方式运用起来比较灵活、简单,具有较强的移植性和适用性。其连接步骤也分为两步。

第一步,加载驱动程序。

`Class.forName("oracle.jdbc.driver.OracleDriver").newInstance();`

第二步,建立连接。

Connection con=

DriverManager.getConnection("jdbc:oracle:thin:@ localhost:1521:dbName",

userID,userPWD);

其中 dbName 表示连接数据库的名称，userID 表示数据库的用户名，userPWD 表示对应用户的密码。

7.4 JDBC 连接 MySQL 数据库实例

用户在登录页面 Login.html 输入用户名和密码，提交表单，由 Servlet(LoginCheck.java)调用 JavaBean(LoginDB.java)验证用户名和密码，最后调用 returnMessage.jsp 界面显示登录成功或者失败信息。

1. 在 MySQL 中建立表格

在 MySQL 数据库中创建 jxdb 数据库，然后建立一个简单的表 t_user，并插入一条记录：username：xiaoming，password：123456，表格结构如图 7-3 所示。

Column Name	Datatype	NOT NULL	AUTO INC	Flags		Default Value	Comment
id	INT(11)	✓	✓	□ UNSIGNED □ ZEROFILL		NULL	
username	VARCHAR(20)			□ BINARY		NULL	
password	VARCHAR(10)			□ BINARY		NULL	

图 7-3　t_user 表结构

2. 在 MyEclipse 中建立 Web Project

首先，在 MyEclipse 中配置 JDK、Tomcat 和 MySQL，添加 JDBC 驱动引用。

然后，按以下步骤进行项目开发。

(1) 在 MyEclipse 中建立 Web Project，工程命名为 ch7。

(2) 在 ch7 项目 WebRoot 文件夹中添加 login.html 和 loginCheck.jsp 文件。

(3) 在 ch7 项目 src 文件夹中添加 bean 和 util 两个包名称。在 util 包中创建 DBManager.java 类，在 bean 包中创建 LoginCheck.java 类。

(4) 为了支持 MySQL 数据库，需要在 ch7 项目的 WEB-INF/lib 文件夹下添加 MySQL 数据库的 mysql-connector-java-commercial-5.1.35-bin.jar 驱动包。

最终，ch7 项目的资源目录结构如图 7-4 所示。

3. 发布、测试项目

修改 web.xml 文件中的主页文件名称为 login.html，然后点击部署按钮 发布项目到 Tomcat 7.0 中，点击 启动 Tomcat 服务器，在 MyEclipse Web 浏览器中输入网址：http://localhost:8080/ch7/，即可打开 login.html 界面，输入用户名和密码，验证登录是否成功，如图 7-5 所示。

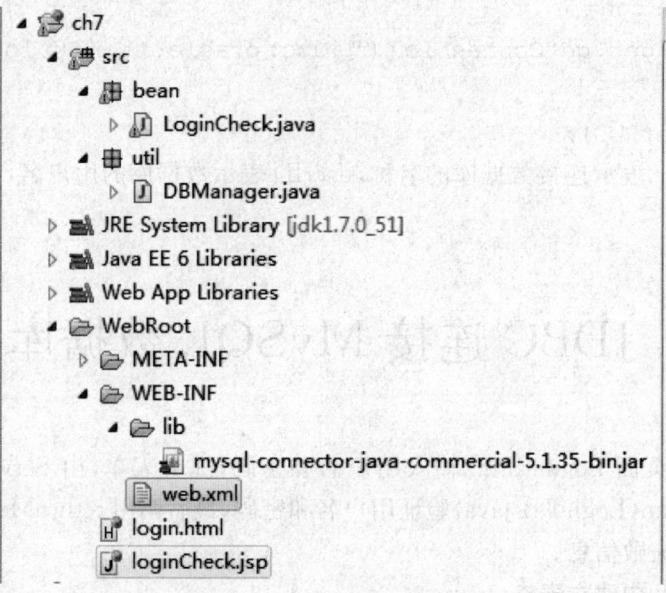

图 7-4　ch7 资源目录结构

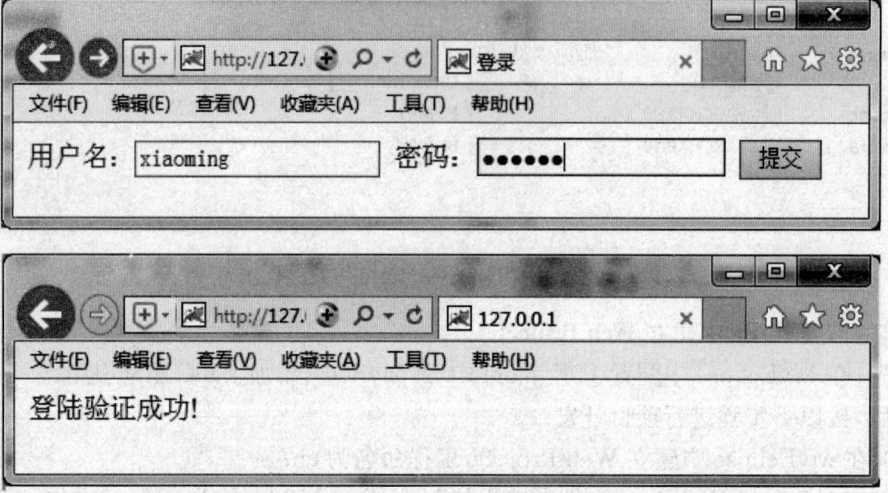

图 7-5　登录验证成功

4. 各个文件主要代码

(1) login.html 代码

login.html 页面中的<form>表单将录入元素值提交给 loginCheck.jsp 代码中的 JavaBean 对象 login 来接收处理。

```
<!DOCTYPE html>
<html>
<head>
    <title>登录</title>
</head>
<body>
```

```html
    <form method= "post" action= "loginCheck.jsp">
      用户名:<input type= "text" name= "username"/>
      密码:<input type= "password" name= "password"/>
      <input type= "Submit" value= "提交"/>
    </form>
  </body>
</html>
```

(2) loginCheck.jsp 代码

LoginCheck.java 是 JavaBean 类,获取该类的实例 login 对象,同时设置参数值。

```jsp
<%@ page language= "java" pageEncoding= "UTF-8"%>
<%@ page import= "bean.LoginCheck" %>
<!-- 通过动作指令获取 bean.LoginCheck.class 类的 javaBean 实例 login 对象 -->
<jsp:useBean id= "login" class= "bean.LoginCheck">
    <jsp:setProperty name= "login" property= "*" />    <!-- 设置属性值 -->
</jsp:useBean>
<%
    out.print(login.check());        //输出验证结果
%>
```

(3) DBManager.java 代码

该类提供对 JDBC 的基本操作方法,在 LoginCheck.java 中被调用。

```java
package util;
import java.sql.* ;
public class DBManager {
    //获取 conn 数据库连接
    public static Connection getConnection(){
      Connection conn= null;
      String CLASSFORNAME= "com.mysql.jdbc.Driver";    //数据库驱动
      String SERVANDDB=  "jdbc:mysql://localhost:3306/jxdb";
      //数据库 URL
      String USER= "root";        //数据库用户名称
      String PWD= "root";        //数据库用户密码
      try{
        Class.forName(CLASSFORNAME);      //加载数据库驱动
        conn= DriverManager.getConnection(SERVANDDB,USER,PWD);
      //获取连接
      }catch(Exception e){
        e.printStackTrace();
      }
```

```java
        return conn;
    }
    //获取 stmt
    public static Statement getStatement(Connection conn) {
        Statement stmt = null;
        try {
            if(conn ! = null) {
                stmt = conn.createStatement();
            }
        } catch (SQLException e) {
            e.printStackTrace();
        }
        return stmt;
    }
    //获取 rs 结果集
    public static ResultSet getResultSet(Statement stmt, String sql) {
        ResultSet rs = null;
        try {
            if(stmt ! = null) {
                rs = stmt.executeQuery(sql);
            }
        } catch (SQLException e) {
            e.printStackTrace();
        }
        return rs;
    }
    //关闭 conn 连接
    public static void closeConn(Connection conn) {
        try {
            if(conn ! = null) {
                conn.close();
                conn = null;
            }
        } catch (SQLException e) {
            e.printStackTrace();
        }
    }
    //关闭 stmt
    public static void closeStmt(Statement stmt) {
        try {
```

```
      if(stmt ! = null) {
        stmt.close();
        stmt = null;
      }
    } catch (SQLException e) {
      e.printStackTrace();
    }
  }
//关闭 rs 结果集
public static void closeRs(ResultSet rs) {
  try {
      if(rs ! = null) {
        rs.close();
        rs = null;
      }
    } catch (SQLException e) {
      e.printStackTrace();
    }
  }
}
```

(4) LoginCheck.java 代码

LoginCheck.java 类是一个 JavaBean 类，在 loginCheck.jsp 这个 JSP 页面中被声明为实例对象并获得属性值，通过 check()完成登录验证。

```
package bean;
import java.sql.Connection;
import java.sql.ResultSet;
import java.sql.Statement;
import util.DBManager;
public class LoginCheck{
    private String username;   //用户名
    private String password;   //密码
    public String getUsername() {
      return username;
    }
    public void setUsername(String username) {
      this.username = username;
    }
    public String getPassword() {
      return password;
    }
```

```java
    public void setPassword(String password) {
        this.password = password;
    }
    public String check(){
        String message= "";      //存储验证结果
        try{
            if (username! = null && (!"".equals(username))){
                DBManager db= new DBManager();       //创建数据库访问对象
                Connection conn= db.getConnection();      //创建数据库连接对象
                Statement stmt= conn.createStatement();
                //创建数据库语句对象
                //验证登录过程
                String sql= "select count(0) from t_user where username= '"
                    + username+ "'and password= '"+ password+ "'";
                ResultSet rs= stmt.executeQuery(sql);
                if(rs.next()){
                    int isUser= rs.getInt(1);
                    if(0= = isUser){
                        message= "用户名或密码错误!";
                    }
                    else{message= "登录验证成功!";}
                }
            }
            else{
                message= "用户名为空!";
            }
        }
        catch(Exception e){
            e.printStackTrace();
        }
        return message;
    }
}
```

(5) web.xml 代码

在 web.xml 代码中,设置 login.html 初始登录页面为站点的主页。

```xml
<?xml version= "1.0" encoding= "UTF-8"?>
<web-app version= "3.0"
xmlns= "http://java.sun.com/xml/ns/javaee"
xmlns:xsi= "http://www.w3.org/2001/XMLSchema-instance"
xsi:schemaLocation= "http://java.sun.com/xml/ns/javaee
```

```
http://java.sun.com/xml/ns/javaee/web-app_3_0.xsd">
  <display-name> </display-name>
  <!-- 站点主页文件名称修改为 login.html 初始登录界面 -->
  <welcome-file-list>
    <welcome-file> login.html</welcome-file>
  </welcome-file-list>
</web-app>
```

第 8 章　Servlet 技术

Servlet 是运行在 Web 服务器端,独立于平台和协议的 Java 小程序。在早期的 Web 服务器上,通常使用公共网关接口(Common Gateway Interface,CGI)来接收用户提交的数据,并在服务器产生相应的处理,或将相应的信息反馈给用户。Servlet 即是在 Java 服务器端实现该功能的 Java 小程序,它将各用户的请求激活成单个程序的一个线程,使得服务器端的处理开销大大降低,其执行速度远快于传统的 CGI 程序,并具有更强大的功能、更高的效率、更好的安全性。JSP 的技术框架也是基于 Servlet 技术的。

8.1　JSP＋Servlet 设计模式

8.1.1　Servlet 概述

Servlet 是使用 Java 编写,由服务器端调用执行的 Java 类,是采用 Java 技术来实现 CGI 功能的一种技术。Servlet 使用 Java Servlet 应用程序设计接口 API 及相关类和方法的 Java 程序,有其自身的编写规范。在 Servlet 中还可以使用添加到 API 的 Java 类软件包进行更多、更强大的功能扩展。

Servlet 本身与协议和平台无关,运行于服务器容器中,是服务器中的一个模块,Java 语言中能实现的功能 Servlet 基本上也都能实现。Servlet 能够处理和响应客户端发出的 HTTP 请求,扩展 Web 服务器的功能,其功能和性能都远远强于传统的 CGI。开发人员在使用 Servlet API 编程接口编写 Servlet 时,不需要关心如何装载 Servlet,也不需要了解服务器环境和传输数据的协议等;Servlet 能够运行在不同的 Web 服务器中,实现跨平台无障碍运行,避免了 CGI 在这方面的缺陷。

Servlet 的功能主要在于交互式地浏览和修改数据,动态生成 Web 内容。服务器将客户的请求传递到 Servlet,Servlet 根据客户的请求生成相应的响应内容,由服务器将动态生成的响应内容返回给客户。

使用 Servlet 开发 Web 项目具有众多的优势,而且 Servlet 是使用 Java 语言开发的,也必然具有 Java 应用程序的可移植、稳健、易开发和易维护等所有的优势。

(1) Servlet 具有可移植性。Servlet 用 Java 开发,符合 Java 的规范定义,因此 Servlet 不需要进行任何改动就可以在不同的操作系统平台和不同的应用服务器中安全运行。

(2) Servlet 功能强大而代码简洁。Servlet 能够使用 Java API 所有的核心功能,能够直接与 Web 服务器进行交互,与其他程序共享数据,可以实现功能强大的业务处理逻辑,并且继承了Java的面向对象特性,代码封装简洁。

(3) Servlet 安全性高。Servlet 用 Java 语言编写,可以使用 Java 的安全框架,有完整的安全机制,包括 SSL/CA 认证、安全策略等规范;Servlet API 是实现了类型安全的接口;服务器容器也会对 Servlet 进行安全管理,这几个方面保障了 Servlet 的安全。

(4) Servlet 的扩展性和灵活性高。Servlet 的接口设计非常精简,每个 Servlet 都可以形成一个模块,执行一个特定任务,在各个 Servlet 之间共享数据,相互交流协同工作,并具有 Java 的继承性等特点,使得 Servlet 的扩展与改变都非常灵活。

(5) Servlet 与服务器集成紧密,运行效率高。Servlet 能和服务器紧密集成,可以密切合作完成特定任务。Servlet 一旦被客户端发送的第一个请求激活,并装载运行后就长期驻留在内存中,在客户请求完成后仍继续在后台运行等待新的请求,大大加快了服务器的响应速度。当多个客户端请求到来时,为每个请求分配一个线程而不是进程,能够大大节省系统开销。

8.1.2 JSP+Servlet 设计模式

JSP 技术能够跨越多个系统平台,独立于协议,无需任何更改就可以在不同的平台中运行,使其成为深受开发人员喜爱的一种动态网站开发技术。在 JSP 网站开发中,通常用两种 JSP 开发技术模式,一种是 JSP 与 JavaBean 相结合的开发模式,另一种则是将 JSP、Servlet 和 JavaBean 相结合的开发模式,将这两种开发模式分别称为模式一和模式二。JSP+JavaBean 的开发模式称为模式一,而 JSP+Servlet+JavaBean 的开发模式称为模式二。在 JSP 技术开发中,常用模式二进行开发,而模式一仅能满足于小型网站的开发。

模式一　JSP+JavaBean 开发模式

在 JSP+JavaBean 开发模式中,JSP 页面独自完成响应客户的请求并将相应的处理结果返回给客户的任务。其业务逻辑的数据处理由 JavaBean 来完成,JSP 则负责数据的页面表现。实现了页面表现和数据逻辑的分离。

在使用 JSP+JavaBean 模式一进行开发时,常常需要在页面中嵌入大量的脚本语言或者 Java 代码段。大量的内嵌代码使得页面程序变得异常复杂,在面对复杂的数据处理逻辑时,情况会变得非常糟糕。另外,网站前端界面设计人员要在内嵌大量代码的庞大页面中完成美工及页面设计也是非常困难的,项目的代码开发和维护也非常困难。因此,模式一无法满足大型应用的开发要求,仅适合小型应用的开发。

模式二　JSP+Servlet+JavaBean 开发模式

JSP+Servlet+JavaBean 开发模式结合了 JSP 和 Servlet 技术,充分利用了 JSP 和 Servlet 两种技术原有的优点。在该模式中,JSP 技术负责页面的表示,而 Servlet 则负责完成事务处理工作。JSP+Servlet+JavaBean 开发模式遵循了 MVC(Model View Controller,模型—视图—控制器)模式。使用一个或多个 Servlet 作为控制器,用来处理客户请求的事务。JavaBean 充当 JSP 和 Servlet 通信的中间工具,充当模型的角色。Servlet 完成业务处理后,将结果设置到相应的 Bean 的属性中,JSP 则负责读取 Bean 属性并进行显示,JSP 页面中没有任何业务处理逻辑,只输出数据并允许用户操纵。

模式二将页面表示和业务处理逻辑分离,进行了更清晰的角色划分,使得设计开发人员可以充分地发挥其自身的特长,快速开发出出色的项目。在大型的项目开发中,这些优势表现得尤为突出,因此,在大型项目开发中,更多地采用模式二。

8.2 Servlet 生命周期

8.2.1 Servlet 生命周期

Servlet 通过框架来扩展服务器的功能,提供 Web 的请求和响应服务,与 Java 类一样,也有其自己的生命周期。当客户端向服务器发送请求时,服务器将客户的请求信息传递到 Servlet,并让 Servlet 建立起服务器返回给客户的响应。在启动第一次请求服务时,自动装入 Servlet,装入后的 Servlet 则继续运行以等待客户发出的新请求。Servlet 部署在服务器容器中,其生命周期由具体的服务器容器进行管理。一个 Servlet 完整的生命周期主要包括以下几个阶段:Servlet 加载——Servlet 实例化——Servlet 服务——Servlet 销毁。如图 8-1 所示。

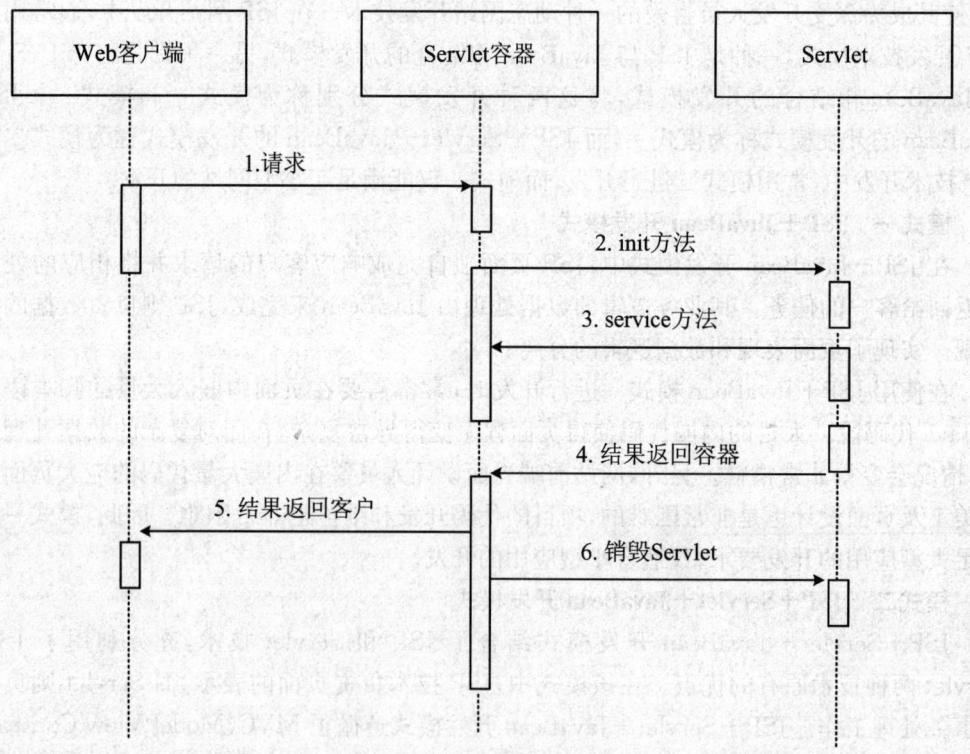

图 8-1 Servlet 生命周期

(1) Servlet 加载:Servlet 的加载操作一般是动态执行的,当客户端请求服务器时加载;而有些服务器容器可以在服务器启动的时候装载 Servlet 并初始化特定的 Servlet。

(2) Servlet 实例化:当客户端第一次请求 Servlet 时,就创建一个 Servlet 实例。

(3) Servlet 初始化:容器调用 Servlet 的 init 方法来进行 Servlet 初始化。整个 Servlet

的生命周期仅执行一次 init 方法，无论后面有多少次 Servlet 的访问请求 init 方法都不会重复执行。

（4）Servlet 服务：Servlet 服务是 Servlet 的核心，它负责响应客户的请求，用于处理业务逻辑。当服务器收到客户端的访问请求时，激活 Servlet 的 service 方法，并传递请求和响应对象给该方法，在 service 方法中处理客户请求，每个客户端请求都有它自己的 service 方法。service 方法一般会激活与 HTTP 请求方式相应的 do 方法以处理客户请求，也可以调用程序员自己开发的方法进行处理。当有更多的客户端请求时，服务器创建出新的请求和响应对象，再次激活 service 方法，将这两个对象作为参数传递给它，如此重复以上的循环。

（5）返回结果：service 方法根据请求对象的信息及请求，完成相应的请求处理，并将处理结果返回给服务器容器，然后再由服务器传递给客户端。

（6）Servlet 销毁：当服务器端不需要 Servlet 或关闭用户服务器时调用 destroy 方法，释放 Servlet 所占用的资源，该方法在整个生命周期中只执行一次。特别要注意的是，Servlet 在运行 service 方法时可能会产生其他的线程，需要确认这些线程已经终止或完成后再调用 destroy 方法。

在 Servlet 的生命周期中，规定了在激活 service 方法之前，需调用 Servlet 的 init 方法来完成初始化。同样的，在 Servlet 被销毁之前也要先调用 destroy 方法进行资源释放。Servlet 一旦请求，就会执行完一个完整的生命周期。

实际应用中，服务器的 Servlet 容器有可能会根据需要在 Servlet 启动时就创建它的一个实例，或者在 Servlet 首次被调用时创建，然后在内存中保存该 Servlet 实例并完成所有客户的请求处理。Servlet 容器在任何时期都可以把这个实例从内存中移走。

8.2.2 简单 Servlet 举例

Servlet 在执行期间的主要功能是接受客户端的请求，对客户端的请求进行处理并将处理结果返回给客户端，处理结果往往是以网页文档的形式返回给客户端。下面我们利用 HttpServlet 抽象类创建一个简单的 Servlet，说明 Servlet 开发的一般步骤。

【例 8-1】 编写一个简单的 Servlet，在客户端显示"xx 您好，欢迎使用 Servlet！"。

第一步，创建 Servlet。

可以使用继承 HttpServlet 抽象类来创建 Servlet，也可以直接使用 public interfere Servlet 接口或继承 GenericServlet 来创建 Servlet。为了简化开发，一般直接继承 HttpServlet 抽象类，该类封装了基于 HTTP 协议的 Servlet 的大部分功能。

在 MyEclipse 中新建一个 Servlet：打开如图 8-2 所示的 Servlet 创建界面，在"Package"所对应的输入框中输入"servlet"作为包名称，在"Name"所对应的输入框中输入"Hello"作为 Servlet 类名称，"Superclass"输入框中的"javax.servlet.http.HttpServlet"为新建 Servlet 的父类。

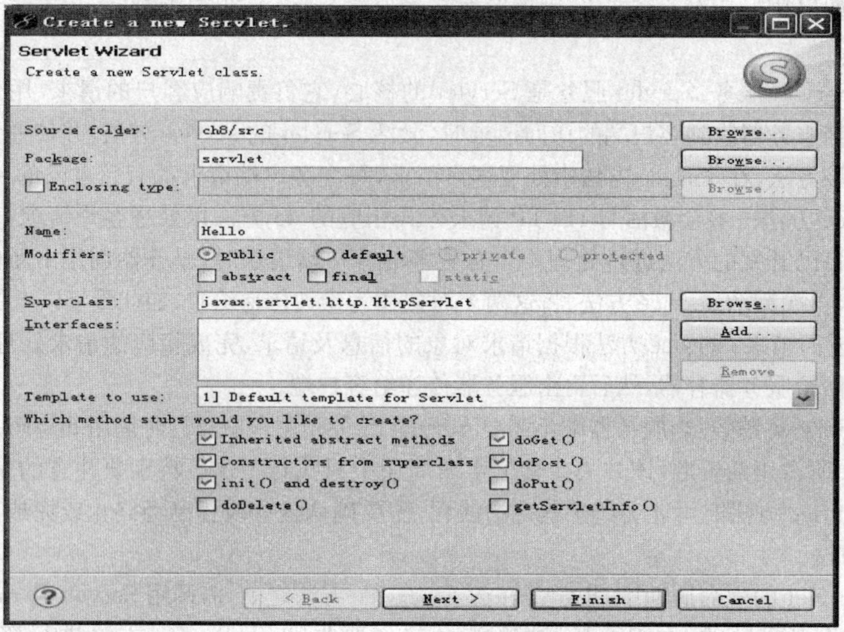

图 8-2 新建 Servlet

第二步,设置 Servlet 部署信息。

在创建 Servlet 界面中填写完 Servlet 类名后点击下一步按钮"Next",进入 Servlet 部署信息配置界面,如图 8-3 所示。MyEclipse 集成开发工具会自动生成 Servlet 部署名称与 Servlet URL 映射信息,写入到站点的 web.xml 配置文件当中。在这里我们按默认值设置,单击"Finish"完成,即自动生成 Servlet 类,然后进入 Servlet 编辑界面。

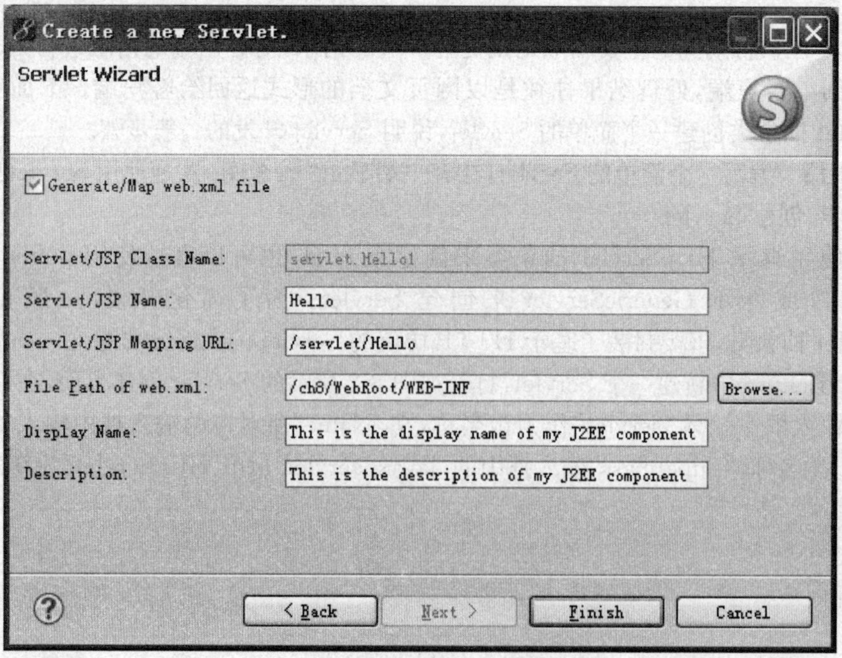

图 8-3 Servlet 名称与映射配置

第三步，编辑重写 Servlet 方法。

在一般的 Serlvet 中，通常都是重写 doGet 和 doPost 方法来完成客户的请求处理。在这里我们仅重载 doGet 和 doPost 方法。在 Servlet 的 doGet 和 doPost 方法中，通常使用 HttpServletRequest 对象获取用户提交到服务器的请求信息，然后使用 HttpServletResponse 类对象生成响应，并将响应返回给客户端。代码编辑界面如图 8-4 所示。

```
package servlet;

import java.io.IOException;

public class Hello extends HttpServlet {

    /**
     * Constructor of the object.
     */
    public Hello() {
        super();
    }
    /**
     * The doGet method of the servlet. <br>
     *
     * This method is called when a form has its tag value method equals to get.
     *
     * @param request the request send by the client to the server
     * @param response the response send by the server to the client
     * @throws ServletException if an error occurred
     * @throws IOException if an error occurred
     */
    public void doGet(HttpServletRequest request, HttpServletResponse response)
            throws ServletException, IOException {

        response.setContentType("text/html");
        PrintWriter out = response.getWriter();
```

图 8-4　重写请求处理方法

该 Servlet 的完整源代码如下：

```
package servlet;   // 将 Servlet 类添加到 servlet 包中
import java.io.IOException;
import java.io.PrintWriter;
import javax.servlet.ServletException;
import javax.servlet.http.HttpServlet;
import javax.servlet.http.HttpServletRequest;
import javax.servlet.http.HttpServletResponse;
/** 直接继承 HttpServlet 类，定义一个 Servlet，
 * Servlet 类名称为 Hello。
 */
public class Hello extends HttpServlet {
  public Hello() {
    super();
  }
```

```java
/**
 * 重载 doGet 方法,接收并处理客户端的 HTTP GET 请求
 */
    protected void doGet (HttpServletRequest request, HttpServletResponse response) throws ServletException, IOException {
    /*
     * 获取请求信息,
     * 这里利用 HttpServletRequest 对象的 getParameter 方法获取请求用户的名称。
     */
    String username= request.getParameter("username");
    //设置文档格式与字符编码
    response.setContentType("text/html;charset= utf-8");
    PrintWriter out= response.getWriter();
    out.println("<html>");
    out.println("<head>");
    out.println("<title>Servlet</title>");
    out.println("</head>");
    out.println("<body>");
    out.println("<p>"+ username+ "您好,欢迎使用 Servlet!</p>");
    out.println("</body></html>");
    }
/**
 * 重载 Servlet 的 doPost 方法,接收并处理客户端的 HTTP POST 请求,
 * 处理方法与 doGet 方法一样,一般直接调用 doGet 方法
 */
    protected void doPost (HttpServletRequest request, HttpServletResponse response) throws ServletException, IOException {
    // 直接调用 doGet 方法
    doGet(request,response);
    }
}
```

第四步,Servlet 配置部署。

经过以上步骤就完成了 Servlet 的创建,但 Servlet 创建完成后还需要配置部署到具体的服务器容器当中才能正常运行。Servlet 的具体配置信息在服务器站点的 web.xml 文件中描述。Servlet 配置包含 Servlet 的名字、Servlet 类、初始化参数、启动装载优先级、Servlet 映射和运行安全设置等信息。在这里我们只用到以下两部分基本配置。

(1) Servlet 名称及类路径配置。格式如下:

```xml
<servlet>
    <description> </description>
```

```
        <display-name> Hello</display-name>
        <servlet-name> Hello</servlet-name>
        <servlet-class> servlet.Hello</servlet-class>
</servlet>
```

其中,＜display-name＞元素内容是发布时 Servlet 的名称;＜servlet-name＞元素内容是 Servlet 的名称;＜servlet-class＞元素内容说明了 Servlet 的类路径;＜description＞元素内容是 Servlet 的描述信息,可不填写。

(2) Servlet 映射。

Servlet 映射指定用户访问该 Servlet 的方式,同一个 Servlet 可以有多个映射。在 web.xml 中配置 Servlet 映射格式如下:

```
<servlet-mapping>
    <servlet-name> Hello</servlet-name>
    <url-pattern> /servlet/Hello</url-pattern>
</servlet-mapping>
```

其中,＜servlet-name＞元素内容指明该映射是哪个 Servlet 的映射;＜url-pattern＞元素内容是用户访问该 Servlet 的 URL 映射。

对应例 8-1 所创建的 Servlet,其在 web.xml 配置中完整的描述如下:

```
<?xml version= "1.0" encoding= "UTF-8"? >
<web-app version= "3.0"
xmlns= "http://java.sun.com/xml/ns/javaee"
xmlns:xsi= "http://www.w3.org/2001/XMLSchema-instance"
xsi:schemaLocation= "http://java.sun.com/xml/ns/javaee
http://java.sun.com/xml/ns/javaee/web-app_3_0.xsd">
  <display-name> </display-name>
  <servlet>
    <description> </description>
    <display-name> Hello</display-name>
    <servlet-name> Hello</servlet-name>
    <servlet-class> servlet.Hello</servlet-class>
  </servlet>
  <servlet-mapping>
    <servlet-name> Hello</servlet-name>
    <url-pattern> /servlet/Hello</url-pattern>
  </servlet-mapping>
  <welcome-file-list>
    <welcome-file> index.jsp</welcome-file>
  </welcome-file-list>
</web-app>
```

在 web.xml 描述中声明了一个名为 Hello 的 Servlet,servlet.Hello 表示该 Servlet 所对应的类是在 servlet 包中的 Hello 类。为了实现客户端的访问,还需要为定义的 Servlet 创建 URL 映射,用户通过该映射访问 Servlet。/servlet/Hello 即是用户访问该 Servlet 所使用的 URL。

通过浏览器访问"http://localhost:8080/ch8/servlet/Hello? username=John"来访问该 Servlet,URL 地址中的"localhost:8080"是服务器所使用的网址和端口号,"ch8"为该 web 应用站点名称,而"servlet/Hello"就是在该站点中所定义的 Servlet 映射,指向我们定义的名为"Hello"的 Servlet,最后的"? username=John"是用户使用 GET 方法向服务器提交的查询字符串。运行结果如图 8-5 所示。

图 8-5　一个简单的 Servlet

8.3　Servlet 常用接口

在这一节中,我们将介绍在 Servlet 开发中常用的一些接口和类,对 Servlet 的开发应用做一个比较全面的说明。按功能分类,Servlet 的类接口可以分为以下这几类:实现接口,配置接口,上下文接口,请求与响应接口,会话跟踪接口,请求调度接口和过滤功能接口。下面对这几类接口进行一一说明。

8.3.1　Servlet 的实现接口

1. Servlet 接口

其声明为"public interfere Servlet"。所有的 Servlet 都必须直接或间接实现该接口,该接口定义了 Servlet 的初始化方法、对请求的服务方法和销毁方法等。通常是通过继承 GenericServlet 或者 HttpServlet 来间接实现该接口。该接口的几个常用方法如表 8-1 所示。

表 8-1　Servlet 接口方法

方法	功能
void destroy()	由 Servlet 容器调用,负责释放 Servlet 所占用的资源并销毁 Servlet,该方法在整个生命周期中只执行一次
ServletConfig getServletConfig()	返回包含该 Servlet 初始化启动参数的 ServletConfig 对象
String getServletInfo()	返回 Servlet 的信息
void init(ServletConfig config)	由 Servlet 容器调用,进行初始化 Servlet 实例
void service(ServletRequest req, ServletResponse res)	当客户请求到达时激活该方法,根据请求信息进行请求处理,访问其他资源得到所需信息,并通过响应对象将响应结果返回给服务器,然后再由服务器传递给客户端

2. GenericServlet 抽象类

其声明为"public abstract class GenericServlet implements Servlet,ServletConfig,java.io.Serializable"。该抽象类定义了一个通用的、与协议无关的 Servlet,实现了 Servlet 接口和 ServletConfig 接口。GenericServlet 的 service 方法是抽象方法,使用该抽象类创建 Servlet 必须直接或间接实现这个方法。该抽象类的主要方法如表 8-2 所示。

表 8-2　GenericServlet 类方法

方法	功能
void destroy()	由 Servlet 容器调用,负责释放 Servlet 所占用的资源并销毁 Servlet
String getInitParameter(String name)	返回指定名称初始化参数的值,如果该参数不存在,返回 null
Enumeration<String> getInitParameterNames()	返回该 Servlet 的初始化参数
ServletConfig getServletConfig()	返回包含 Servlet 配置信息的 ServletConfig 对象
ServletContext getServletContext()	返回该 Servlet 的上下文
String getServletInfo()	返回该 Servlet 的信息
String getServletName()	返回该 Servlet 实例的名称
void init()	可重载该方法初始化 Servlet 实例,而不需要调用 super.init(config)
void init(ServletConfig config)	由容器调用,初始化 Servlet 实例
void log(String msg)	将特定信息写入 Servlet 记录文件
void log(String message,java.lang.Throwable t)	将特定信息写入 Servlet 记录文件
abstract void service(ServletRequest req, ServletResponse res)	Servlet 容器调用该方法对用户请求进行响应

3. HttpServlet 类

开发 Servlet 最通用的方法就是通过扩展该类来进行 Servlet 开发,其声明为"public

abstract class HttpServlet extends GenericServlet implements java.io.Serializable"。

该类是针对 HTTP 协议封装的 Servlet 类，通过 Servlet 接口提供 HTTP 协议功能。HTTP 的请求方式包括 DELETE、GET、OPTIONS、POST、PUT 和 TRACE 等，在 HttpServlet 类中这些标准的 HTTP 请求会由 service 传递到相应的 doDelete、doGet、doOptions、doPost、doPut 和 doTrace 等服务方法来分别处理，因此没有必要再去重载 service 方法。HttpServlet 的子类必须至少重载 HttpServlet 所定义的方法当中的一个方法，通常是以下几种方法：

- doGet 方法——用于处理 HTTP 协议的 GET 请求。
- doPost 方法——用于处理 HTTP 协议的 POST 请求。
- doPut 方法——用于处理 HTTP 协议的 PUT 请求。
- doDelete 方法——用于处理 HTTP 协议的 DELETE 请求。
- init 方法——用于 Servlet 的初始化操作。
- destory 方法——用于销毁 Servlet，释放所占用的资源。
- getServletInfo 方法——用于获得 Servlet 自身的信息。

Http Servlet 类的主要方法如表 8-3 所示。

表 8-3 HttpServlet 类方法

方法	功能
protected void doDelete（HttpServletRequest req, HttpServletResponse resp）	由服务器通过 service 方法调用，用于处理 HTTP 协议的 DELETE 请求
protected void doGet（HttpServletRequest req, HttpServletResponse resp）	由服务器通过 service 方法调用，用于处理 HTTP 协议的 GET 请求
protected void doHead（HttpServletRequest req, HttpServletResponse resp）	接收并处理来自 service 方法的 HTTP HEAD 请求
protected void doOptions（HttpServletRequest req, HttpServletResponse resp）	由服务器通过 service 方法调用，用于处理 HTTP 协议的 OPTIONS 请求
protected void doPost（HttpServletRequest req, HttpServletResponse resp）	由服务器通过 service 方法调用，用于处理 HTTP 协议的 POST 请求
protected void doPut（HttpServletRequest req, HttpServletResponse resp）	由服务器通过 service 方法调用，用于处理 HTTP 协议的 PUT 请求
protected void doTrace（HttpServletRequest req, HttpServletResponse resp）	由服务器通过 service 方法调用，用于处理 HTTP 协议的 TRACE 请求
protected long getLastModified(HttpServletRequest req)	返回 HttpServletRequest 对象的最后修改时间，以 ms 为单位从 1970-01-01（GMT）计起
protected void service（HttpServletRequest req, HttpServletResponse resp）	接收来自 public service 方法的标准 HTTP 请求，并将请求转发到相应的 doXXX 方法进行处理
void service(ServletRequest req, ServletResponse res)	将客户端的请求转发到 protected service 方法

在使用 HttpServlet 类开发 Servlet 时，首先需要覆盖 HttpServlet 的部分方法以扩展 HttpServlet 抽象类，如覆盖 doGet()或 doPost()方法；然后通过 HttpServletRequest 对象来检索 HTML 表单所提交的数据或 URL 上的查询字符串，获取 HTTP 请求信息；最后通过 HttpServletResponse 对象生成响应结果，利用 HttpServletResponse 的 getWriter()方法返回 PrintWriter 对象，使用该 PrintWriter 对象将信息返回给客户。

8.3.2 Servlet 的配置接口

javax.servlet.ServletConfig 接口用于获取 Servlet 的配置信息，由 Servlet 容器使用并在 servlet 初始化时将配置信息传递给 Servlet。Servlet 配置信息格式如下：

```
< servlet >
    < description > < /description >
    < display-name > Hello< /display-name >
    < servlet-name > Hello< /servlet-name >
    < servlet-class > servlet.Hello< /servlet-class >
    < init-param >
        < param-name > encoding< /param-name >
        < param-value > utf-8< /param-value >
    < /init-param >
< /servlet >
```

ServletConfig 接口可以获取 Servlet 配置的名字、初始化参数和 Servlet 上下文信息。例如使用"String initParam = getInitParameter("encoding")"可以得到以上 Servlet 配置中初始化参数"encoding"的值"utf-8"。ServletConfig 接口提供的方法如表 8-4 所示。

表 8-4 ServletConfig 接口方法

方法	功能
String getInitParameter(String name)	用于获取指定名称的初始化参数
Enumeration<String> getInitParameterNames()	返回所有的初始化参数名的枚举
ServletContext getServletContext()	用于获取 Servlet 的上下文对象的引用。所有的 Servlet 都共享同一个 ServletContext 对象，又称为 Application 对象，在 web.xml 中用以声明"全局参数"
String getServletName()	返回该实例的 Servlet 名称

8.3.3 Servlet 的上下文接口

ServletContext 接口定义了一组用于与 Servlet 容器通信的方法，用于配置与获取 Servlet 的上下文配置信息。servletContext 对象表示一组 Servlet 共享的资源，包含在 ServletConfig 对象中。通常 Web 应用为同一个 Java 虚拟机上的所有 Servlet 提供一个

Servlet 上下文环境。ServlctContext 接口常用的方法如表 8-5 所示。

表 8-5　ServletContext 接口常用方法

方法	功能
java.lang.Object getAttribute(String name)	获取指定名称的属性
Enumeration<String> getAttributeNames()	返回该 ServletContext 的属性枚举
ServletContext getContext(String uripath)	获取指定应用 Servlet 的上下文，uripath 为指定应用服务器中的 URL
void removeAttribute(String name)	将 ServletContext 中指定属性删除
void setAttribute(String name, java.lang.Object object)	设置 ServletContext 中指定属性的值

8.3.4　Servlet 的请求与响应接口

Servlet 的请求与响应接口比较多。ServletRequest 与 ServletResponse 对应 Servlet 的请求与响应接口，ServletRequestWrapper 与 ServletResponseWrapper 是它们的实现；ServletInputStream 与 ServletOutputStream 对应 Servlet 的输入输出流接口；而常用的 HttpServletRequest 和 HttpServletResponse 则是 ServletRequest 与 ServletResponse 的子接口，应用于 HTTP 的请求与响应，对应的接口实现为 HttpServletRequestWrapper 和 HttpServletResponseWrapper。在开发中常用请求与响应接口仍是 HttpServletRequest 和 HttpServletResponse，下面分别介绍这两个接口。

1. HttpServletRequest 接口

Servlet 容器创建 HttpServletRequest 对象并将该对象作为参数传递给 Servlet 的 service 方法。HttpServletRequest 中包含客户请求信息，这些请求信息中的参数也是客户端提交上来的表单数据，包含有客户端的通信协议、主机名、IP 地址和浏览器等信息。HttpServletRequest 接口获取的数据流通常是由客户端使用 HTTP 协议中的 POST、GET 和 PUT 等方式递交上来的数据。HttpServletRequest 接口的主要方法如表 8-6 所示。

表 8-6　HttpServletRequest 接口主要方法

方法	功能
String getAuthType()	返回该 Servlet 所使用安全机制的名称
String getContextPath()	返回请求上下文路径
Cookie[] getCookies()	返回客户传递过来的 Cookie 对象
long getDateHeader(String name)	返回客户请求中的时间信息
String getHeader(String name)	返回指定请求头信息
Enumeration<String> getHeaderNames()	返回该请求中包含的所有头信息名称
Enumeration<String> getHeaders(String name)	返回请求中指定头信息的枚举
int getIntHeader(String name)	将指定的请求头信息值以整数返回

方法	功能
String getMethod()	返回客户发送 HTTP 请求的方法(例如 GET、POST 或 PUT 等方法)
String getQueryString()	获取客户请求 URL 中的查询字符串
String getRemoteUser()	获取请求用户的登录名,如果用户未登录则返回 null
String getRequestedSessionId()	获取请求客户的 session ID
HttpSession getSession()	返回该客户的 session 对象,如果没有则创建一个
HttpSession getSession(boolean create)	返回该客户的 session 对象,如果没有则根据"create"参数来决定是否创建一个新的 session 对象
boolean isRequestedSessionIdValid()	检查当前请求的 session ID 是否有效

2. HttpServletResponse 接口

HttpServletResponse 接口给出 Servlet 响应客户端的方法,用于向客户端发送响应信息。该接口允许 Servlet 设置响应内容的长度和 MIME 类型,提供 ServletOutputStream 输出流,控制发送给用户的信息,并将动态生成响应。其主要的方法如表 8-7 所示。

表 8-7 HttpServletResponse 接口主要方法

方法	功能
void addCookie(Cookie cookie)	为用户添加 Cookie
void addDateHeader(String name, long date)	将给定日期值信息加入响应头
void addHeader(String name, String value)	将给定字符串值信息加入响应头
boolean containsHeader(String name)	检查指定名称的头信息是否已设置
String encodeRedirectURL(String url)	对 sendRedirect 方法使用的指定 URL 进行编码。所有传递给 sendRedirect 方法的 URL 都应通过这个方法进行编码才能确保在所有浏览器中实现正常的会话跟踪
String encodeURL(String url)	将 session ID 加入指定 URL 进行编码。所有提供给 Servlet 的 URL 都应通过这个方法进行编码才能确保在所有浏览器中实现正常的会话跟踪
void sendRedirect(String location)	将响应转发到另一个页面或另一个 Servlet 进行处理并清除缓存,给定的路径必须是绝对 URL
void setHeader(String name, String value)	设置指定响应头信息
void setStatus(int sc)	为响应设置状态码
void setContentType(String type)	设置响应 MIME 类型
void setCharacterEncoding(String charset)	设置响应的字符编码格式

8.3.5 Servlet 的会话跟踪接口

在 Servlet 中使用 HttpSession 接口，来实现在 HTTP 协议中客户端和服务器的会话关联，该关联将在多处连接和请求中持续一段给定的时间。利用 Session 在多个请求页面中维持会话状态和识别用户。该接口的主要方法如表 8-8 所示。

表 8-8 HttpSession 接口主要方法

方法	功能
java.lang.Object getAttribute(String name)	返回该 session 中指定名称对象，如果不存在返回 null
Enumeration<String> getAttributeNames()	返回该 session 所有对象的名称
long getCreationTime()	获取创建该 session 的时间，该时间从 1970-01-01 (GMT)起以毫秒计
String getId()	获取 session 标识字符串，该唯一标识字符串由服务器创建和维持
long getLastAccessedTime()	返回与该 session 相关联的最后客户请求时间，该时间从 1970-01-01 GMT 起以毫秒计，记录容器收到请求的时间
int getMaxInactiveInterval()	获取当客户端在不发出请求时 session 保持的最长时间。超过该时间后仍无请求发生，该 session 会被终止。值为-1 时表示 session 永不过期
void invalidate()	终止该 session，清除 session 中的所有对象数据
void removeAttribute(String name)	将指定对象从 session 中删除
void setAttribute(String name, java.lang.Object value)	将指定对象绑定到 session 中，并使用 name 标识该对象
void setMaxInactiveInterval(int interval)	设置在客户端不发出新请求时，继续维持该 session 的最长时间（按秒计时）

8.3.6 Servlet 的请求调度接口

在某些情况下，需要 Servlet 能够将当前的一个客户请求转发到另外一个 Servlet 当中进行处理，使用 RequestDispatcher 接口可以实现该功能。

使用 RequestDispatcher 接口中的 forward(ServletRequest, ServletResponse response) 方法将请求转发到服务器上的另一个资源，该资源可以是一个新的 Servlet，或者 JSP 程序，也可以是 HTML 文档；使用 RequestDispatcher 接口中的 include(ServletRequest, ServletResponse response)方法可把服务器上的另一个资源包含到当前响应中来，同样，该资源可以是一个新的 Servlet，或者 JSP 程序，也可以是 HTML 文档。RequestDispatcher 接

口的主要方法如表 8-9 所示。

表 8-9　RequestDispatcher 接口方法

方法	功能
void forward(ServletRequest request, ServletResponse response)	将 Servlet 中的请求转发到服务器上的另一资源,资源可以是一个新的 Servlet,或者 JSP 程序,也可以是 HTML 文档
void include(ServletRequest request, ServletResponse response)	把服务器上的另一个资源包含到当前响应中来,同样,该资源可以是一个新的 Servlet,或者 JSP 程序,也可以是 HTML 文档

8.3.7　Servlet 的过滤功能

使用过滤功能可以实现对请求进行统一编码,对请求进行认证,在很多 Web 应用中这些功能都是必需的。在 Servlet 中,该功能是由 Filter 和 FilterChain 接口来实现的。单个 Filter 过滤器只需要完成少量的任务,通过与其他 Filter 过滤器协作可以实现复杂功能。

1. Filter 接口

它是过滤器必须要实现的接口,执行对请求和响应进行过滤的任务。过滤器由 init 方法初始化;用 doFilter 方法完成过滤器的业务处理;destory 方法负责释放过滤器所占用的资源。过滤器与 Servlet 一样须在 web 应用部署描述文件(web.xml)中配置。Filter 接口方法如表 8-10 所示。

表 8-10　Filter 接口方法

方法	功能
void destroy()	由 web 容器调用,销毁过滤器
Void doFilter(ServletRequest request, ServletResponse response,FilterChain chain)	当客户请求资源时,其 request/response 对象会在整个过滤器链中传递,每次传递都会调用该方法执行过滤任务,如果没有下一个过滤器存在,则调用目标的资源
void init(FilterConfig filterConfig)	以指定配置初始化过滤器

2. FilterChain 过滤链接口

通过该接口将过滤的任务转移到不同的过滤器。通过 void doFilter(ServletRequest, ServletResponse response)方法来调用下一个过滤器,如果没有下一个过滤器存在,则调用目标的资源。

3. FilterConfig 配置接口

用于获取过滤器的配置信息并传递给过滤器。与 Servlet 一样,过滤器也需要进行配置。FilterConfig 接口中的 getFilterName 方法用于获取过滤器名字;getInitParameter 方法用于获取指定名称的初始化参数;getServletContext 方法用于获取该过滤器所在的 Servlet

上下文对象；getInitParameterNames 方法用于获取过滤器配置中的所有初始化参数名称列表。FilterConfig 接口方法如表 8-11 所示。

表 8-11 FilterConfig 接口方法

方法	功能
String getFilterName()	返回该过滤器在部署描述文件中所定义的名称
String getInitParameter(String name)	返回指定初始化参数的值，如果参数不存在返回 null
Enumeration<String> getInitParameterNames()	返回所有初始化参数名
ServletContext getServletContext()	返回 Servlet 上下文

8.4 Serlvet 表单处理

表单主要负责在网页中采集数据，并将数据提交到服务器中进行处理，是用户向服务器提交信息、发送请求的途径。表单里面指明了处理表单数据所需的程序以及数据提交到服务器的方法。Servlet 表单数据处理主要分为获取 HTTP 请求信息和对请求信息进行处理并生成 HTTP 响应两部分，这两个操作往往都是在 doGet 或 doPost 方法（对应 HTTP 的 GET 或者 POST 操作）中完成。

8.4.1 获取 HTTP 请求信息

客户 HTTP 请求头中的所有信息都封装在 HttpServletRequest 对象中，通常通过调用 HttpServletRequest 类对象的相关方法来获取这些请求信息。

1. 获取客户信息

- getRequestURL()方法：获取客户端发出请求时的完整 URL。
- getQueryString ()方法：获取 URL 中的查询字符串。
- getRemoteAddr()方法：获取请求客户端的 IP 地址。
- getRemoteHost()方法：获取请求客户端的主机名。
- getMethod()方法：获取客户的请求方式。

2. 获取客户端提交的数据

- getParameterNames()方法：获取请求中所有参数名字，存放在 Enumeration 对象中。
- getParameter(String name)方法：获取请求中指定名称参数的值。
- getParameterValues(String name)方法：返回包含请求中指定名称参数的所有值的数组。适用于一个参数名对应多个值的情况，如表单中的复选框和多选列表提交的数据。
- getParameterMap()方法：返回包含请求中的所有参数名和值的 Map 对象，Map 对象的 key 是参数名，value 是对应参数的 Object 类型值数组。

8.4.2 生成 HTTP 请求响应并返回给客户

服务器通过 HTTP 响应客户端的信息分为状态行、响应消息头和消息正文三部分。通过 HttpServletResponse 对象生成并输出响应。

1. 生成响应信息

- setStatus(int arg)方法：设置 HTTP 响应消息的状态码，并生成响应状态行。
- sendError(int arg)或 sendError(int arg,String Errmsg)方法：发送表示错误信息的状态码到客户端，并清除缓冲区中的内容。
- addHeader(String arg0,String arg1)与 setHeader(String arg0,String arg1)方法：设定指定名称头信息。
- setContentType(String arg)方法：设置 Servlet 输出内容的 MIME 类型，对于 HTTP 协议，就是设置 Content-Type 响应头字段的值，如"text/html;charset=UTF-8"。
- setCharacterEncoding(String arg)方法：设置输出内容的 MIME 声明中的字符集编码，对 HTTP 协议，就是设置 Content-Type 头字段中的字符编码部分。

2. 输出响应信息

在给客户输出响应信息时，应先设置响应输出的 MIME 类型及字符编码格式，常用 setContentType 方法对其进行设置，如"setContentType("text/html;charset=utf-8")"将输出的 MIME 类型设置为"text/html"，字符集设置为"utf-8"；然后使用 response 对象的 getWriter()方法返回一个 PrintWriter 对象，再通过 PrintWriter 对象将响应信息输出到客户端。下面的代码是在 doPost 方法中，用于输出 HTML 文档到客户端的常用代码格式，同样适用于 doGet 方法。

```
protected void doPost ( HttpServletRequest request, HttpServletResponse response) throws ServletException, IOException {
    //在这里获取客户请求信息并进行处理……
    ……
    //设置响应输出的 MIME 类型及字符编码格式
    response.setContentType("text/html;charset= utf-8");
    //使用 PrintWriter 将相应信息输出到客户端
    PrintWriter out= response.getWriter();
    out.println("< html> ");
    out.println("< head> ");
    out.println("< title> Servlet< /title> ");
    out.println("< /head> ");
    out.println("< body> ");
    //信息输出到客户端
    out.println("< p> 欢迎使用 Servlet! < /p> ");
    out.println("< /body> < /html> ");
}
```

8.4.3 中文乱码问题

在 Web 应用中,如果客户提交上来的请求信息中包含有中文字符,就有可能会因为字符编码不匹配而造成中文显示乱码,因此,在 Servlet 中,需要对这些通过 HttpServletRequest 对象获取的请求信息进行统一的字符编码转换。另外需要注意的一点是,服务器通过 HttpServletResponse 对象向客户输出响应时,由于 HttpServletResponse 对象的 getWriter 方法返回的 PrintWriter 对象默认使用 ISO-8859-1 字符编码进行 Unicode 字符串到字节数组的转换,而 ISO-8859-1 字符集中没有中文字符,因此 Unicode 编码的中文字符将被转换成无效的字符编码输出给客户端,从而造成中文显示乱码。

通过以下方法可以解决中文字符显示乱码问题。

1. 设置请求与响应的字符编码保持一致,且支持中文字符

请求与响应中正文 MIME 类型及字符集操作方法:

- HttpServletRequest.getContentType()方法——获取请求正文中的 MIME 类型。
- HttpServletResponse.getContentType()方法——获取响应正文中的 MIME 类型。
- HttpServletResponse.setContentType(String arg)方法——设置响应正文中的 MIME 类型,可包含字符编码的设置。
- HttpServletRequest.getCharacterEncoding()方法——获取在请求中使用的字符编码。
- HttpServletRequest.setCharacterEncoding(String arg)方法——设置在请求中使用的字符编码。
- HttpServletResponse.getCharacterEncoding()方法——获取在响应中使用的字符编码。
- HttpServletResponse.setCharacterEncoding(String arg)方法——设置响应中使用的字符编码。

在 Servlet 获取任何请求信息之前,使用 HttpServletRequest 对象的 setCharacterEncoding("字符集名")方法设置在请求中使用的字符编码,并且在使用任何 PrintWriter 对象之前使用 HttpServletResponse 对象的 setContentType("text/hetml; charset=字符集名")方法设置响应正文中使用的字符编码,这两个字符集必须一致且支持中文,从而避免出现中文信息显示乱码的问题。

2. 使用 String 构造器进行字符集转换

该方法通过定义一个字符转换方法,利用 String 类构造器,用支持中文的字符集对数据中已有的字符进行字符编码转换。该转换方法代码如下:

```
// 定义一个转换中文字符编码方法,以解决提交表单产生的中文乱码
public static String toChinese(String str){
    if(str= = null)   return str= "";
    try{
        //服务器端接收到请求 request 对象的默认字符编码为 ISO8859-1,
        //通过 String 构造器进行字符编码转换
        str= new String(str.getBytes("ISO-8859-1"),"utf-8");
```

```
    }catch(UnsupportedEncodingException e){
      str= "";
      e.printStackTrace();
    }
    return str;
  }
```

8.4.4 表单处理示例

在这一小节中,将通过一个简单的例子说明如何将表单数据提交到 Servlet 来进行处理,Servlet 又是如何将响应输出到客户端的。

【例 8-2】 编写 Servlet 接收表单的用户注册信息(见图 8-6)并将该注册信息在浏览器中输出显示。

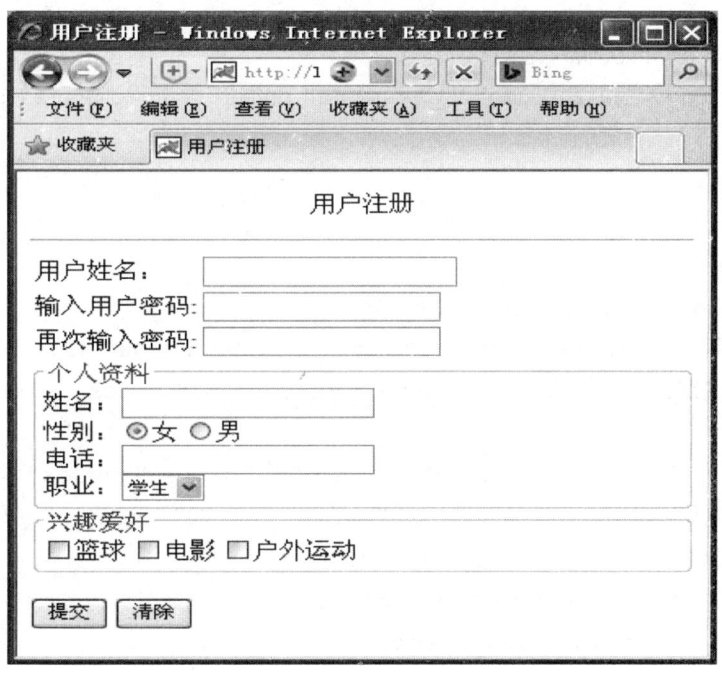

图 8-6 用户注册表单

1. 用户注册页面文档(user_reg.html)

代码如下:

```
<!DOCTYPE html>
<html>
<head>
  <meta charset= "UTF-8">
  <title>用户注册</title>
</head>
<body>
```

```html
<p align="center">用户注册</p>
<hr>
<form action="servlet/user_register" method="POST">
  <table>
    <tr>
      <td>用户姓名:</td>
      <td><input type="text" name="txtName" size="20"></td>
    </tr>
    <tr>
      <td>输入用户密码:</td>
      <td><input type="password" name="txtPass" size="20"></td>
    </tr>
    <tr>
      <td>再次输入密码:</td>
      <td><input type="password" name="txtComPass" size="20"></td>
    </tr>
  </table>
  <fieldset>
    <legend>个人资料</legend>
    姓名:<input type="text" name="txtUserName" size="20"><br>
    性别:<input type="radio" value="女" checked name="radSex">女
    <input type="radio" value="男" name="radSex">男<br>
    电话:<input type="text" name="txtTel" size="20"><br>
    职业:<select name="selWork">
      <option>学生</option>
      <option>教师</option>
      <option>医生</option>
      <option>警察</option>
    </select>
  </fieldset>
  <fieldset>
    <legend>兴趣爱好</legend>
    <input type="checkbox" name="chkGames" value="篮球">篮球
    <input type="checkbox" name="chkGames" value="电影">电影
    <input type="checkbox" name="chkGames" value="户外运动">户外运动
  </fieldset>
```

```
          <br>
          <input type= "submit" value= "提交" name= "btnSubmit">
          <input type= "reset" value= "清除" name= "btnReset">
      </form>
  </body>
</html>
```

2. 处理用户注册信息 Servlet

在服务器中创建一个名为"user_register.java"的 Servlet,用于处理用户注册信息。在 Servlet 中添加用于进行中文字符编码转换及处理用户注册信息的关键代码。

(1) 对用户提交的表单数据进行字符编码转换处理,避免中文显示乱码。

```
/**
 * 定义一个转换中文字符编码方法,以解决提交表单中可能产生的中文乱码
 */
public static String toChinese(String str){
    if(str= = null) str= "";
    clsc
      try{
        str= new String(str.getBytes("ISO-8859-1"),"utf-8");
      }catch(UnsupportedEncodingException e){
        str= "";
        e.printStackTrace();
      }
      return str;
}
```

(2) 重载 Servlet 的 doPost 方法,在该方法中对用户通过 POST 方式提交的表单数据进行处理,完成用户注册业务逻辑的处理。

```
/**
 * 重载 doPost 方法,对用户注册信息进行处理与响应
 */
protected void doPost ( HttpServletRequest request, HttpServletResponse response) throws ServletException, IOException {
    // 获取用户注册信息
        String userid= toChinese(request.getParameter("txtName"));
        String userpass= request.getParameter("txtPass");
        String compass= request.getParameter("txtComPass");
        String username = toChinese ( request. getParameter ( "txtUserName"));
        String sex= toChinese(request.getParameter("radSex"));
        String tel= request.getParameter("txtTel");
        String work= toChinese(request.getParameter("selWork"));
```

```java
        // 用户注册信息中的"兴趣爱好"为多选项,得到的是一字符串数组games[]
        String games[]= (request.getParameterValues("chkGames"));
        String game= new String();
        // 将games[]数组中的元素连接成字符串
        for(int i= 0;i< games.length;i+ + ){
          game+ = toChinese(games[i]);
          if(i! = (games.length-1))
            game+ = "、";
        }
        // 设置输出文档MIME类型和字符编码,设置支持中文字符的编码集以避免中文乱码
        response.setContentType("text/html;charset= utf-8");
        PrintWriter out= response.getWriter();
        out.println("< html> ");
        out.println("< head> ");
        out.println("< title> Servlet< /title> ");
        out.println("< /head> ");
        out.println("< body> ");
        out.println("< p> 欢迎您,"+ userid+ "! < /p> ");
        out.println("< p> 您的注册信息如下:"+ "< br> 用户名:"+ userid+
          "< br> 用户密码:"+ userpass+
          "< br> 姓名:"+ username+
          "< br> 性别:"+ sex+
          "< br> 联系电话:"+ tel+
          "< br> 职业:"+ work+
          "< br> 兴趣爱好:"+ game+ "< /p> ");
        out.println("< /body> < /html> ");
    }
```

(3) 重载Servlet的doGet方法,在该方法中对用户通过GET方式提交的表单数据进行处理。该方法中的业务逻辑处理与doPost方法一样,只需直接调用doPost方法即可。

```java
    protected void doGet ( HttpServletRequest request,
HttpServletResponse response) throws ServletException, IOException {
        // 业务处理与doPost方法一样,直接调用doPost方法进行处理
        doPost(request, response);
    }
```

打开用户注册页面user_reg.html,填写用户注册信息并点击"提交"按钮将表单数据提交到服务器,如图8-7所示。

用户将注册信息提交到服务器后,提交的信息由"user_register"接收并处理,然后将处理结果返回客户端,如图8-8所示。

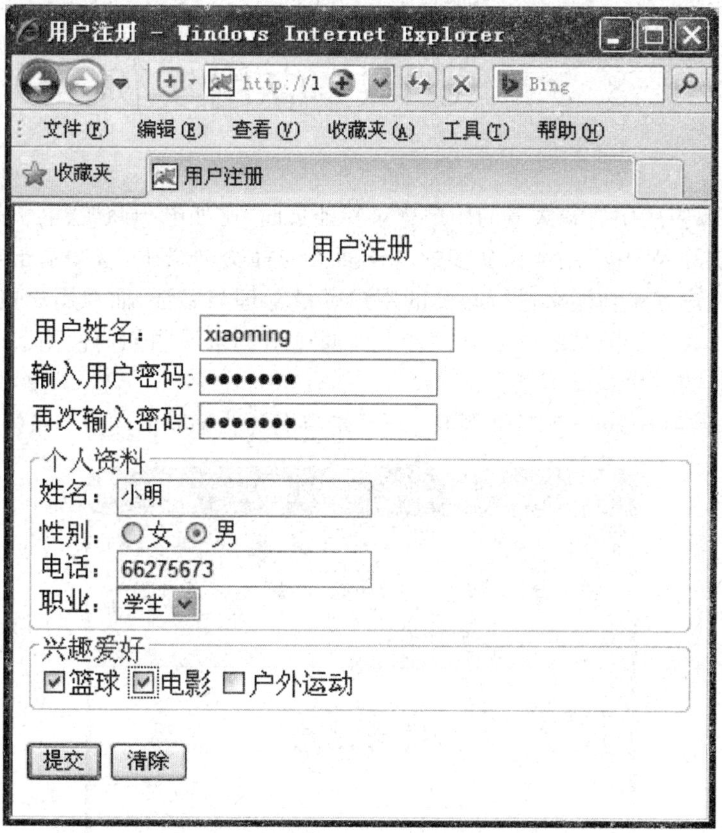

第 8 章 Servlet 技术

图 8-7 用户注册信息

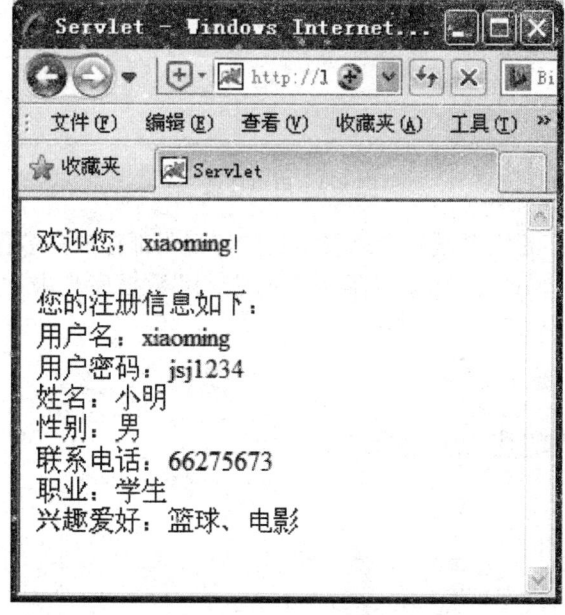

图 8-8 Servlet 处理注册表单

8.5 Serlvet 应用实例

当前的 Web 应用中有着大量的用户登录验证页面，比如电子商城、电子邮件系统、社区论坛与博客系统等 Web 应用。在众多的电子商务与社交网络中，这些基于 Web 应用的系统都需要使用用户登录功能来进行必要的用户登录管理与验证，而在用户登录中使用验证码验证功能可以大大加强系统的安全性。下面通过示例来说明如何使用 Servlet 技术实现带有验证码校验的用户登录功能。

【例 8-3】 使用 Servlet 实现如图 8-9 所示带有图片验证码的用户登录模块。

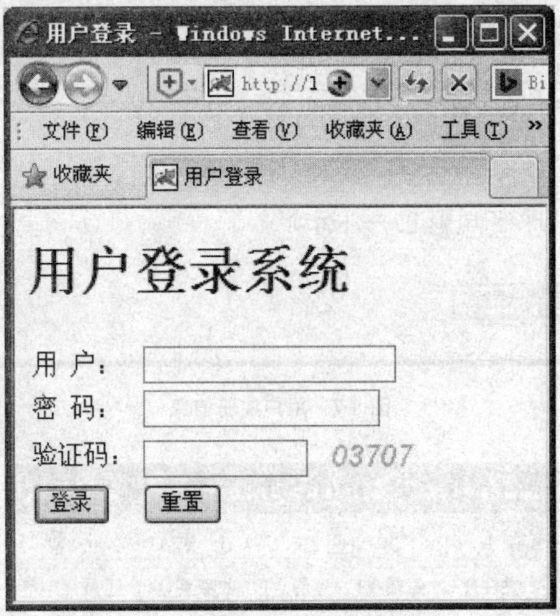

图 8-9 用户登录

在本例中，用户用于进行系统登录的登录名称与密码都存放在数据库的用户信息表"t_user"表中，该表存放在 MySQL 数据库服务器的"jxdb"数据库当中，如图 8-10 所示。连接该数据库的用户名为"root"，密码是"root"。

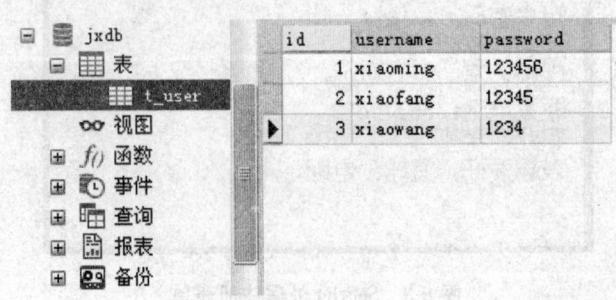

图 8-10 t_user 用户信息表

在该实例中,首先我们需要实现一个带有图片验证码的用户登录表单 login.html,该表单中的图片验证码由名为"CreateYZM.java"的 Servlet 程序动态生成,用户输入的登录信息将提交到名为"UserLogin.java"的 Servlet 程序进行验证处理。下面讲解在 MyEclipse 中实现该用户登录实例的具体过程。

第一步,在 MyEclipse 中新建一个 Dynamic Web Project 项目,名称为"ch8"。

第二步,在"ch8"项目中,创建一个如图 8-9 所示的用户登录表单页面 login.html。

在项目的"WebRoot"文件夹中新建一个 HTML 文件,文件名为"login.html"。在该新建的 HTML 文档中输入以下代码:

```html
<!DOCTYPE html>
<html>
<head>
  <meta charset="UTF-8">
  <title>用户登录</title>
  <!--用户单击验证码时调用该函数进行刷新,验证码仍由 CreateYZM 生成-->
  <script type="text/javascript">
    function RenewCode(obj) {
      /**
       * 每次请求都获取当前的时间作为不同的参数,否则可能会返回同样的验证码,
       * 这和浏览器的缓存机制有关,也可把页面设置为不缓存,就不需要该时间参数。
       */
      obj.src="servlet/CreateYZM?time="+ (new Date().getTime());

    }
  </script>
</head>
<body>
  <h1>用户登录系统</h1>
  <form action="servlet/UserLogin" method="post">
    <table>
      <tr>
        <td>用  户:</td>
        <td><input type="text" size=20 name="txtName"></td>
      </tr>
      <tr>
        <td>密  码:</td>
        <td><input type="password" size=20 name="txtPass"></td>
      </tr>
      <tr>
        <td>验证码:</td>
```

```html
            <td> <input type= "text" name= "txtCode" size= "11">
                <img src= "servlet/CreateYZM" onclick= "RenewCode(this)"
                 title= "点击图片刷新验证码"/>
                </td>
              </tr>
              <tr>
                <!-- 图片验证码由 CreateYZM 生成,在用户单击验证码时进行更新验证码 -->
                <td> <input type= "submit" value= "登录"> </td>
                <td> <input type= "reset" value= "重置"/> </td>
              </tr>
            </table>
          </form>
      </body>
    </html>
```

在该用户登录表单页面 login.html 中,验证码图片 img 标签的 src 指向"CreateYZM",验证码图片的具体内容将由 Servlet "CreateYZM"来动态生成。为了让用户能够主动刷新改变该验证码内容,在页面中定义了一个 JavaScript 脚本函数 RenewCode,当用户单击"验证码图片"时就会调用 RenewCode 函数更新验证码图片 img 的 src 属性值,从而触发验证码更新。

第三步,创建用于动态生成图片验证码的 Servlet,名称为"CreateYZM"。

在项目中新建一个 Servlet,设置该 Servlet 的包名"java package"为"servlet",类名称"Class name"为"CreateYXM"。

登录页面 login.html 中验证码由 Servlet(CreateYZM.java)动态生成,每次刷新页面或者单击验证码都会重新生成一个新的验证码。动态生成图片验证码"CreateYZM"Servlet 的源代码如下：

```java
package servlet;
import java.awt.Color;
import java.awt.Font;
import java.awt.Graphics;
import java.awt.image.BufferedImage;
import java.io.IOException;
import java.util.Random;
import javax.imageio.ImageIO;
import javax.servlet.ServletException;
import javax.servlet.ServletOutputStream;
import javax.servlet.http.HttpServlet;
import javax.servlet.http.HttpServletRequest;
import javax.servlet.http.HttpServletResponse;
import javax.servlet.http.HttpSession;
```

```java
/*
 * Servlet implementation class CreateYZM
 */
public class CreateYZM extends HttpServlet {
private static final long serialVersionUID = 1L;
    public CreateYZM() {
        super();
    }
    /*
     * 生成验证码
     */
    protected void doGet ( HttpServletRequest request,
HttpServletResponse response) throws ServletException, IOException {
        //设置输出 MIME 类型为 JPEG 图片
        response.setContentType("image/jpeg");
        /* 设置浏览器不保存缓存,避免用户刷新页面时验证码图片不更新,
         * 造成用户看到的验证码与系统中的验证码不一致
         */
        response.setHeader("Cache-Control", "no-cache");
        //创建验证码图片对象
        int width = 70,height = 20;
        BufferedImage image = new
BufferedImage(width,height,BufferedImage.TYPE_INT_RGB);
        Graphics g = image.getGraphics();
        //生成 5 位整数随机数验证码
        Random random = new Random();
        String yzm = "";
        for(int i= 0;i< 5;i++){
            yzm += random.nextInt(10);
        }
        //把验证码存到 Session 里面,用于与用户输入的验证码进行比较
        HttpSession session = request.getSession();
        session.setAttribute("yzm",yzm);
        //设置验证码图片背景为白色
        g.setColor(new Color(255,255,255));
        g.fillRect(0, 0, 70, 20);
        //把验证码写到图片上
        g.setColor(new Color(200,200,200));
        Font font = new Font(null,Font.ITALIC,18);
        g.setFont(font);
```

```
            g.drawString(yzm,10,height);
            g.dispose();
            //把图片输出到客户端浏览器;PrintWriter 操作的是字符流,在这里不能
使用
            ServletOutputStream output = response.getOutputStream();
            ImageIO.write(image,"JPEG",output);
            output.flush();
    }
    protected void doPost (HttpServletRequest request,
HttpServletResponse response) throws ServletException, IOException {
        doGet(request, response);
    }
}
```

在该 Servlet 的 doGet 方法中,首先将 response 对象的输出文档类型设置为 JPEG 图片格式,并设置用户浏览器不缓存该页面,避免用户在刷新页面时浏览器不更新验证码图片;然后通过随机函数生成一个 5 位数验证码,并将该验证码信息写到图片对象和 session 对象中;最后,将图片对象通过 Servlet 输出流输出到用户浏览器中。该"CreateYZM"Servlet 在项目配置文件 web.xml 中的具体配置如下:

```xml
<servlet>
    <description></description>
    <display-name>CreateYZM</display-name>
    <servlet-name>CreateYZM</servlet-name>
    <servlet-class>servlet.CreateYZM</servlet-class>
</servlet>
<servlet-mapping>
    <servlet-name>CreateYZM</servlet-name>
    <url-pattern>/servlet/CreateYZM</url-pattern>
</servlet-mapping>
```

用户打开登录表单页面 login.html,显示效果如图 8-10 所示。

第四步,创建用户登录验证 Servlet,名称为"UserLogin"。

在项目中新建另一个 Servlet,设置该 Servlet 的包名"java package"为"servlet",类名称"Class name"为"UserLogin"。

在用户进行登录的过程中,系统需要连接到数据库,根据数据库中的用户信息表"users"表中的用户信息来判断用户输入的登录名与密码是否正确,只有正确输入了用户名与密码才能登录。在该实例中使用 MySQL 数据库存放用户信息,因此需要在 Servlet 中引入 MySQL 数据库的驱动包才能与 MySQL 数据库建立连接。

首先,根据 MySQL 数据库版本号及 JDK 版本号下载相应的 MySQL 数据库驱动 jar 包;然后,在 MyEclipse 中打开"ch8"项目属性页,在"Java Build Path"的"Libraries"属性页中单击"Add External JARs…"按钮,选择刚下载的 MySQL 数据库驱动 jar 包,将 MySQL 数据库连接驱动 jar 包添加到该项目中,如图 8-11 所示。添加完成后就可以在该项目中使

用该驱动与 MySQL 数据库建立连接,访问与操作数据库。

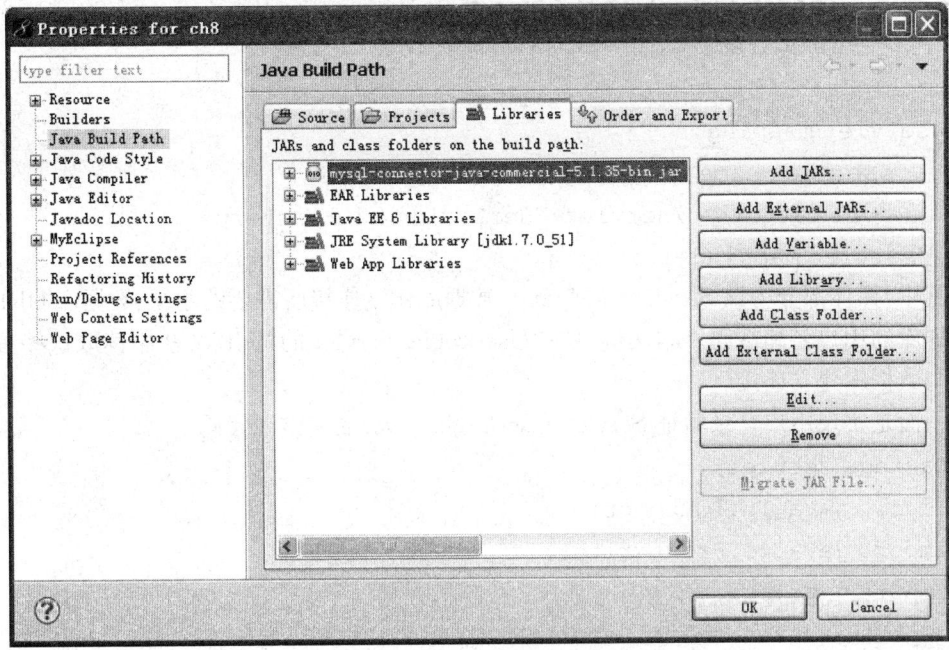

图 8-11　添加 MySQL 数据库连接驱动 jar 包

与数据库建立连接所需要的连接字符串、登录数据库的用户名与密码等信息将在 Servlet 的初始化参数中设置,在 web.xml 配置文件中"UserLogin"的 Servlet 具体配置信息如下:

```
<servlet>
    <description> </description>
    <display-name> UserLogin</display-name>
    <servlet-name> UserLogin</servlet-name>
    <servlet-class> servlet.UserLogin</servlet-class>
    <init-param>
        <param-name> DRIVER</param-name>
        <param-value> com.mysql.jdbc.Driver</param-value>
    </init-param>
    <init-param>
        <param-name> URL</param-name>
        <param-value> jdbc:mysql://127.0.0.1:3306/jxdb</param-value>
    </init-param>
    <init-param>
        <param-name> USER</param-name>
        <param-value> root</param-value>
    </init-param>
    <init-param>
```

```xml
            <param-name> PASSWORD</param-name>
            <param-value> root</param-value>
        </init-param>
    </servlet>
    <servlet-mapping>
        <servlet-name> UserLogin</servlet-name>
        <url-pattern> /servlet/UserLogin</url-pattern>
    </servlet-mapping>
```

其中,黑体部分为该 Servlet 与 MySQL 数据库建立连接所需要的驱动、数据库 URL、登录数据库的用户名和密码。本实例将在"UserLogin"Servlet 的"init"方法中读取这些参数,用于与数据库建立连接。

下面是实现用户登录验证 Servlet(UserLogin.java)的完整源代码。

```java
package servlet;
import java.io.IOException;
import java.io.PrintWriter;
import java.sql.* ;
import javax.servlet.ServletException;
import javax.servlet.http.HttpServlet;
import javax.servlet.http.HttpServletRequest;
import javax.servlet.http.HttpServletResponse;
import javax.servlet.http.HttpSession;
import com.mysql.jdbc.Connection;
/**
* Servlet implementation class UserLogin
*/
public class UserLogin extends HttpServlet {
private static final long serialVersionUID = 1L;
//下面几个属性用于存放连接数据库的参数
    String driver;
    String url;
    String password;
    String user;
    /**
    * @see HttpServlet# HttpServlet()
    */
    public UserLogin() {
        super();
    }


    //在 Servlet 初始化时读取 web.xml 配置中的数据库连接参数
```

```java
    public void init() throws ServletException{
    //获取数据库连接的初始化参数
    driver= getInitParameter("DRIVER");
    url= getInitParameter("URL");
    user= getInitParameter("USER");
    password= getInitParameter("PASSWORD");
    }
    //定义用于与数据库建立连接的方法,返回数据库连接对象
    private Connection getConnection(){
    //建立数据库连接
    Connection con= null;
    try{
    Class.forName(driver);
           con= (Connection)DriverManager.getConnection(url,user,password);
    }catch(Exception e){
    e.printStackTrace();
    }
    return  con;
    }
    /* 处理用户登录操作。与数据库建立连接,并根据用户输入查询登录信息是否正确,
    * 将登录信息返回给客户
    */
    protected    void    doGet  ( HttpServletRequest    request, HttpServletResponse response) throws ServletException, IOException {
    //获取用户名、密码与验证码
    String userid= request.getParameter("txtName");
    String userpass= request.getParameter("txtPass");
    String useryzm= request.getParameter("txtCode");
    //获取 Session 中的验证码
    HttpSession session = request.getSession() ;
    String YZM= (String) session.getAttribute("yzm") ;
    response.setContentType("text/html;charset= utf-8");
    PrintWriter out= response.getWriter();
    out.println("< html> ");
    out.println("< head> ");
    out.println("< title> 用户登录< /title> ");
    out.println("< /head> ");
    out.println("< body> ");
    out.println("< h1> 用户登录系统< /h1> ");
```

```java
//检查验证码是否正确
if(useryzm.equals(YZM)==false){
    //验证码错误,登录失败
   out.println("<p>验证码码错误!请重新<a href=\"
../login.html\">登录</a></p>");
}else{
//连接数据库,根据用户信息表进行用户验证
String sql="select * FROM t_user where username='"+userid+"'
and password='"+userpass+"';";
Connection con=getConnection();
try {
Statement stmt= con.createStatement();
ResultSet rs= stmt.executeQuery(sql);
if(rs.next()!=false){
//登录成功;在 session 中设置已登录标志
session.setAttribute("isLogin", true);
out.println("<p>欢迎您,"+userid+"!</p>");
}else{
//用户名或密码错误,登录失败
out.println("<p>用户密码错误!请重新<a href=\"
../login.html\">登录</a></p>");
        }
    } catch (SQLException e) {
      e.printStackTrace();
    }
}
   out.println("</body></html>");
}

protected    void    doPost   ( HttpServletRequest    request,
HttpServletResponse response) throws ServletException, IOException {
    // TODO Auto-generated method stub
    doGet(request,response);
  }
}
```

在该"UserLogin"Servlet 中,首先通过 request 对象获取用户输入的登录用户名、密码和验证码;然后,将用户输入的验证码与在"CreateYZM"中为该客户端创建并保存在 session 中的验证码进行比较,以验证用户输入的验证码是否正确,验证码正确则进行登录,否则终止登录;验证码通过验证后再与数据库建立连接,并检查用户输入的登录名与密码是否正确;最后,根据验证码、登录用户名与密码的验证结果,给客户返回相应的登录信息。

通过以上步骤,带有图片验证码功能的用户登录实例就创建完成,其运行步骤与结果如下。

首先,打开登录界面 login.html。

然后,在登录界面中输入用户名(xiaoming)、密码(123456)和验证码(03707,图 8-12 中显示的验证码),单击"登录"按钮进行登录验证,如图 8-12 所示。

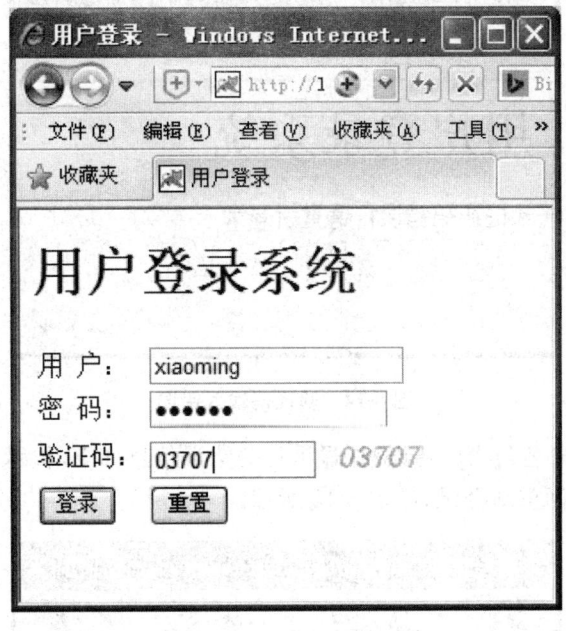

图 8-12 输入用户登录信息

最后,根据用户输入信息进行登录验证。当输入的用户名、密码和验证码都正确时,登录验证成功,显示界面如图 8-13 所示。

图 8-13 用户登录成功

如果输入的用户名和密码错误,或者验证码输入错误,都将登录失败,系统会显示相应错误信息。

当用户输入验证码错误时,显示相关错误信息,提示用户点击"登录"跳转到 login.html 登录界面重新登录,如图 8-14 所示。

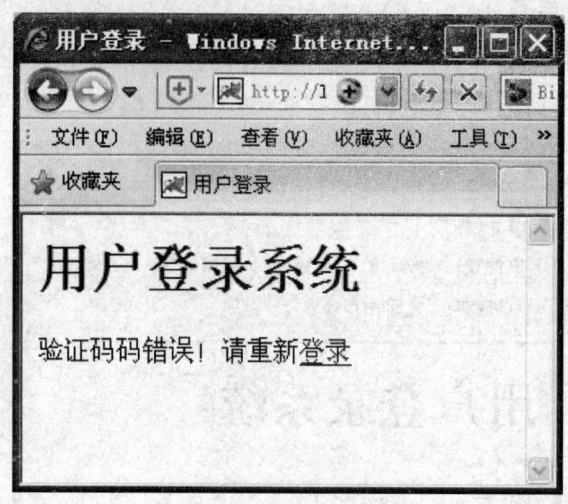

图 8-14 验证码输入错误

当用户输入的用户名与密码错误时,显示相关错误信息如下,提示用户点击"登录"跳转到 login.html 登录界面重新登录,如图 8-15 所示。

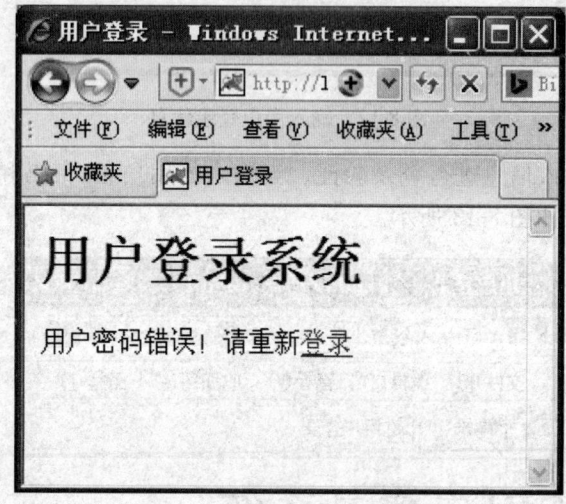

图 8-15 用户名与密码错误

第9章　EL 表达式

　　EL 是 JSP 2.0 增加的技术规范,其全称是表达式语言(Expression Language)。EL 语言的灵感来自于 ECMAScript 和 XPath 表达式语言。EL 表达式语言是一种简单的语言,提供了在 JSP 中简化表达式的方法,目的是为了尽量减少 JSP 页面中的 Java 代码,使得 JSP 页面的处理程序编写起来更加简洁,便于开发和维护。

9.1　EL 格式

　　EL 表达式格式:
　　`${expression}`
　　即 EL 表达式的语法格式都是以"${"开始和以"}"结尾的。EL 表达式应用在 JSP 或者 JSTL 中。

1. 在 JSP 中的应用示例

　　例如:
　　`${sessionScope.user.name}` 或者 `${name}`
　　示例的意思是:从 Session 的范围中,取得 name 变量的值(即用户的姓名)。这个例子采用传统的 JSP 脚本编写如下:

```
<%
  User user = (User)session.getAttribute("user");
  String name = user.getName();
%>
```

　　这两种编程表达方式相比较,可以发现 EL 表达式比传统 JSP 脚本更为方便、简洁。

2. 在 JSTL 中的应用示例

　　在 JSTL 中,EL 表达式只能在标签的属性值中使用,即使 JSTL 输出(输入)一个 Java 表达式的表示形式。在 JSTL 的属性值中使用 EL 表达式的示例如下:
　　`<c:out value="${参数名}" />`
　　上述例子中,"${参数名}"就是一个 EL 表达式。表达式值被计算出来,并根据类型转换规则赋值给 value 属性。
　　若采用传统的 JSP 脚本写法,需编写代码如下:
　　`<%=request.getAttribute("参数名")%>`
　　或
　　`<%=session.getAttribute("参数名")%>`

3. 设置在 JSP 中是否启用 EL 表达式

JSP 2.0 中默认是启用 EL 语言的。这样,在默认情况下 JSP 页面中包含 EL 表达式,JSP 编译器会自动识别 EL 表达式。由于在 JSP 2.1 中"♯"被用作了 EL 表达式语言的特殊记号,若 JSP 页面中也使用 OGNL 表达式,则可能会导致 OGNL 表达式的使用出现问题。所以,在必要时可以禁用 EL 表达式。禁用情况和方法如下:

(1) 仅对当前页面禁用时,采用 JSP 的 page 元素禁用

禁用代码如下:

```
<%@ page isELIgnored= "true"% >
```

其中,isELIgnored 属性值为"true"时,表示禁用当前页面的 EL 表达式;isELIgnored 属性值为"false"时,表示启用当前页面的 EL 表达式。JSP 2.0 中对 JSP 页面默认是启用 EL 语言的。

(2) 对整个项目禁用时,采用修改 web.xml 文件方法禁用

需要添加修改 web.xml 文件代码如下:

```
<jsp-config>
  <jsp-property-group>
    <url-pattern> *.jsp</url-pattern>
    <el-ignored> true</el-ignored>
  </jsp-property-group>
</jsp-config>
```

9.2 EL 语法

下面详细介绍 EL 语言的变量及作用范围、运算符、保留关键字以及优先级的划分。

9.2.1 作用范围及变量

在 EL 语言中,定义了四个与范围有关的隐含对象:pageScope、requestScope、sessionScope 和 applicationScope,分别对应 JSP 的 Page、Request、Session 和 Application 四个作用域范围。作用域范围对应关系如下:

- Page 页面作用域范围是 PageScope。
- Request 请求作用域范围是 RequestScope。
- Session 会话作用域范围是 SessionScope。
- Application 应用程序作用域范围是 ApplicationScope。

EL 定义的与隐含对象无关联的标识符,例如 ${name},被认为是存储在 Page、Request、Session 和 Application 这四个 JSP 作用域中的名称对象。检测该标识符的名称是否与存储在该作用域中的某个对象的名称匹配,首先对 Page 页面作用域,其次对 Request 请求作用域,然后对 Session 会话作用域,最后对 Application 应用程序作用域,依次进行检查是否存在指定的标识符变量,第一个匹配即作为 EL 标识符的值被返回。

可以将 EL 标识符看作引用限制了作用域的变量。EL 变量的数据类型包括布尔型（Boolean）、整型（Integer）、浮点型（Float）、字符串型（String）、null 类型。EL 表达式存取变量数据的格式如下：

${变量名}

例如：

${name}

上述 EL 表达式示例的意思是取出某一范围中标识符名称为 name 的变量值。因为 EL 表达式中没有指定是哪一个范围的 name，所以默认情况是先从 Page 页面范围查找，如果找不到 name 变量，则再依序到 Request、Session、Application 范围查找。若找到 name，则直接返回 name 变量值，不再继续找下去。若全部范围都没有找到时，则返回 null（空值）。

一般情况下，EL 自动搜索是按照从上到下的顺序进行查找。用户也可以指定要取出哪一个范围的变量值。例如：

- ${pageScope.name} 取出 Page 页面范围的 name 变量值。
- ${requestScope.name} 取出 Request 请求范围的 name 变量值。
- ${sessionScope.name} 取出 Session 会话范围的 name 变量值。
- ${applicationScope.name} 取出 Application 应用程序范围的 name 变量值。

9.2.2 算术运算

EL 语言支持通用的算术运算，包括加（+）、减（-）、乘（*）、除（/）和模（%）运算。同时，在 EL 语言中也可以使用 div 代表除法（/）运算，使用 mod 代表模（%）运算。EL 表达式中也有指数运算符（E），可以使用减号（-）来表示一个负数，也可以使用括号来改变运算的优先顺序。例如：

${(a + b) * (a - b)}

【例 9-1】 运用 EL 表达式语言完成加、减、乘、除、求余等算术运算，同时支持 div、mod 等运算。

代码保存在 arithmetic.jsp 文件中，具体如下：

```
<%@ page language="java" pageEncoding="UTF-8"%>
<html>
<head>
  <title>EL 表达式语言 - 算术运算</title>
</head>
<body>
  <h2>EL 表达式语言 - 算术运算</h2> <hr>
  <table border="1" bgcolor="aaaadd">
    <tr> <td>算术运算</td> <td>EL 表达式</td> <td>计算结果</td> </tr>
    <tr> <td>输出常量</td> <td>\${5}</td> <td>${5}</td> </tr>
    <tr> <td>加法运算</td> <td>\${0.5+ 1.3}</td> <td>${0.5+ 1.3}</td> </tr>
```

```
        <tr> <td> 加法运算</td> <td> \$ {1.2E4+ 1.4}</td> <td> $ {1.2E4
+ 1.4}</td> </tr>
        <tr> <td> 减法运算</td> <td> \$ {-5-3}</td> <td> $ {-5-3}</td> </tr>
        <tr> <td> 乘法运算</td> <td> \$ {11* 2}</td> <td> $ {11* 2}</td> </tr>
        <tr> <td> 除法运算</td> <td> \$ {3/5}</td> <td> $ {3/5}</td> </tr>
        <tr> <td> 除法运算</td> <td> \$ {3 div 5}</td> <td> $ {3 div 5}</td> </tr>
        <tr> <td> 除法运算</td> <td> \$ {5/0}</td> <td> $ {5/0}</td> </tr>
        <tr> <td> 求余运算</td> <td> \$ {10%3}</td> <td> $ {10% 3}</td> </tr>
        <tr> <td> 求余运算</td> <td> \$ {10 mod 3}</td> <td> $ {10 mod 3}</td> </tr>
        <tr>
        <td> 三目运算</td> <td> \$ {(1= = 2)? 3:4}</td> <td> $ {(1= = 2)? 3:4}</td>
        </tr>
    </table>
</body>
</html>
```

示例运行结果如图9-1所示。

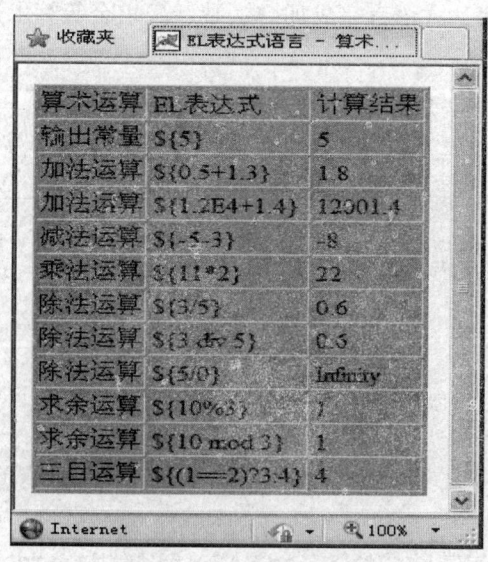

图9-1　EL算术运算示例

上述代码中,表达式"＄{(1==2)？3:4}"是三目的条件运算符"＄{ A？B：C}",若A

为真则输出 B,否则输出 C。如果需要在支持表达式语言的页面中正常输出"$"符号,需在"$"符号前加转义字符"\",否则系统以为"$"是表达式语言的特殊标记。另外,EL 表达式语言把所有数值都当成浮点数处理,所以 5/0 的实质是 5.0/0.0,得到结果应该是 Infinity。

EL 算术运算符的优先顺序如下。

(1) 括号:();
(2) 负号:—;
(3) 乘、除、模:*、/(div)、%(mod);
(4) 加、减:+、—。

在除法中,如果除以 0,返回值为无穷大(Infinity),而不是错误。

9.2.3 关系运算

EL 语言支持关系运算,包括等于(==)、不等于(!=)、小于(<)、大于(>)、不大于(<=)、不小于(>=)等运算,同时,在 EL 中也可以使用 eq(等于)、ne(不等于)、lt(小于)、gt(大于)、le(不大于)和 ge(不小于) 分别表示上面的关系运算。

EL 关系运算符说明及示例如表 9-1 所示。

表 9-1 EL 关系运算符

关系运算符	说明	范例	结果
== 或 eq	等于	${2==2} 或 ${2eq2}	true
!= 或 ne	不等于	${2!=2} 或 ${2ne2}	false
< 或 lt	小于	${2<3} 或 ${2lt3}	true
> 或 gt	大于	${3>5} 或 ${3gt5}	false
<= 或 le	小于等于	${3<=5} 或 ${3le5}	true
>= 或 ge	大于等于	${3>=5} 或 ${3ge5}	false

EL 关系表达式返回值为 boolean(布尔)值。例如,表达式 ${x<=5},当 x 小于或等于 5 时返回 true(真),否则返回 false(假)。

表达式语言不仅可在数字与数字之间比较,还可在字符与字符之间比较,字符串的比较是根据其对应 UNICODE 值来比较大小的。但是应该注意在使用 EL 关系运算符时,不能写成如下代码:

${param.password1}== ${param.password2}

或者

${${param.password1}== ${param.password2}}

而应该写成如下代码:

${param.password1== param.password2}

EL 关系运算的优先顺序低于算术运算,关系运算符之间的优先顺序如下:

(1) <,>,<=,>=;
(2) ==,!=。

9.2.4 逻辑运算

EL 语言支持的逻辑运算包括与(&&)、或(||)、非(!)等运算。同时，在 EL 表达式中可以使用 and、or、not 来代替上面的逻辑运算符。包含关系运算和逻辑运算的表达式示例如下：

${x< = 5 && y > 5 || ! z}

EL 逻辑运算的优先顺序低于关系运算，逻辑运算符之间的优先顺序如下：

(1) !（not）；
(2) &&（and）；
(3) ||（or）。

同样的，可以使用括号来改变运算的优先顺序。

9.2.5 "."和"[ ]"运算

EL 语言提供"."和"[ ]"两种运算符来存取数据。

例如：

${sessionScope.user.name}

${sessionScope.user["name"]}

上述两个表达式完成的功能是一样的。

说明：

(1) "."和"[ ]"运算符可以混合在一起使用例如：

${sessionScope.member[0].value}

这个表达式的含义是返回结果为 member 中第一项的 value 属性值。

(2) "."和"[ ]"两种运算符在以下情况有差异。

① 存取对象的属性名称中包含一些特殊字符时。

例如，当对象的属性名称中包含"."或"-"等并非字母或数字的一些特殊字符时，就一定要使用"[ ]"运算符。

${member.Short-Name}

上述表达式是不正确的，应当更改为：

${member["Short-Name"]}

② "[ ]"运算符比"."运算符能更好地支持动态取值。

例如：

${sessionScope.member[data]}

其中，data 是一个变量。

data 的值为"unit"时，上述例子等于 ${sessionScope.member.unit}。

data 的值为"name"时，上述例子等于 ${sessionScope.member.name}。

因此，如果要动态取值，应用"[]"运算符来做，而"."无法做到动态取值。

9.2.6 empty 运算

EL 语言中有一个特殊的运算符 empty,用于判断容器、操作数等是否为空值。如果操作数的值为 null(空)则返回 true,或者操作数本身是一个空的容器、空的数组、长度为 0 的字符串等也返回 true。空容器指的是不包含任何元素的容器。

9.2.7 EL 保留字

在 EL 语言中,定义了一些保留字,这些关键字是不能表示其他含义的。EL 语言的保留字有 16 个,如表 9-2 所示。

表 9-2 EL 保留字

and	gt	true	null	or	lt	false	empty
eq	ge	instanceof	div	ne	not	le	mod

上表中的保留关键字在 EL 语言中都定义了特定意义,所以不能用作其他含义。

9.2.8 自动类型转换

EL 语言支持自动类型转换。例如,如果一个 JSP 页面需要处理 request 对象中的属性 age 的值,在传统的 JSP 中处理代码表示如下:

```
<%
    String age = (String)request.getAttribute("age");
    int ageInt = Interger.parseInt(age);
    ageInt = ageInt + 1;
%>
```

上述代码中,getAttribute()方法返回值的类型为 Object(对象类型),在代码中进行强制转换为字符串类型,要作为整数使用,还需要在代码中进行字符串类型到整型的转换。如果使用 EL 表达式语言则很简便,可以直接用以下代码来完成类型自动转换:

${param.age + 1}

EL 表达式中自动类型转换规则如下。

(1) Object 转换为数值类型:
- 如果 Object 为 boolean(布尔)类型,则出错;
- 如果 Object==null,则返回 0;
- 如果 Object=="",则返回 0;
- 如果 Object 为字符串,且字符串可以转换为数值,则返回数值,否则出错。

(2) Object 转换为 String 类型:
- Object 为数值型数据时,直接转换成字符串,如 2015.23 转换为"2015.23";
- 如果 Object==null,则返回长度为 0 的字符串;

- 如果 Object.toString()产生异常,则出错,否则返回 Object.toString()转换后的字符串值。

9.2.9 运算符的优先级

EL 运算符的优先级顺序如表 9-3 所示,自顶到底,从左到右,优先级依次降低。

表 9-3 EL 运算符优先级

优先级	运算符	结合性
1	[],.	从左到右
2	()	从左到右
3	-(负),not,!,empty	从左到右
4	*,/,div,%,mod	从左到右
5	+,binary -	从左到右
6	>,<=,>=,lt,gt,le,ge	从左到右
7	==,!=,eq,ne	从左到右
8	&&,and	从左到右
9	||,or	从左到右

9.3 EL 隐含对象

在 EL 语言中定义有 11 个隐含对象,如表 9-4 所示。

表 9-4 EL 隐含对象说明

对象名称	对象说明
pageContext	一个 javax.servlet.jsp.PageContext 类的实例,用来提供访问不同的请求数据
param	一个包含所有请求参数的集合(java.util.Map 类),每个参数对应一个 String 值
paramValues	一个包含所有请求参数的集合(java.util.Map 类),每个参数对应一个 String 数组
header	一个包含所有请求的头信息的集合(java.util.Map 类),每个头信息对应一个 String 值
headerValues	一个包含所有请求的头信息的集合(java.util.Map 类),每个头信息的值都保存在一个 String 数组中

续表

对象名称	对象说明
cookie	一个包含所有请求的 cookie 集合(java.util.Ma 类),每一个 cookie(javax.servlet.http.Cookie 类)对应一个 cookie 值
initParam	一个包含所有应用程序初始化参数的集合(java.util.Map 类),每个参数分别对应一个 String 值
pageScope	一个包含所有 page scope 范围的变量集合(java.util.Map 类)
requestScope	一个包含所有 request scope 范围的变量集合(java.util.Map 类)
sessionScope	一个包含所有 session scope 范围的变量集合(java.util.Map 类)
applicationScope	一个包含所有 application scope 范围的变量集合(java.util.Map 类)

9.3.1 pageContext 对象

pageContext 对象是引用当前页面的上下文对象,是 javax.servlet.ServletContex 类的实例,表示当前 JSP 页面的 PageContext。在 PageContext 类中有 request、response、session、out 和 servletContext 等属性,以及 getRequest()、getResponse()、getSession()、getOut()、getServletContext()等方法。通过 pageContext 对象可以取得有关用户要求或页面的详细信息。格式说明如表 9-5 所示。

表 9-5 pageContext 方法及属性

格式	说明
${pageContext.request.queryString}	取得请求的参数字符串
${pageContext.request.requestURL}	取得请求的 URL,但不包括请求之参数字符串
${pageContext.request.contextPath}	服务的 Web application 的名称
${pageContext.request.method}	取得 HTTP 的方法(GET、POST)
${pageContext.request.protocol}	取得使用的协议(HTTP/1.1、HTTP/1.0)
${pageContext.request.remoteUser}	取得用户名称
${pageContext.request.remoteAddr }	取得用户的 IP 地址
${pageContext.session.creationTime}	判断 session 是否为新的
${pageContext.session.id}	取得 session 的 ID
${pageContext.servletContext.serverInfo}	取得主机端的服务信息

【例 9-2】 pageContext 对象属性的应用情况(pageContext.jsp)。

```
<%@ page language="java" pageEncoding="UTF-8"%>
<!DOCTYPE HTML PUBLIC "-//W3C//DTD HTML 4.01 Transitional//EN">
<html>
<head>
```

```
<title> pageContext 隐含对象示例 </title>
</head>
<body>
<h3> EL 隐含对象 pageContext 示例</h3>
获取绝对路径(\${pageContext.request.requestURL}):
${pageContext.request.requestURL}</br>
获取相对路径(\${pageContext.request.contextPath}):
${pageContext.request.contextPath}</br>
获取请求方式(\${pageContext.request.method}):
${pageContext.request.method}</br>
获取参数字符串(\${pageContext.request.queryString}):
${pageContext.request.queryString}</br>
获取 HTTP 版本(\${pageContext.request.protocol}):
${pageContext.request.protocol}</br>
获取远程用户(\${pageContext.request.remoteUser}):
${pageContext.request.remoteUser}</br>
获取远程用户 IP 地址(\${pageContext.request.remoteAddr}):
${pageContext.request.remoteAddr}</br>
获取 session 创建时间(\${pageContext.session.creationTime}):
${pageContext.session.creationTime}</br>
获取 session 编号(\${pageContext.session.id}): ${pageContext.session.id}</br>
</body>
</html>
```

上述代码的运行结果如图 9-2 所示。

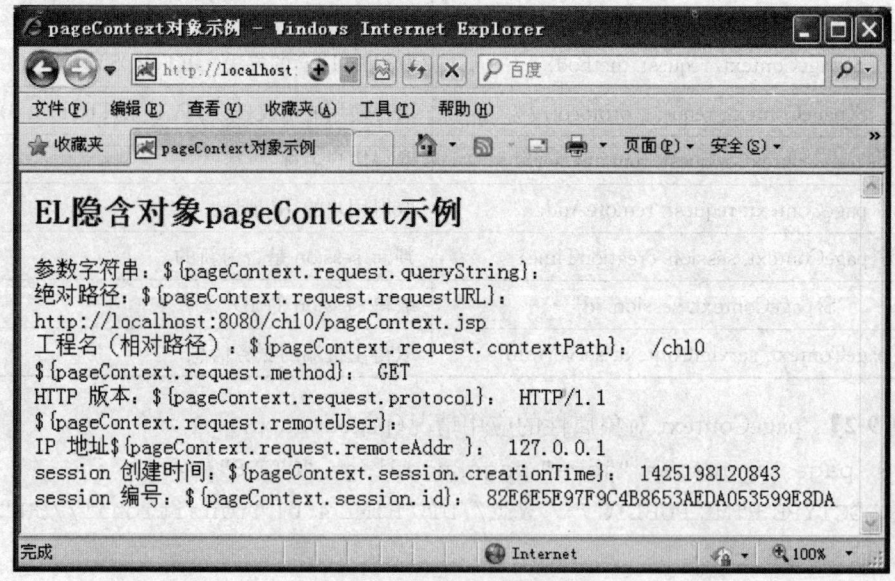

图 9-2 pageContext 对象示例

9.3.2 param 和 paramValues 对象

param 对象和 paramValues 对象都可以用于获取访问请求的参数值。如果一个参数名对应一个值,使用 param 对象;而如果一个参数名对应多个值时,就需要使用 paramValues 对象。

1. param 对象示例

${param.age}

上述的语句会输出请求参数 age 的值,如果这个参数不存在,则输出空字符串("")而不是 null。

2. param 对象和 paramValues 对象应用示例

【例 9-3】 param 对象和 paramValues 对象应用示例(param.jsp)。

```
<%@ page language="java" pageEncoding="UTF-8"%>
<html>
<head>
  <title>
    param对象和paramValues对象应用示例 - 用户提交表单请求
  </title>
</head>
<body>
<form method="post" action="doParam.jsp">
    姓名:<input type="text" name="name" size="15" /> <br>
    密码:<input type="password" name="password" size="15" /> <br>
    性别:<input type="radio" name="sex" value="Male" checked /> 男
    <input type="radio" name="sex" value="Female" /> 女<br>
    年龄:<input type="text" name="age" size="15" /> <br>
    兴趣:<input type="checkbox" name="habit" value="读书" /> 读书
    <input type="checkbox" name="habit" value="运动" /> 运动
    <input type="checkbox" name="habit" value="旅游" /> 旅游
    <input type="checkbox" name="habit" value="音乐" /> 音乐<br>
    <p>
        <input type="submit" value="提交" />
        <input type="reset" value="重置" />
    </p>
</form>
</body>
</html>
```

【例 9-4】 上述代码提交表单元素的值到 doParam.jsp 文件页面,该页面会处理用户请求,显示用户所选择的内容。doParam.jsp 页面代码如下所示:

```
<%@ page language="java" pageEncoding="UTF-8"%>
```

```html
<html>
<head>
  <title> param 对象和 paramValues 对象应用示例 - 处理表单请求</title>
</head>
<body>
  <h2> EL 隐含对象 param、paramValues 应用示例</h2>
  <%
    //设置请求期间的字符编码,否则参数值会出现中文乱码
    request.setCharacterEncoding("UTF-8");
  %>
姓名:${param.name}</br>
密码:${param.password}</br>
性别:${param.sex}</br>
年龄:${param.age}</br>
兴趣:${paramValues.habit[0]}　${paramValues.habit[1]}
　　${paramValues.habit[2]}　${paramValues.habit[3]}
</body>
</html>
```

运行第一个页面,结果如图 9-3 所示,单击"提交"按钮,结果如图 9-4 所示。

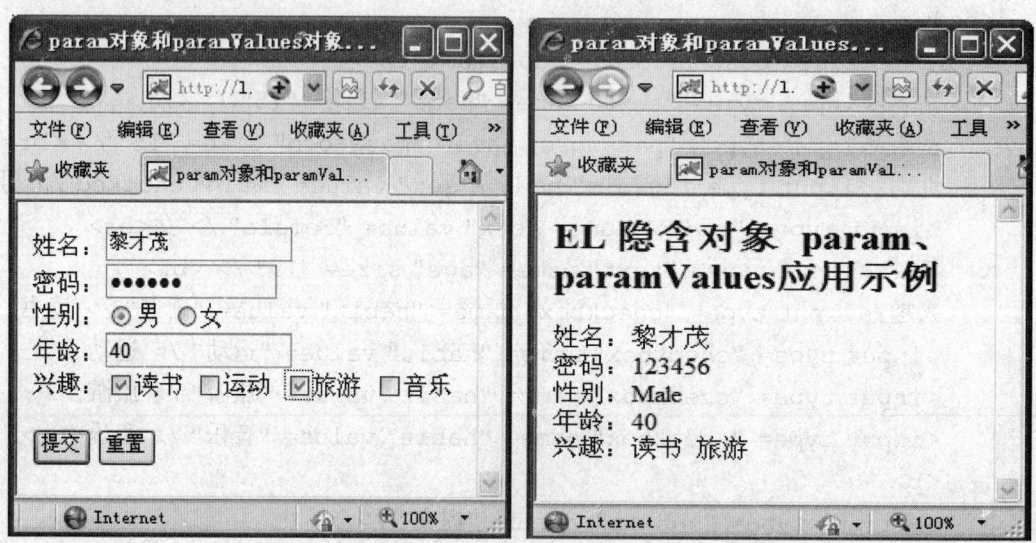

图 9-3　param.jsp 表单页面　　　　图 9-4　doParam.jsp 处理页面

9.3.3　header 和 headerValues 对象

　　header 和 headerValues 对象储存用户浏览器和服务端用来沟通的数据。使用 header 对象可以访问 HTTP 请求的一个具体的 header 值,而 headerValues 对象可以分别访问所

有 HTTP 请求的 header 值。

例如,要取得用户浏览器的版本,代码如下:
`${header["User-Agent"]}`

注意,如果属性名中包含非字母和数字字符,则只能使用"[ ]"运算符来访问。另外,也有可能同一标头名称拥有不同的值,此时必须改为使用 headerValues 来取得这些值。

9.3.4 cookie 对象

cookie 隐式对象将所有与请求相关联的 cookie 名称映射到表示那些 cookie 特性的 cookie 对象,可以快速引用输入的 cookie 对象,因此,提供了对由请求设置的 cookie 名称的访问。JSTL 并没有提供设定 cookie 的动作。

例如,要取得 cookie 中一个设定名称为 memberUnit 的值,代码如下:
`${cookie.memberUnit}`

9.3.5 initParam 对象

在 EL 中使用 iniParam 对象可以访问 Servlet 上下文的初始参数,其设置方法如下。

1. 传统的 JSP 访问 Servlet 上下文初始参数的方法

代码如下:
```
<%
    String memberID = (String) application.getInitParameter("memberID");
%>
```
若采用 EL 表达式语言来实现,则其代码如下:
`${initParam.memberID}`
上述 EL 表达式用来取得名称为 memberID 的值。

2. 在 web.xml 配置文件中设定

自行设定 Web 服务器的环境参数(Context),在 web.xml 配置文件中设定如下:
```
<context-param>
    <param-name> userID</param-name>
    <param-value> lcm</param-value>
</context-param>
```
当想取得这些参数时,可以使用 initParam 隐含对象调用如下:
`${initParam.userID}`
上述 EL 表达式用来取得名称为 userID 的值。

9.3.6 属性范围

四个涉及有效范围的 EL 对象分别是 pageScope、requestScope、sessionScope 和 applicationScope。使用这些对象可以限制变量的有效范围。例如,下面的语句会依次在页面有效、请求有效、会话有效和应用有效范围内查找名字 memberID 的属性对象并输出第一次检测到的值：

    ${memberID}

若使用下面的语句，则只在 sessionScope 会话的有效范围内查找名字为 memberID 的属性对象并输出其值。

    ${sessionScope.memberID}

9.4　EL 函数

JSP 支持 JSTL 规范，因此，EL 表达式允许定义和使用函数。EL 函数语法如下：
${对象实例名:方法名(参数 1,参数 2,…,参数 n)}
即方法名后紧接着在圆括号中有一组参数。

在 JSP 页面中，使用 EL 函数需要创建以下三个文件：
- 方法的类文件(*.java)——定义了在 JSP 页面中要使用的 Java 方法；
- 标签库描述文件(*.tld)——实现每个 Java 方法与函数的映射；
- JSP 文件(*.jsp)——使用标签库 URI 以及函数名调用 Java 方法。

9.4.1　标签库的 EL 函数

调用属于标签库的 EL 函数，函数名字在页面中所包含的前缀要指定 taglib 库。代码示例如下：

```
<%@ taglib prefix = "fn" uri = "http://java.sun.com/jsp/jstl/functions" %>
${fn:length(myCollection)}
```

在示例中，使用了前缀"fn"，这是 JSTL 函数库默认的前缀。这个函数的实现是用标签库描述符（Tag Library Descriptor, TLD）将函数名称映射到一个由 Java 实现的静态方法中。Tld 文件中的映射代码如下：

```
<function>
  <description>
    Returns the number of items in a collection or the number of characters in a string.
  </description>
  <name>length</name>
  <function-class>
    org.apache.taglibs.standard.functions.Functions
  </function-class>
  <function-signature>
    int length(java.lang.Object)
```

```
    </function-signature>
</function>
```

在上述配置代码中,<function-signature>包含一个函数返回类型的声明和静态的方法的名字,在圆括号中声明该方法所有参数的类型(可以没有参数,也可以有多个参数。参数间用逗号间隔开)。返回值类型和参数类型必须是 Java 的原始类型(Object)或者是其他合法的类型。

所定义的 length()静态方法在 JSTL 所提供的 Taglibs 标准库中用 Java 代码实现:

```
public static int length(Object obj) throws JspTagException {
  if (obj = = null)
    return 0;
  if (obj instanceof String)
    return ((String)obj).length();
  if (obj instanceof Collection)
    return ((Collection)obj).size();
  if (obj instanceof Map)
    return ((Map)obj).size();
  int count = 0;
  if (obj instanceof Iterator) {
    Iterator iter = (Iterator) obj; count = 0;
    while (iter.hasNext()) {
      count+ + ;
      iter.next();
    }
    return count;
  }
  if (obj instanceof Enumeration) {
    Enumeration enum = (Enumeration) obj;
    count = 0;
    while (enum.hasMoreElements()) {
      count+ + ;
      enum.nextElement();
    }
    return count;
  }
  try {
    count = Array.getLength(obj);
    return count;
  } catch (IllegalArgumentException ex) {
    throw new JspTagException("not support this type"));
  }
```

}

length()函数是一个常规的静态方法,这个函数通过对运行期中参数类别的判断,找出参数的长度。

JSTL 标签库定义了许多经常使用的函数,请读者参阅第 11 章的函数列表。

9.4.2 自定义 EL 函数

定义和使用函数方法同用户自定义标记,主要经过以下步骤:首先要编写一个类,其中的方法必须为静态的;其次要将类中所有方法在标记库描述文件中做说明;再者是将标记库描述文件在 web.xml 配置文件中加以说明;然后即可在 JSP 页面中加以使用。

【例 9-5】 调用自定义 EL 函数举例。

(1) 创建 EL 包,然后写一个类 Function.java 文件,该类提供的方法是静态的。代码如下:

```
package el;
import java.io.* ;
public class Function
{
    //进行编码转换,解决中文乱码问题
    public static String trans(String str){
        String result = null;
        byte temp[];
        try{
            temp= str.getBytes("iso-8859-1");
            result = new String(temp);
        }
        catch(UnsupportedEncodingException e){
            System.out.println (e.toString());
        }
        return result;
    }
}
```

(2) 在 Web-inf 文件夹内创建一个 el.tld 文件,将定义的静态方法在 el.tld 文件中加以说明。代码如下:

```
<?xml version= "1.0" encoding= "ISO-8859-1" ?>
<taglib xmlns= "http://java.sun.com/xml/ns/j2ee"
    xmlns:xsi= "http://www.w3.org/2001/XMLSchema-instance"
    xsi:schemaLocation= "http://java.sun.com/xml/ns/j2ee
    web-jsptaglibrary_2_0.xsd" version= "2.0">
    <tlib-version> 1.0</tlib-version>
    <jsp-version> 1.2</jsp-version>
```

```
      <short-name> function</short-name>
      <uri> /el</uri>
      <function>
        <name> trans</name>
        <function-class> el.Function</function-class>
        <function-signature>
          java.lang.String trans(java.lang.String)
        </function-signature>
      </function>
</taglib>
```
(3) 配置 web.xml 文件,在 web.xml 文件中添加 el.tld 文件描述代码。添加代码如下:
```
<jsp-config>
    <taglib>
        <taglib-uri> /el</taglib-uri>
        <taglib-location> /WEB INF/el.tld</taglib-location>
    </taglib>
</jsp-config>
```
(4) 在 JSP 的 el.jsp 页面文件中使用这个函数。代码如下:
```
<%@ page language= "java" pageEncoding= "gb2312"% >
<%@ taglib prefix= "mf" uri= "/el"% >
<html>
<head> <title> 自定义 EL 函数的调用</title> </head>
<body bgcolor= "# FFFFFF">
<hr>
   提交的内容显示如下<br>
   未用 EL 函数:$ {param.name}<br>
   使用 EL 函数:$ {mf:trans(param.name)}
<hr>
<form action= "el.jsp" method= "get" name= "form1" >
   <input type= text name= "name" value= "">
   <input type= "submit" value= "提交">
</form>
<hr>
</body>
</html>
```
执行 el.jsp 文件代码后,表单提交前后的页面运行情况分别如图 9-5 和图 9-6 所示。

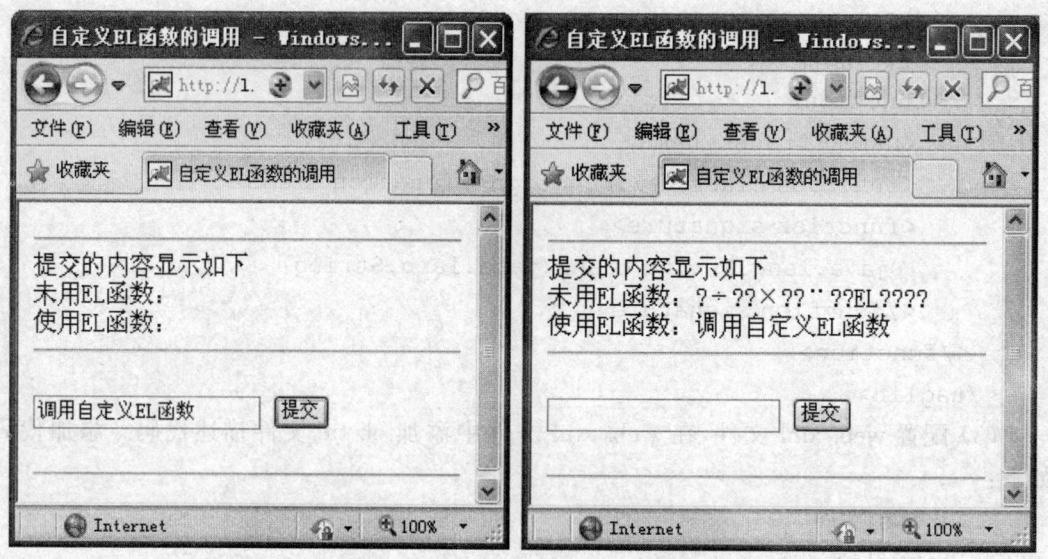

图 9-5 表单提交前的页面   图 9-6 表单提交后的页面

第 10 章 JSTL 标签库

在 JSP 诞生之初，JSP 提供了在 HTML 代码中嵌入 Java 代码的特性，这使得开发者可以利用 Java 语言的优势来完成许多复杂的业务逻辑。但是，随后开发者发现在 HTML 代码中嵌入过多的 Java 代码，程序员对于动辄上千行的 JSP 代码基本丧失了维护能力，非常不利于 JSP 的维护和扩展。基于上述的这个问题，开发者尝试着使用一种新的技术来解决上面这些问题。因此，从 JSP1.1 规范后，JSP 增加了自定义标签库的支持，提供了 Java 脚本的复用性，提高了开发者的开发效率。

JSTL 全名为 Java Server Pages Standard Tag Library(JSP Standard Tag Library)，中文名称为 JSP 标准标签函数库。JSTL 是 SUN 公司发布的一个针对 JSP 开发的新组件。JSTL 允许用户使用标签(Tags)来进行 JSP 页面开发，而不是使用传统的 JSP 脚本代码方式开发。JSTL 几乎能够做到传统 JSP 脚本代码能做的任何事情。

10.1 JSTL 简介

10.1.1 JSTL 标签库

JSTL 是一个标准的已制定好的标签库。JSTL 可以应用于 JSP 编程的各个方面，包括基本输入输出、流程控制、循环、XML 文件剖析、数据库查询及国际化和文字格式标准化等应用。JSTL 所提供的标签函数库主要分为五大类：

（1）核心标签库（Core tag library）；
（2）I18N 国际化标签库（I18N-capable formatting tag library）；
（3）SQL 标签库（SQL tag library）；
（4）XML 标签库（XML tag library）；
（5）函数标签库（Functions tag library）。

JSTL 的标签函数库分类采用的前缀和 URI 如表 10-1 所示。

表 10-1 标签函数库的分类前缀和 URI

JSTL	前缀	URI
核心标签库	c	http://java.sun.com/jsp/jstl/core
I18N 格式标签库	fmt	http://java.sun.com/jsp/jstl/fmt

续表

JSTL	前缀	URI
SQL 标签库	sql	http://java.sun.com/jsp/jstl/sql
XML 标签库	xml	http://java.sun.com/jsp/jstl/xml
函数标签库	fn	http://java.sun.com/jsp/jstl/functions

程序开发人员可以利用 JSTL 和 EL 开发各种 Web 应用，取代传统的直接在页面上嵌入 Java 脚本(Scripting)程序的做法，以提高程序的可读性、维护性和方便性。

10.1.2 安装 JSTL

要使用 JSTL 标签库，首先必须在 Tomcat 中安装 JSTL 标签库类包。JSTL 标签库类包的下载 URL 地址是 http://tomcat.apache.org/taglibs/standard/。下载以下 3 个 jar 文件，然后将下载的标签库 jar 类包安装到所开发工程的"WEB-INF/lib"文件夹下即可。

- taglibs-standard-spec-1.2.1.jar；
- taglibs-standard-impl-1.2.1.jar；
- taglibs-standard-jstlel-1.2.1.jar。

完成上述安装后，就可以准备测试 JSTL 安装了。可以通过创建一个包含 JSTL 的 JSP 页面来验证。

要在 JSP 页面中使用 JSTL，需要根据使用的是哪类标签库，先在 JSP 页面代码的开始部分做声明。

例如：

(1) 用核心标签库声明。

```
<%@ taglib prefix="c" uri="http://java.sun.com/jsp/jstl/core" %>
```

(2) 用 I18N 格式标签库声明。

```
<%@ taglib prefix="fmt" uri="http://java.sun.com/jsp/jstl/fmt" %>
```

(3) 用 SQL 标签库声明。

```
<%@ taglib prefix="sql" uri="http://java.sun.com/jsp/jstl/sql" %>
```

(4) 用 XML 标签库声明。

```
<%@ taglib prefix="xml" uri="http://java.sun.com/jsp/jstl/xml" %>
```

(5) 用函数标签库声明。

```
<%@ taglib prefix="fn" uri="http://java.sun.com/jsp/jstl/functions" %>
```

如果没有正确安装 JSTL，那么可能不会出现错误信息。如果 JSTL 不能解释 JSP 代码中的 JSTL 标签含义，那么它在 Web 浏览器上会直接跳过。然后 Web 浏览器将解释这些未知的 HTML 标签，而多数浏览器仅仅只是忽略这些未知的 HTML 标签。

10.2 核心标签库

Core 标签库,又称为核心标签库,该标签库的工作是执行对 JSP 页面一般处理的封装。JSTL 核心标签库的标签一共有 14 个,分为表达操作、流程控制、循环控制和 URL 操作四类。
- 表达操作标签:<c:out>、<c:set>、<c:remove>、<c:catch>。
- 流程控制标签:<c:if>、<c:choose>、<c:when>、<c:otherwise>。
- 循环控制标签:<c:forEach>、<c:forTokens>。
- URL 操作标签:<c:import>、<c:url>、<c:redirect>、<c:param>。

10.2.1 表达操作标签

1. <c:out>标签

<c:out>主要用来显示数据对象(字符串、表达式)的内容或结果,其功能类似于传统的 JSP 脚本输出表达式"<%= expression %>"或者是 EL 表达式"${el-expression}"。例如:

<c:out value="hello" />

其功能就类似于下列语句。

(1) 使用 JSP 脚本的方式:

<% out.println("hello") %> 或者 <% = "hello" %>

(2) EL 表达式的方式:

${"hello" }

(3) EL 表达式和 JSTL 标签的方式:

<c:out value= "${"hello" }">

根据有无本体(body)内容,<c:out>标签的语法格式如下。

语法 1 无本体内容的情况。

<c:out value = " value" [escapeXml = "{true|false}"] [default = "defaultValue"] />

语法 2 有本体内容的情况。

<c:out value= "value" [escapeXml= "{true|false}"]>
　　default value
</c:out>

上述格式中<c:out>标签的属性说明如表 10-2 所示。

表 10-2 <c:out>标签的属性说明

属性名称	说明	EL	类型	必须	默认值
value	需要显示出来的值	Y	Object	是	无
default	如果 value 的值为 null(空)则显示 default 的值	Y	Object	否	无
escapeXml	是否转换特殊字符,例如将"<"转换成"<"	Y	boolean	否	true

说明:

(1) 表格中的 EL 字段,表示此属性的值是否可采用 EL 表达式来赋值,Y 表示可以,N 表示不可以。

(2) 若属性 value 的值为 null,则会显示 default 的值;若没有设定 default 的值,则会显示一个空的字符串。

(3) 一般来说,<c:out>标签在默认情况下会将输出显示内容中的<、>、'、"和 & 这些符号转换为 HTML 编码的字符串"<"、">"、"'"、"""和"&"。假若不想转换,则需要设定<c:out>的 escapeXml 属性为 fasle。

【例 10-1】 <c:out>标签示例(c-out.jsp 文件)。

```
<%@ page language="java" import="java.util.*" pageEncoding="UTF-8"%>
<%@ taglib prefix="c" uri="http://java.sun.com/jsp/jstl/core"%>
<html>
<head>
    <title>&lt;c:out&gt;标签示例</title>
</head>
<body bgcolor="#FFFFFF">
    <c:out value="你好!" /> <br>
\${3+5}表达式输出:
    <c:out value="${3+5}" /> <br>
\${param.data}表达式输出:
    <c:out value="${param.data}" default="空值" /> <br>
    <c:out value="<b>特殊字符默认转换为 HTML 编码,浏览器会显示特殊字符</b>" /> <br>
    <c:out value="<b>属性 escapeXml=false,特殊字符不转换,
        浏览器解释执行特殊字符</b>" escapeXml="false" />
</body>
</html>
```

上述代码的运行结果如图 10-1 所示。

2. <c:set>标签

<c:set>主要用来将变量储存至 JSP 范围中或是 JavaBean 的属性中。根据值的存储方式,<c:set>标签的语法格式如下。

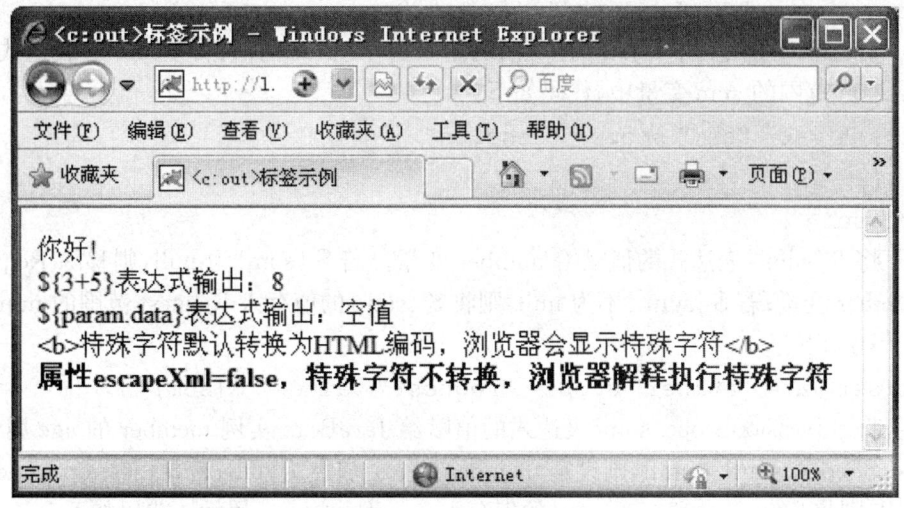

图 10-1 ＜c:out＞标签示例

语法 1 将 value 属性的值储存至 varName 变量中,存储范围由 scope 的值确定。

```
<c:set value= "value" var= "varName"
    [scope= "{page|request|session|application}"] />
```

语法 2 将本体内容的数据储存至 varName 变量之中,存储范围由 scope 的值确定。

```
<c:set var= "varName" [scope= "{page|request|session|application}"] >
    …（本体内容）
</c:set>
```

语法 3 将 value 属性的值储存至 target 对象的属性中。

```
<c:set value= "value" target= "target" property= "propertyName" />
```

语法 4 将本体内容的数据储存至 target 对象的属性中。

```
<c:set target= "target" property= "propertyName">
    …（本体内容）
</c:set>
```

＜c:set＞标签属性说明如表 10-3 所示。

表 10-3 ＜c:set＞标签的属性说明

属性名称	说明	EL	类型	必须	默认值
value	要被储存的值	Y	Object	否	无
var	欲存入值的变量名称	N	String	否	无
scope	变量的 JSP 范围	N	String	否	page
target	为一个 JavaBean 或 java.util.Map 对象	Y	Object	否	无
property	指定 target 对象的属性	Y	String	否	无

示例：

（1）将 ${1+1} 表达式的值 2 存入 Request 范围的 sum 变量中。代码如下：

```
<c:set var="sum" value="${1+1}" />
```

(2) `<c:set>`是把本体(body)运算后的结果当作 value 的值,将${2+3}表达式的值 5 存入 Session 范围的 sum 变量中,代码如下:

```
<c:set var="sum" scope="session">
  ${2+3}
</c:set>
```

(3) 将${sum}表达式的值赋给 number 变量。若${sum}为 null,则移除 Request 范围的 number 变量;若${sum}不为 null,则将${sum}的值存入 Request 范围的 number 变量中。代码如下:

```
<c:set var="number" scope="request" value="${sum}" />
```

(4) 将${sessionScope.sum}表达式的值赋给 JavaBean 实例 member 的 age 属性。若${sessionScope.sum}为 null,则设定 member 的 age 属性为 null;若${sessionScope.sum}不为 null,则将${sessionScope.sum}的值存入 member 的 age 属性。代码如下:

```
<c:set target="${member}" property="age" value="${sessionScope.sum}" />
```

【例 10-2】 上述 4 个示例代码包含在 c-set.jsp 页面文件中,该文件代码如下。

```
<%@ page language="java" pageEncoding="UTF-8"%>
<%@ taglib prefix="c" uri="http://java.sun.com/jsp/jstl/core"%>
<html>
<head> <title> &lt;c:set&gt;标签示例</title> </head>
<jsp:useBean id="member" class="bean.Member" />
<body bgcolor="#FFFFFF">
  <c:set var="sum" value="${1+1}" />
  <c:set var="sum" scope="session" >
    ${2+3}
  </c:set>
  <c:set var="number" scope="request" value="${sum}" />
  <c:set target="${member}" property="age" value="${sessionScope.sum}" />
  page 页面的 sum 值:${pageScope.sum} <br>
  session 会话的 sum 值:${sessionScope.sum} <br>
  request 请求的 number 值:${number} <br>
  javaBean 的 member.age 值:${member.age} <br>
</body>
</html>
```

c-set.jsp 页面代码运行结果如图 10-2 所示。

3. `<c:remove>`标签

`<c:remove>`标签主要用来移除变量,其语法格式如下。

```
<c:remove var="varName" [scope="{ page | request | session |
```

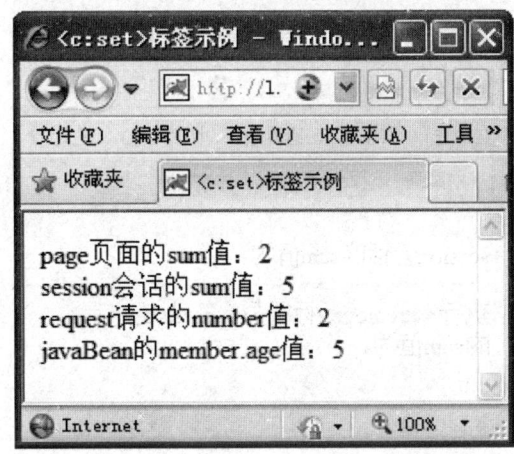

图 10-2 ＜c:set＞标签示例

application }"] />

＜c:remove＞标签属性说明如表 10-4 所示。

表 10-4 ＜c:remove＞标签属性说明

属性名称	说明	EL	类型	必须	默认值
var	欲移除的变量名称	N	String	是	无
scope	var 变量的 JSP 范围	N	String	否	page

说明：

＜c:remove＞必须要有 var 属性，指明要被移除的变量名称，scope 则可有可无。例如：
<c:remove var= "sum" scope= "session" />

上述代码将 sum 变量从 Session 范围中移除。若不设定 scope，则＜c:remove＞将会从 Page、Request、Session 及 Application 中顺序寻找是否存在名称为 sum 的变量。若能找到 sum，则将它移除掉，否则不操作。

【例 10-3】 上述示例代码包含在 c-remove.jsp 页面文件中，该文件代码如下：

```
<%@ page language= "java" pageEncoding= "UTF-8"% >
<%@ taglib prefix = " c" uri = " http://java. sun. com/jsp/jstl/core"% >
<html>
<head> <title> &lt;c:remove&gt;标签示例</title> </head>
<body bgcolor= "#FFFFFF">
    session 会话的 sum 值为:${sessionScope.sum} <br> <hr>
    <c:remove var= "sum" scope= "session" />
    执行 &lt; c: remove&gt; 标签后，session 会话的 sum 值为：${sessionScope.sum}
</body>
</html>
```

c-remove.jsp 页面代码运行结果如图 10-3 所示。

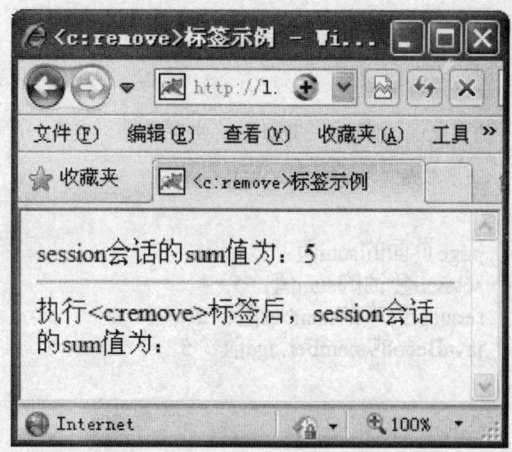

图 10-3 ＜c：remove＞标签示例

4. ＜c：catch＞标签

＜c：catch＞标签主要用来处理产生错误的异常状况，并将错误信息储存起来。＜c：catch＞标签的功能和 Java 中的 try{…}catch{…}语句的功能很相似，它用于捕获嵌入到其中间语句抛出的异常。其语法格式如下：

```
< c:catch [var= "varName"] >
    …（要抓取错误的程序体）
< /c:catch>
```

＜c：catch＞标签属性说明如表 10-5 所示。

表 10-5 ＜c：catch＞标签属性说明

属性名称	说明	EL	类型	必须	默认值
var	用来储存错误信息的变量	N	String	否	无

说明：

＜c：catch＞将可能发生错误的部分放在＜c：catch＞和＜/c：catch＞之间。如果真地发生错误，可以将错误信息储存至 varName 变量中。例如：

```
<c:catch var= "ErrMessage">
    … //可能发生错误的程序体
</c:catch>
```

上例中，当错误发生时则将发生错误的信息存储在 ErrMessage 变量中。当错误发生在＜c：catch＞和＜/c：catch＞之间时，则只有＜c：catch＞和＜/c：catch＞之间的程序会被中止忽略，而整个网页不会被中止。

10.2.2 流程控制

1. ＜c：if＞标签

＜c：if＞的用途就和我们在一般程序中使用的 if 一样。根据有无本体（body）内容情况，其语法格式如下：

语法 1 没有本体内容的情况。
```
<c:if test= "testCondition" [var= "varName"]
     [scope= "{page|request|session|application}"] />
```
语法 2 有本体内容的情况。
```
<c:if test= "testCondition" [var= "varName"]
     [scope= "{page|request|session|application}"]>
   …(本体具体内容)
</c:if>
```
<c:if>属性说明如表 10-6 所示。

表 10-6 <c:if>属性说明

属性名称	说明	EL	类型	必须	默认值
test	如果表达式的结果为 true,则执行本体内容,为 false 则不执行	Y	boolean	是	无
var	用来储存 test 运算后的结果,即 true 或 false	N	String	否	无
scope	var 变量的 JSP 范围	N	String	否	page

【例 10-4】 <c:if> 标签示例(c-if.jsp)。
```
<%@ page language= "java" pageEncoding= "UTF-8"% >
<%@ taglib prefix= "c" uri= "http://java.sun.com/jsp/jstl/core"% >
<html>
<head> <title> &lt;c:if&gt;标签示例</title> </head>
<jsp:useBean id= "member" class= "bean.Member" />
<body>
   <c:set value= "张三" target= "${member}" property= "name"> </c:set>
   <c:set target= "${member}" property= "age"> 20</c:set>
   <c:if test= "${member.age= = 20}" var= "result1">
       <c:out value= "EL 表达式\${member.age= = 20}值:${result1},
         member.name = ${member.name}"> </c:out> <br />
   </c:if>
   <c:if test= "${member.name= = '李四'}" var= "result2"> </c:if>
   <c:out value= "EL 表达式\${member.name= = '李四'}值:${result2}">
</c:out>
</body>
</html>
```
c- if.jsp 页面代码运行结果如图 10-4 所示。

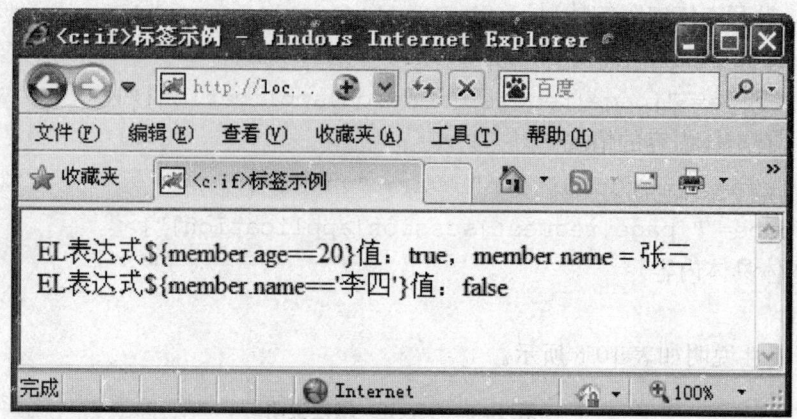

图 10-4 ＜c：if＞标签示例

2.＜c：choose＞标签

＜c：choose＞标签本身只当作＜c：when＞和＜c：otherwise＞的父标签。其语法格式如下：

```
<c:choose>
    …(本体内容,由<when> 和 <otherwise> 构成)
</c:choose>
```

＜c：choose＞标签属性说明如表 10-7 所示。

表 10-7 ＜c：choose＞标签属性说明

属性名称	说明	EL	类型	必须	默认值
test	如果表达式的结果为 true,则执行本体内容,为 false 则不执行	Y	boolean	是	无

＜c：choose＞标签的本体内容只能有以下 3 种结果：

- 空白；
- 1 或多个＜c：when＞语句体；
- 0 或多个＜c：otherwise＞语句体。

在使用＜c：when＞和＜c：otherwise＞来做流程控制时,两者都必须为＜c：choose＞的子标签,即必须在＜c：choose＞和＜/c：choose＞之间。在同一个＜c：choose＞中时,＜c：when＞必须在＜c：otherwise＞之前。

3.＜c：when＞标签

＜c：when＞标签的用途就和我们在一般程序中使用的 when 一样。其语法如下：

```
<c:when test= "testCondition" >
    …(本体内容)
</c:when>
```

其中,＜c：when＞必须有 test 属性,当 test 中的表达式结果为 true 时,则会执行本体内容；如果为 false,则不会执行本体内容。

4.＜c：otherwise＞标签

在同一个＜c：choose＞中,当所有＜c：when＞的条件都没有成立时,执行＜c：otherwise

>的本体内容。其语法格式如下：
```
<c:otherwise>
    …（本体内容）
</c:otherwise>
```
给出一个<c:choose>、<c:when>和<c:otherwise>的应用示例，代码如下：
```
<c:choose>
  <c:when test= "${condition1}">
    条件1为true(真)
  </c:when>
  <c:when test= "${condition2}">
    条件2为true(真)
  </c:when>
  <c:otherwise>
    条件1和条件2都为false(假)
  </c:otherwise>
</c:choose>
```
上述代码的功能是：当condition1为true时，会显示"条件1为true(真)"；当condition1为false且condition2为true时，会显示"条件2为true(真)"；如果两者都为false，则会显示"条件1和条件2都为false(假)"。

condition1和condition2两者都为true时，此时只会显示"条件1为true(真)"，因为在同一个<c:choose>下，当有好几个<c:when>都符合条件时，只能有一个<c:when>成立。

【例10-5】 <c:choose>、<c:when>、<c:otherwise> 标签示例(c-choose.jsp)。
```
<%@ page language= "java" pageEncoding= "UTF-8"% >
<%@ taglib prefix= "c" uri= "http://java.sun.com/jsp/jstl/core" % >
<html>
<head>
    <title> &lt;c:choose&gt;、&lt;c:when&gt;、&lt;c:otherwise&gt;标签示例</title>
</head>
<body>
    <c:set var= "score"> 85</c:set>
    <c:choose>
      <c:when test= "${score> = 90}"> ${score}分成绩为优秀！</c:when>
      <c:when test= "${score> = 80&&score< 90}"> ${score}分成绩为良好！</c:when>
      <c:when test= "${score> = 70&&score< 80}"> ${score}分成绩为中等！</c:when>
      <c:when test= "${score> = 60&&score< 70}"> ${score}分成绩为及格！
```

```
</c:when>
        <c:otherwise>${score}分成绩为不及格！</c:otherwise>
    </c:choose>
</body>
</html>
```
c-choose.jsp 页面代码运行结果如图 10-5 所示。

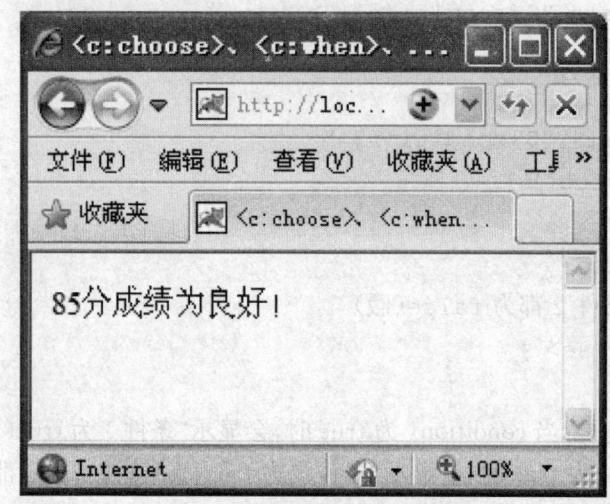

图 10-5 ＜c:choose＞、＜c:when＞、＜c:otherwise＞标签示例

10.2.3 循环控制

1. ＜c:forEach＞标签

＜c:forEach＞为循环控制标签，它可以将集合（Collection）中的成员循序浏览一遍。运作方式为当条件符合时，就持续重复执行＜c:forEach＞的本体内容。根据迭代对象情况，其语法格式如下。

语法 1　迭代某一集合对象的所有成员。

```
<c:forEach [var="varName"] items="collection" [varStatus="varStatusName"] [begin="begin"][end="end"] [step="step"]>
    …（本体内容）
</c:forEach>
```

语法 2　迭代指定的次数。

```
<c:forEach [var="varName"] [varStatus="varStatusName"] begin="begin" end="end" [step="step"]>
    …（本体内容）
</c:forEach>
```

＜c:forEach＞标签属性说明如表 10-8 所示。

表 10-8 <c:forEach>标签属性说明

属性名称	说明	EL	类型	必须	默认值
var	用来存放当前指到的成员	N	String	否	无
items	被迭代的集合对象	Y	Arrays Collection Iterator Enumeration String	否	无
varStatus	用来存放当前指到的相关成员信息	N	String	否	无
begin	开始的位置	Y	Int	否	0
end	结束的位置	Y	Int	否	最后一个成员
step	每次迭代的间隔数	Y	Int	否	1

(1) <c:forEach>标签的迭代限制如下：
- 若有 begin 属性时，begin 值必须大于等于 0；
- 若有 end 属性时，end 值必须大于 begin；
- 若有 step 属性时，step 值必须大于等于 0。

(2) <c:forEach>标签的 null 和错误处理：
- 若 items 为 null，则表示为一个空的集合对象；
- 若 begin 大于或等于 items 时，则迭代不运算。

对于一个基本类型的数组，当前元素将作为相应包装类（Integer、Float 等）的一个实例提供。例如：

```
<c:forEach items= "${atts}" var= "item" >
  <c:out value= "${item}" />
</c:forEach>
```

上述代码实现的功能类似于下列的 Java 脚本语句：

```
<%
  for (int i= 0;i<atts.size();i+ + ) {
    out.println(atts.get(i));
  }
%>
```

<c:forEach>并不仅仅用来浏览集合对象，从语法 2 中可看到 items 并不存在，但是当没有使用 items 属性时，就一定要使用 begin 和 end 这两个属性。示例代码如下：

```
<c:forEach begin= "1" end= "5" var= "item">
  ${item}
</c:forEach>
```

这段代码由于没有设置 items 属性的值,所以并没有执行浏览具体的集合对象,只是设定 begin 和 end 属性的值,这样就变成一个普通的循环。begin 主要用来在集合对象中设定开始的位置(注意:第一个位置为 0);end 用来设定结束的位置;而 step 则用来设定指到的成员与下一个将被指到成员之间的间隔。此示例是将循环设定为:从 1 开始到 5,总共重复循环 5 次,并将数字放到 item 当中。

【例 10-6】 上述示例包含在 c-forEach.jsp 文件中,代码如下:

```
<%@ page language="java" pageEncoding="UTF-8"%>
<%@ taglib prefix="c" uri="http://java.sun.com/jsp/jstl/core"%>
<html>
<head> <title> &lt;c:forEach&gt;标签 items 属性示例</title> </head>
<body>
  <%
    String atts[] = new String [5];
    atts[0]="你好!";
    atts[1]="这";
    atts[2]="是";
    atts[3]="一个";
    atts[4]="示例!";
    request.setAttribute("atts", atts);
  %>
  <h3> <c:out value="<c:forEach>标签有 items 属性的示例" /> </h3>
  <c:forEach items="${atts}" var="item">
    <c:out value="${item}" />
  </c:forEach>
  <hr>
  <h3> <c:out value="<c:forEach>标签无 items 属性的示例" /> </h3>
  <c:forEach begin="1" end="5" var="item">
    ${item}
  </c:forEach>
</body>
</html>
```

c-forEach.jsp 页面代码运行结果如图 10-6 所示。

<c:forEach>除了支持数组之外,还支持标准 J2SE 的集合类型,如 ArrayList、List、LinkedList、Vector、Stack 和 Set 等;另外还支持 java.util.Map 类的对象。例如:

```
<c:forEach items="${vectors}" var="vector">
  <c:out value="${vector}" />
</c:forEach>
```

在这里 vectors 是一个 java.util.Vector 对象,vector 是当前循环条件下的 String 对象,里面存放的是 String 数据。这个 vectors 可以是任何实现了 java.util.Collection 接口的

对象。

图 10-6 <c:forEach>标签 items 属性示例

<c:forEach>遍历 Map 示例,当前元素作为一个 java.util.Map.Entry 提供,代码如下:

```
<c:if test= "${!empty memberMap}">
  <c:forEach items= "${memberMap}" var= "item">
    <tr>
      <td> ${item.value.name}</td>
      <td> ${item.value.age}</td>
      <td> ${item.value.department}</td>
    </tr>
  </c:forEach>
</c:if>
```

另外,<c:forEach>的 varStatus 属性,主要用来存放当前指到成员的相关信息。例如,varStatus="s",那么将会把信息存放在名称为 s 的属性当中。还有另外四个属性:index、count、first 和 last,它们各自代表的意义如表 10-9 所示。

表 10-9 index、count、fuirst 和 last 的意义

属性名称	类型	说明
index	number	现在指到成员的索引
count	number	总共已经指到成员的总数
first	boolean	现在指到的成员是否为第一个成员
last	boolean	现在指到的成员是否为最后一个成员

【例 10-7】 使用 varStatus 属性取得正在循环浏览成员的信息(c-forEach-varStatus.

jsp)。

```jsp
<%@ page language="java" pageEncoding="UTF-8"%>
<%@ taglib prefix="c" uri="http://java.sun.com/jsp/jstl/core"%>
<html>
<head> <title> &lt;c:forEach&gt;标签 varStatus 属性示例</title> </head>
<body>
  <h3> <c:out value="<c:forEach> 标签 varStatus 属性示例" /> </h3>
  <%
    String atts[] = new String[3];
    atts[0]="北京";
    atts[1]="海口";
    atts[2]="上海";
    request.setAttribute("atts", atts);
  %>
  <c:forEach items="${atts}" var="item" varStatus="s">
    <h3> 元素"<c:out value="${item}" /> "的四个属性:</h3>
    index=${s.index};
    count=${s.count};
    first=${s.first};
    last=${s.last}</br>
  </c:forEach>
</body>
</html>
```

c-forEach-varStatus.jsp 页面代码运行结果如图 10-7 所示。

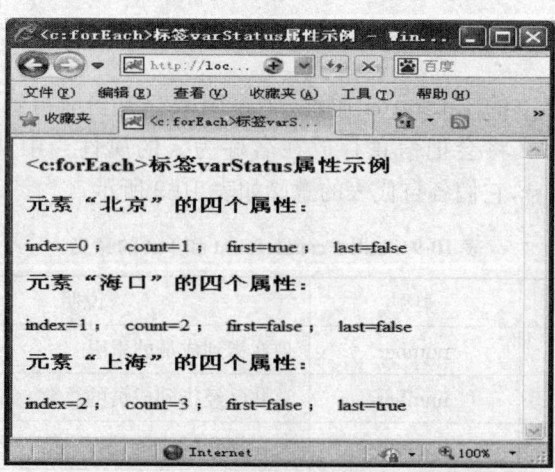

图 10-7 ＜c:forEach＞标签 varStatus 属性示例

2. <c:forTokens> 标签

<c:forTokens>标签用来浏览一字符串中所有的成员,其成员由定义符号(delimiters)所分隔。

语法:

```
<c:forTokens items="stringOfTokens" delims="delimiters" [var="varName"] [varStatus="varStatusName"] [begin="begin"] [end="end"] [step="step"]>
    …(本体内容)
</c:forTokens>
```

<c:forTokens>标签属性说明如表10-10所示。

表10-10 <c:forTokens>标签属性说明

属性名称	说明	EL	类型	必须	默认值
var	用来存放当前指到的成员	N	String	否	无
items	被迭代的字符串	Y	Arrays Collection Iterator Enumeration String	否	无
delims	用来分割items中定义的字符串之字符	N	String	否	无
varStatus	用来存放当前指到的相关成员信息	N	String	否	无
begin	开始的位置	Y	Int	否	0
end	结束的位置	Y	Int	否	最后一个成员
step	每次迭代的间隔数	Y	Int	否	1

示例1:直接对items赋值,然后迭代输出。代码如下:

```
<c:forTokens items="学生会员,普通会员,高级会员" delims="," var="item">
    ${item}
</c:forTokens>
```

上面的代码执行后,会把符号","当作分割的标记,将"学生会员,普通会员,高级会员"拆成3个部分,也就是执行循环3次,而在网页中输出显示"学生会员普通会员高级会员",并没有将","显示出来。

示例2:把items放入EL的表达式中。代码如下:

```
<%
    String pNumber = "86-0898-66275673";
    request.setAttribute("Phone", pNumber);
%>
<c:forTokens items= "${Phone}" delims= "-" var= "item" >
  ${item}
</c:forTokens>
```

上面的代码执行后,将会在网页上输出显示"86089866275673",即把"86-0898-66275673"以"-"作为分割标记拆为3份,每执行一次循环就将获取部分放到名称为item的属性当中。delims还可以一次设定多个分割字符串用的字符。

10.2.4　URL 操作

1.＜c:import＞标签

＜c:import＞ 标签是将其他静态或动态文件包含到本身所在的JSP网页中。不但可以包含同一个Web应用下的文件,还可以包含其他Web应用或网站的文件。其语法格式如下:

```
<c:import url= "url" [var= "varName"] [context= "context"] [scope= "page | request | session | application"] [ varReader = " varReader"] [charEncodion= "charEncoding"]>
    [<c:param name= "paramName" value= "paramValue" /> ]
</c:import>
```

其中,＜c:param＞为可选子标签,用于向包含进来的其他网页文件传递参数。

＜c:import＞ 标签属性说明如表 10-11 所示。

表 10-11　＜c:import＞ 标签属性说明

属性名称	说明	EL	类型	必须	默认值
url	要包含至本身JSP网页的其他文件的URL	Y	String	是	无
var	将包含进来的其他文件以字符串的形式存放到指定的变量中	Y	String	否	无
scope	var变量的JSP作用范围	N	String	否	page
context	当采用相对路径访问一个外部静态文件时,这里的context指定这个外部文件的名称	Y	String	否	当前应用程序
charEncoding	用于导入数据的字符集	Y	String	否	ISO-8859-1

属性名称	说明	EL	类型	必须	默认值
varReader	用于接受导入文本的 java.io.Reader 变量名	N	String	否	无
varStatus	显示循环状态的变量	N	String	否	无

示例：

```
< c:import url= "http://java.sun.com" >
< c:param name= "userName" value= "lcm" />
```

说明：当＜c:import＞标签中未指定 var 变量时，会直接将包含进来的其他网页文件内容显示出来；如果指定了 var 变量，则会将内容存放到 var 变量中，而不显示。

2. ＜c:url＞标签

＜c:url＞标签的作用是生成一个 URL 地址。其语法格式如下：

```
<c:url value= "url" [context= "expression"] [var= "name"] [scope= "scope"] [charEncodion= "charEncoding"]>
    [<c:param name= "expression" value= "expression" /> ]
</c:url>
```

其中，＜c:param＞为可选子标签，用于向包含进来的其他网页文件传递参数。

＜c:url＞标签属性说明如表 10-12 所示。

表 10-12 ＜c:url＞标签属性说明

属性名称	说明	EL	类型	必须	默认值
url	URL 地址	Y	String	是	无
var	接受处理过的 URL 变量名，该变量存储 URL	Y	String	否	输出到页
scope	存储 URL 的变量名的变量范围	N	String	否	page
context	后跟本地 Web 应用程序的名字	Y	String	否	当前应用程序
charEncoding	用于导入数据的字符集	Y	String	否	ISO-8859-1

＜c:url＞标签示例 1：

```
<a href= "<c:url value= index.jsp' />">主页</a>
```

上述代码执行后，在＜a＞超链接标签中生成一个 URL，指向 index.jsp。

＜c:url＞标签示例 2：

```
<c:url value= "index.jsp">
    <c:param name= "keyword" value= "${userId}" />
    <c:param name= "month" value= "02/2015" />
</c:url>
```

上述代码执行后，生成一个 URL 地址，并传递参数，生成的结果为"index.jsp?keyword=*&month=02/2015"，其中，*代表传递的 userId 的值。

3. ＜c:redirect＞标签

＜c:redirect＞标签的作用是将客户端的请求从一个JSP网页导向到其他文件。其语法格式如下：

```
<c:redirect url= "url" [context= "expression"] >
    [<param name= "paramName" value= "paramValue"> ]
</c:redirect>
```

上述代码将请求导向到URL指向的其他文件。

＜c:redirect＞标签属性说明如表10-13所示。

表10-13 ＜c:redirect＞属性说明

属性名称	说明	EL	类型	必须	默认值
url	URL地址	Y	String	是	无
context	后跟本地Web应用程序的名字	Y	String	否	当前应用程序

示例：

```
<c:redirect url= "http://www.hainu.edu.cn/login.jsp" />
```

上述代码执行后，会将请求重新定向到http://www.hainu.edu.cn/login.jsp页，其作用类似于传统的JSP代码：response.setRedirect("http://www.hainu.edu.cn/login.jsp")。

4. ＜c:param＞标签

＜c:param＞标签用来传递参数给一个重定向或包含页面。＜c:param＞标签属性说明如表10-14所示。

表10-14 ＜c:param＞标签属性说明

属性名称	说明	EL	类型	必须	默认值
name	在request参数中设置的变量名	N	String	是	无
value	在request参数中设置的变量值	Y	String	否	无

示例：

```
<c:redirect url= "login.jsp">
    <c:param name= "userid" value= "lcm" />
</c:redirect>
```

上述代码执行后，将字符串"lcm"值赋予"userid"参数传递到login.jsp页面，相当于重定向到URL地址"login.jsp? uiserid=lcm"。

10.3 I18N国际化标签库

I18N国际化标签库包括以下6个标签：

- ＜fmt:setLocale＞——用于设置本地化环境，为对应javax.servlet.jsp.jstl.fmt.

locale 类配置参数值，参数由 JSP 运行时维护，用于确定各个 JSTL 标签使用的本地化环境。
- <fmt:bundle>——指定消息资源使用的文件。
- <fmt:setBundle>——设置消息资源文件。
- <fmt:message>——显示消息资源文件中指定 key 的消息，支持带参数的消息。
- <fmt:param>——给带参数的消息设置参数值。
- <fmt:requestEncoding>——请求设置字符编码标签。

10.3.1 <fmt:setLocale>设置本地化环境标签

HTML 的 HTTP 请求到达服务器时，浏览器提供的 HTTP 报文首部可以指出用户的首选本地化环境。其可能是多个本地化环境的列表，这个列表放在 Accept-Language HTTP 首部中，JSP 容器会访问这个首部信息。如果没有使用<fmt:setLocale>标签明确地指出引用本地化环境，则 JSTL 标签就会使用这个列表中的首选本地化环境。

<fmt:setLocale>标签专门用于设置本地化环境，其语法格式如下：

<fmt:setLocale value= "…locale value…" [variant= "…variant value…"]
　　　[scope= "page|request|session|application"] />
</fmt:setLocale>

<fmt:setLocale>标签属性说明如表 10-15 所示。

表 10-15 <fmt:setLocale>标签属性说明

属性名称	说明	EL	类型	必须	默认值
value	用来设置本地环境名，例如 en_US 或者 zh_CN	Y	String	是	无
scope	指定 value 设置的本地化环境名的有效范围	N	String	否	page

例如：
<fmt:setLocale value= "zh_CN" >
上述示例代码设置本地环境为中文。

10.3.2 <fmt:bundle>执行信息资源标签

一旦设置了 Web 引用的本地化环境后，就可以使用<fmt:bundle>标签了，其中可以包括一些调用本地化文本的<fmt:message>标签，使用格式如下：

<fmt:bundle basename= "…the bundle's base name…" [prefix= "…prefix name…"]>
　　　<fmt:message key= "…key name…"/>
</fmt:bundle>

<fmt:bundle>标签属性说明如表 10-16 所示。

表 10-16 ＜fmt:bundle＞标签属性说明

属性名称	说明	EL	类型	必须	默认值
basename	资源文件的基名,例如,某资源文件 Res_zh_CN.property,基名为 Res	Y	String	是	无
prefix	如果指定这个属性,就会为标签体中嵌套的＜fmt:message＞标签附加一个前缀	N	String	否	无
scope	设置的本地化环境名的有效范围	N	String	否	page

当＜fmt:bundle＞标签中嵌套＜fmt:message＞标签时,＜fmt:message＞标签默认使用＜fmt:bundle＞标签中的 basename 所指定的资源文件。

10.3.3 ＜fmt:setBundle＞设置资源文件标签

＜fmt:setBundle＞标签用于设置一个资源文件,并给定一个标记,以便可以通过＜fmt:message＞标签指定 bundle 属性值来取得这个资源文件中的消息。其语法格式如下:

```
<fmt:setBundle basename="…the bundle's base name…" var="…var name…" [scope="page|request|session|application"] />
```

＜fmt:setBundle＞标签属性说明如表 10-17 所示。

表 10-17 ＜fmt:setBundle＞标签属性说明

属性名称	说明	EL	类型	必须	默认值
basename	资源文件的基名,例如,某资源文件 Res_zh_CN.property,基名为 Res	Y	String	是	无
var	给指定的资源文件取一个变量名,以便＜fmt:message＞标签可以通过这个变量名来读取资源文件中的消息	Y	String	否	无
scope	设置 var 属性指定的变量的有效范围	N	String	否	page

例如:

```
<fmt:setLocale value="zh_CN" >
<fmt:setBundle basename="AppMessage" var="AppBundle" scope="page" />
```

示例执行后将会查找一个名为 AppMessage_zh_CN.properties 的资源配置文件,作为资源绑定。

10.3.4 <fmt:message>获取资源属性值标签

<fmt:message>标签用于显示本地化的文本,它通过 key 属性来取得资源文件中相应的消息<fmt:message>标签的属性值。其语法格式如下:

```
<fmt:message
    key= "…name of property…"
    [bundle= "…resourceBundle…"]
    [var= "…varible name…"]
    [scope= "…scope of var…"] />
```

这个标签从资源文件中获取到一个消息,生成相应的一个本地化文本串。

<fmt:message>标签属性说明如表 10-18 所示。

表 10-18 <fmt:message>标签属性说明

属性名称	说明	EL	类型	必须	默认值
key	用于查找资源文件中相应的关键字名,它对应着一条特定的消息	Y	String	是	无
bundle	如果设置了这个属性,就会使用这个属性指定的资源文件,否则若嵌套在<fmt:bundle>标签中,就会直接使用<fmt:bundle>标签中 basename 属性指定的资源文件	Y	String	是	无
var	如果指定这个属性,则把取出的消息字符串存储在这个变量中	Y	String	否	无
scope	指定了 var 设置变量的有效范围	N	String	否	page

例如:

```
<fmt:setLocale value= "zh_CN" >
<fmt:setBundle basename= "AppMessage" var= "AppBundle" />
<fmt:bundle basename= "AppAllMessage" >
    <fmt:message key= "userName" />
    <fmt:message key= "password" bundle= "${AppBundle}" />
</fmt:bundle>
```

该示例使用绑定了两个资源配置文件,AppMessage 资源配置文件利用<fmt:setBundle>标签赋予了变量 AppBundle,而由<fmt:bundle>标签定义的 AppAllMessage 资源配置文件,在<fmt:bundle>中作用于其标签体内的显示。第一个<fmt:message>标签使用资源配置文件 AppMessage 中键名为 userName 的信息显示。第二个<fmt:message>标签虽然被定义在<fmt:Bundle>标签体内,但是它使用了 bundle 属性,因此将指定之前由<fmt:setBundle>标签保存的 AppMessage 资源配置文件,使用键名为 password 的信息显示。

10.3.5 <fmt:param>获取参数值标签

<fmt:param>标签用于参数传递，用来在获取的消息中插入一个值。一般与<fmt:message>标签配套使用，为消息标签提供参数值。<fmt:param>标签的使用格式如下：

<fmt:param value= "value" />

例如，在消息资源文件中的一条消息如下：

PswError= "{0}"

<fmt:message>标签首先使用 key＝"PswError"这个条件找到以上这条消息，然后在<fmt:message>标签中使用<fmt:param>标签赋一个值来替代{0}部分。

示例代码如下：

<fmt:bundle basename= "AppAllMessage" >
    <fmt:message key= "PswError">
        <fmt:param value= "密码错误"/>
    </fmt:message>
</fmt:bundle>

其中，value 属性的值即为要替代{0}部分的值。

10.3.6 <fmt:requestEncoding>设置字符编码标签

<fmt:requestEncoding>标签用于为请求设置字符编码。该标签只有一个 value 属性，在该属性中可以定义字符编码。例如：

<fmt: requestEncoding value= "UTF-8">

10.4 函数标签库

function 函数标签库中的标签基本分成两种：
- 长度度量函数；
- 字符串操作函数。

JSTL 函数库的各类标签的功能说明如表 10-19 所示。

表 10-19 JSTL 标准函数

函数	描述
fn:contains(string, substring)	如果参数 string 中包含参数 substring,返回 true
fn:containsIgnoreCase(string,substring)	如果参数 string 中包含参数 substring（忽略大小写），返回 true

续表

函数	描述
fn:endsWith(string, suffix)	如果参数 string 以参数 suffix 结尾,返回 true
fn:escapeXml(string)	将有特殊意义的 XML(和 HTML)转换为对应的 XML character entity code,并返回
fn:indexOf(string, substring)	返回参数 substring 在参数 string 中第一次出现的位置
fn:join(array, separator)	将一个给定的数组 array 用给定的间隔符 separator 串在一起,组成一个新的字符串并返回
fn:length(item)	返回参数 item 中包含元素的数量。参数 Item 类型可以是数组、collection 或者 String。如果是 String 类型,返回值是 String 中的字符数
fn:replace(string, before, after)	返回一个 String 对象。用参数 after 字符串替换参数 string 中所有出现参数 before 字符串的地方,并返回替换后的结果
fn:split(string, separator)	返回一个数组,以参数 separator 为分割符分割参数 string,分割后的每一部分是数组的一个元素
fn:startsWith(string, prefix)	如果参数 string 以参数 prefix 开头,返回 true
fn:substring(string, begin, end)	返回参数 string 的部分字符串,从参数 begin 开始到参数 end 位置包括 end 位置的字符
fn:substringAfter(string, substring)	返回参数 substring 在参数 string 中后面的那一部分字符串
fn:substringBefore(string, substring)	返回参数 substring 在参数 string 中前面的那一部分字符串
fn:toLowerCase(string)	将参数 string 所有的字符变为小写,并将其返回
fn:toUpperCase(string)	将参数 string 所有的字符变为大写,并将其返回
fn:trim(string)	去除参数 string 首尾的空格,并将其返回

例如,使用 fn:length 函数返回字符串中字符的个数,或者集合或数组中元素的个数,其语法为:

fn:length(item)

item 参数可以为字符串、集合或者数组,返回类型为 int 类型。其中,fn.length("")为要输出的格式表达式,若对象集合为空则输出结果 0。

【例 10-8】 fn:length(item)函数应用示例(fn-length.jsp 文件)。

```
<%@ page language="java" contentType="text/html; charset=UTF-8"
    pageEncoding="UTF-8"%>
<%@ taglib prefix="c" uri="http://java.sun.com/jsp/jstl/core"%>
<%@ taglib prefix="fn" uri="http://java.sun.com/jsp/jstl/functions"%>
```

```jsp
<%@ page import= "java.util.ArrayList"% >
<html>
<head>
<title> fn:length(item)函数示例</title>
</head>
<body>
  <%
    int[] array = {1,2,3,4};
    ArrayList list = new ArrayList();
    list.add("one");
    list.add("two");
    list.add("three");
    request.setAttribute("arrs",array);
    request.setAttribute("lts", list);
  %>
  <h3> <c:out value= "fn:length(item)函数示例" /> </h3>
  <c:set value= "${arrs}" var= "array"> </c:set>
  <c:set value= "${lts}" var= "list"> </c:set>
  数组长度：${fn:length(array)}<br />
  集合长度：${fn:length(list)}<br />
  字符串长度：${fn:length("函数(function)标签库")}<br />
</body>
</html>
```

上述代码的运行结果如图 10-8 所示。

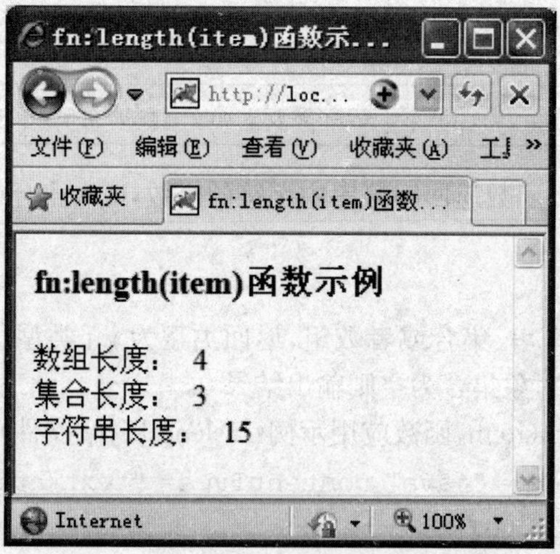

图 10-8　fn:length(item)函数应用示例

第 11 章 Struts 2 框架

Struts 2 是在 Struts 1 的基础上发展起来的,但不是 Struts 1 衍生出了 Struts 2。Struts 2 框架与 Struts 1 不同,Struts 2 以 WebWork 为核心,吸收了 Struts 1 和 WebWork 框架的优势,从而使其稳定性、性能等各方面都有了很好的保证。

11.1 Struts 2 简介

11.1.1 Struts 2 框架结构

Struts 2 采用拦截器或者拦截器栈(Inteceptors)。Struts 2 用拦截器进行处理,以用户的业务逻辑控制器为目标,创建一个控制器代理,实现业务逻辑与 Servlet API 的分离。Struts 2 框架的体系结构如图 11-1 所示,其大致处理流程如下:

(1) 客户端浏览器发送一个 HTTP 请求。
(2) 核心控制器 Dispatcher Filter 根据 HTTP 请求决定调用相应的 Action。
(3) 拦截器链自动对请求应用相应的功能,如登录、注册、注销验证等。

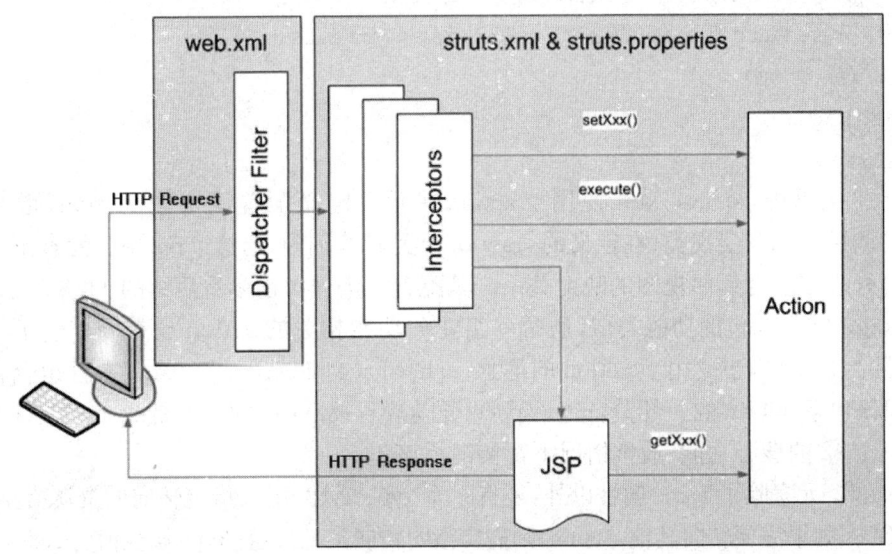

图 11-1 Struts 2 框架体系结构图

(4) 执行 Action 的 execute()方法,该方法根据请求的参数来执行一定的功能操作,同时在必要时调用 setXxx()方法将请求参数设置为 Action 的相应属性值。

(5) 以 JSP、HTML 等视图形式将 execute()方法的处理结果返回输出到浏览器中,同时在必要时调用 getXxx()方法来获取 Action 的相应属性值。

11.1.2 Struts 2 配置文件

创建 Struts 2 应用,必要时需要对 struts.xml 和 struts.properties 文件进行配置。struts.xml 是 Struts 2 的核心配置文件,用于配置 Action,struts.properties 文件用于配置 Struts 2 的全局属性。

1. struts.xml 配置文件

在部署 Struts 2 应用时,struts.xml 文件需要存放在 WEB-INF/classes 下。在 struts.xml 文件中,对 Struts 2 的 Action 进行配置,使用<action>元素定义 Action,指定该 Action 的调用名称和实现类,指明该 Action 的处理结果和返回视图的映射关系。struts.xml 文件格式如下所示:

```
<?xml version="1.0" encoding="UTF-8" ?>
<!DOCTYPE struts PUBLIC
"-//Apache Software Foundation//DTD Struts Configuration 2.1//EN"
"http://struts.apache.org/dtds/struts-2.1.dtd">
<struts>
<!-- 配置 package -->
<package name="???" namespace="???" extends="struts-default">
<!-- 配置 Action 的名称和类 -->
    <action name="???" class="???">
    <根据结果的字符串,指定转发的 JSP 视图-->
        <result name="???">/???.jsp</result>
    </action>
</package>
</struts>
```

在上述代码中,struts.xml 使用<action>元素定义配置了 1 个 Action;指明了该 Action 的调用名称和实现类;在定义的<action>元素范围内,通过<result>元素定义了该 Action 的处理结果与返回视图的映射关系。其配置代码详解请参看后续的 11.3 节示例。

package 与 java 包的功能类似,通常一组业务功能相关的 action 放在同一包下。其中 name 属性为自定义,主要用于 action 的继承;namespace 与 action 的 name 属性组合在一起作为访问该包下 action 的一部分,namespace 可以缺省;struts-default 是 struts2 的核心包,定义了 struts2 的核心功能,通常情况下都要继承该包。

<result>元素除了 name 属性以外,还有一个 type 属性,用来指定转向的资源类型,默认类型为 JSP。如果需要转向其他 Action,则需要指明转向类型,设置 type 属性值为 redirect。

2. struts.properties 配置文件

除了核心配置文件 struts.xml 以外,Struts 2 还提供了 struts.properties 用于配置全局

属性，该文件采用的格式是 Key-Value 键值对的形式，例如：
    struts.i18n.reload=true |自动加载国际化信息
    struts.i18n.encoding=gb2312 |定义国际化信息编码形式为 gb2312

11.1.3　Struts 2 控制器

Struts 2 控制器可以分为 Dispatcher Filter 核心控制器和 Action 业务控制器。在 Web 应用中，核心控制器负责拦截所有的用户请求，可以参考 11.1.1 节的 Struts 2 体系结构图。在 Struts 2 应用中起作用的业务控制器是系统生成的 Action 代理，该 Action 代理以用户自定义的 Action 为目标。Action 的示例代码参看 11.3 节示例。

与 Struts 1 的 Action 相比，Struts 2 的 Action 要简单得多，Struts 2 无需继承任何类或接口，Struts 2 将表单数据直接包含在 Action 中。

11.1.4　Struts 2 标签库

Struts 2 框架提供了强大的标签库。Struts 2 的标签库不仅提供了表现层数据处理，还提供了基本的流程控制等功能。运用 Struts 2 标签库可以大大减少 JSP 页面的代码编写。

下面举例比较传统 HTML 标签与 Struts 2 标签的代码编写效果。

(1) 使用传统 HTML 标签编写的 JSP 页面：

```
<%@ page language="java" pageEncoding="UTF-8"%>
<html>
<head> <title> 传统 HTML 标签</title> </head>
<body>
<center>
  <h3> 会员注册信息</h3> <br>
  <form action="sign.action" method="post">
    会员姓名<input type="text" name="name" /> <br>
      会员性别<input type="text" name="sex" /> <br>
        所在单位<input type="text" name="unit" /> <br>
          <input type="submit" value="注册" />
  </form>
</center>
</body>
</html>
```

(2) 使用 Struts 2 标签编写的 JSP 页面：

```
<%@ page language="java" pageEncoding="UTF-8"%>
<%@ taglib prefix="s" uri="/struts-tags"%>
<html>
<head> <title> Struts 2 标签</title> </head>
<body>
```

```
      <center>
        <h3>会员注册信息</h3> <br>
        <s:form action= "sign " method= "post">
          <s:textfield name= "name" label= "会员姓名" />
          <s:textfield name= "sex" label= "会员性别" />
          <s:textfield name= "unit" label= "所在单位" />
          <s:submit value= "注册" />
        </s:form>
      </center>
</body>
</html>
```

11.2 Struts 2 开发准备

Apache Struts 2 是一个为企业级应用打造的优秀的、可扩展的 Web 框架。该框架旨在充分精简应用程序的开发周期,从而减少创建、发布直到应用所花费的时间。

11.2.1 配置 MyEclipse 开发工具

MyEclipse 企业级工作平台(MyEclipse Enterprise Workbench)是对集成开发环境 (Integrated Develop Environment)的扩展。MyEclipse 开发工具有自带的 JDK 和 Tomcat。如果想使用自己安装的 JDK 和 Tomcat,可以通过选项设置配置 Web 应用环境。步骤如下:

(1) 在 MyEcllpse 开发工具中,执行 Window→Preferences 菜单命令,打开 Preferences 窗口,在窗口中依次展开选项选择 Java →Installed JREs,在窗口右边部分选择"Add"添加自己安装的 JDK,如图 11-2 所示。单击"OK"按钮,完成 JDK 的配置。

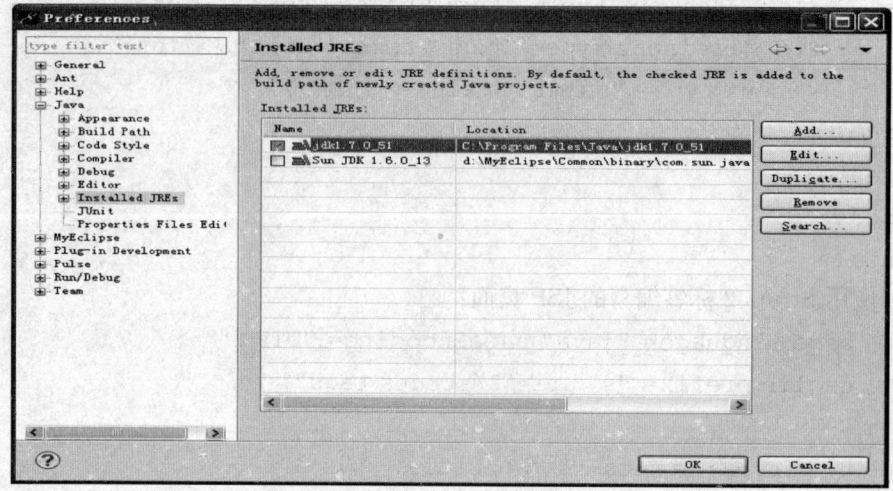

图 11-2 外置 JDK 1.7.0.51 的配置

(2) 在 MyEcllpse 开发工具中,执行 Window→Preferences 菜单命令,打开 Preferences 窗口,在窗口中依次展开选项选择 MyEclipse→ Server→Tomcat →Tomcat 7. x,在窗口右边部分配置好 Tomcat 服务器的安装目录,并选择"Enable"使得服务器有效,如图 11-3 所示。单击"OK"按钮,完成 Tomcat 的配置。

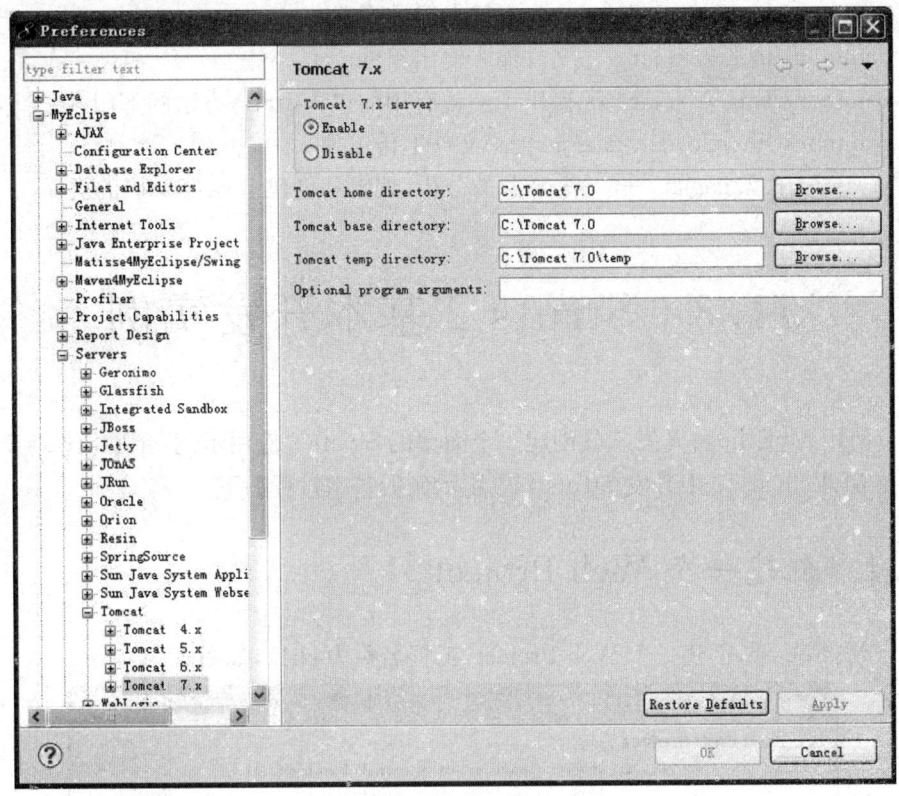

图 11-3　外置 Tomcat 7.0 的配置

11.2.2　下载 Struts 2 框架开发包

MyEclipse 10 内置 Struts 2 开发支持包。如果 MyEclipse 内置的 Struts 2 开发包版本不符合要求,可以自己下载 Struts 2 开发包。访问 Struts 2 的官方网站 http://struts.apache.org,点击进入 Struts 2 的下载页面,选择下载 Struts 2 完整版。本书使用的版本是 Struts 2.2.1.1。将下载的 Zip 文件解压缩,解压后的目录中主要包含以下几个文件夹结构:
- apps——保存 Struts 2 的示例程序,对学习者来说是非常有用的资料。
- docs——保存 Struts 2 的相关文档,如快速入门、说明文档及 API 文档等内容。
- lib——保存 Struts 2 的核心类库及第三方的插件类库。
- src——保存 Struts 2 的全部源代码。

开发 Struts 2 框架的 Web 应用一般用不到 Struts 2 的全部特性,只需加载 Struts 2 开发包中必要的 jar 包。以下 9 个 jar 文件是必需的,复制到 Web 应用中的 WEB-INF/lib 目录下即可:

- struts2-core-2.x.x.jar——Struts 2 的核心库。
- xwork-core-2.x.x.jar——Struts 2 需要的 WebWork 的核心库支持。
- ognl-2.x.x.jar——OGNL 表达式语言。
- freemarker-2.x.x.jar——表现层框架,定义了 Struts 2 的可视组件主题。
- commons-logging-x1.1.x.jar——日志记录管理。
- commons-io-1.x.x.jar——文件输入输出组件。
- commons-lang-2.x.x.jar——提供了一些有用的包含 static 方法的 Util 类。
- commons-fileupload-1.x.x.jar——文件上传组件。
- javassist-3.7.ga.jar——一个开源的分析、编辑和创建 Java 字节码的类库。

11.3 Struts 2 基本开发实例

本节使用 MyEclipse 开发工具创建一个简单的 Struts 2 应用示例,介绍 Struts 2 框架的使用。在 MyEclipse 10 中开发 Struts 2 应用示例的基本过程如下。

11.3.1 创建一个 Web Project

打开 MyEclipse,创建一个 Web Project,工程名称为 ch11,如图 11-4 所示。

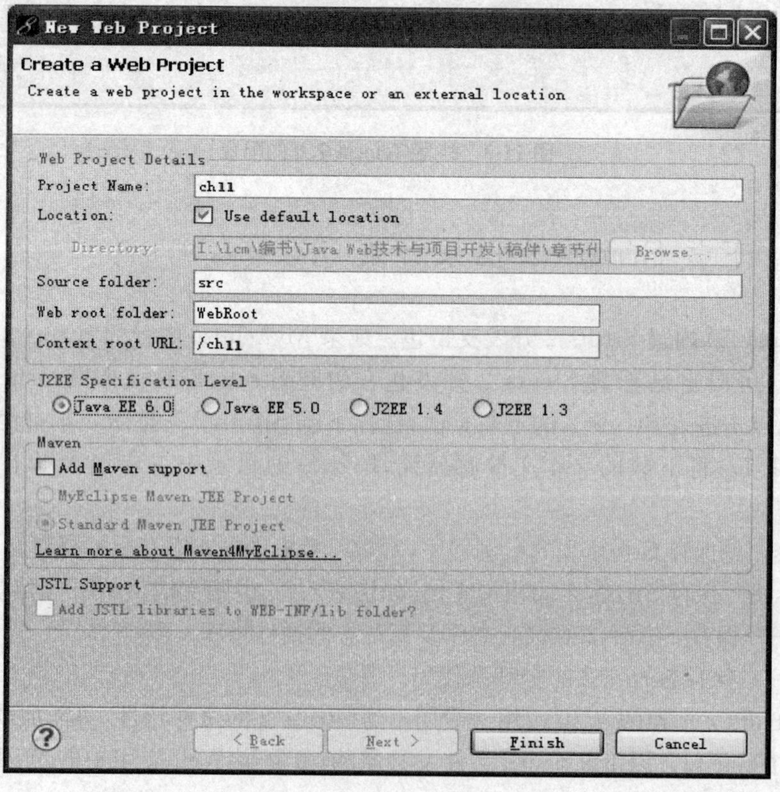

图 11-4 创建一个 Web Project

11.3.2 加载 Struts 2 框架支持

方法 1 加载 MyEclipse 内置的 Struts 2 框架支持。

右键点击"ch11"项目名称,在弹出的快捷菜单中依次选择 MyEclipse→Add Struts Capabilities…,弹出 Struts 配置窗口,如图 11-5 所示。

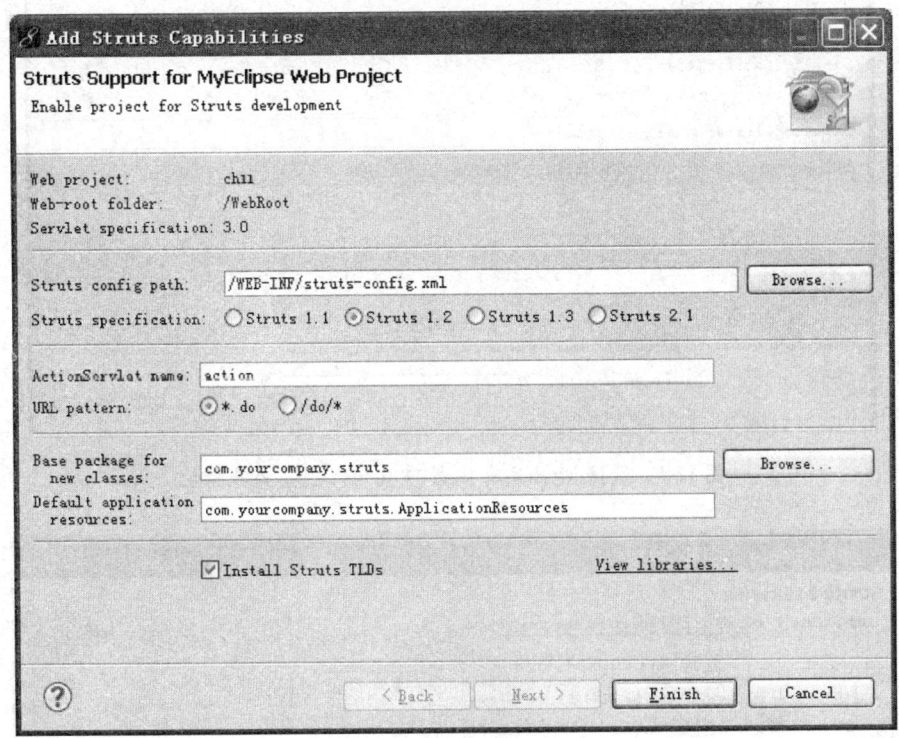

图 11-5 加载 MyEclipse 内置的 Struts 支持包

点击选择 Struts 2.1,弹出如图 11-6 所示窗口。

点击"Next",弹出如图 11-7 所示窗口,选择项目开发所需要的支持包,然后点击"Finish"。这样就完成了 MyEclipse 内置的 Struts 2.1 核心支持包的加载。

方法 2 加载下载解压的 Struts 2 框架支持。

MyEclipse 10 版本的内置 Struts 2 框架支持包最高版本是 Struts 2.1,本书采用的是 Struts 2.2.1.1 版本框架支持包,所以需要对 MyEclipse 10 进行外置支持包的加载。方法如下:将 Struts 2.2.1.1 版本的软件包解压,选取 lib 文件夹下的 9 个文件:struts2-core-2.2.1.1.jar、xwork-core-2.2.1.1.jar、ognl-3.0.jar、freemarker-2.3.16.jar、commons-logging-1.0.4.jar、commons-io-1.3.2.jar、commons-lang-2.2.jar、commons-fileupload-1.2.1.jar 和 javassist-3.7.ga.jar,将它们复制到 WEB-INF/lib 路径下。

因为 javassist-3.7.ga.jar 是 Tomcat 服务器运行环境必须的类包,所以必须加载。如果在解压缩的 Struts 2 框架支持包的 lib 文件夹下找不到 javassist-3.7.ga.jar 文件,读者可以在 Struts 2 框架支持包的 apps 文件夹下的应用示例中找到。将 Struts 2 框架支持包的 apps 文件夹下的 struts2-blank.war 文件解压,在 struts2-blank.war 解压后的 WEB-INF/

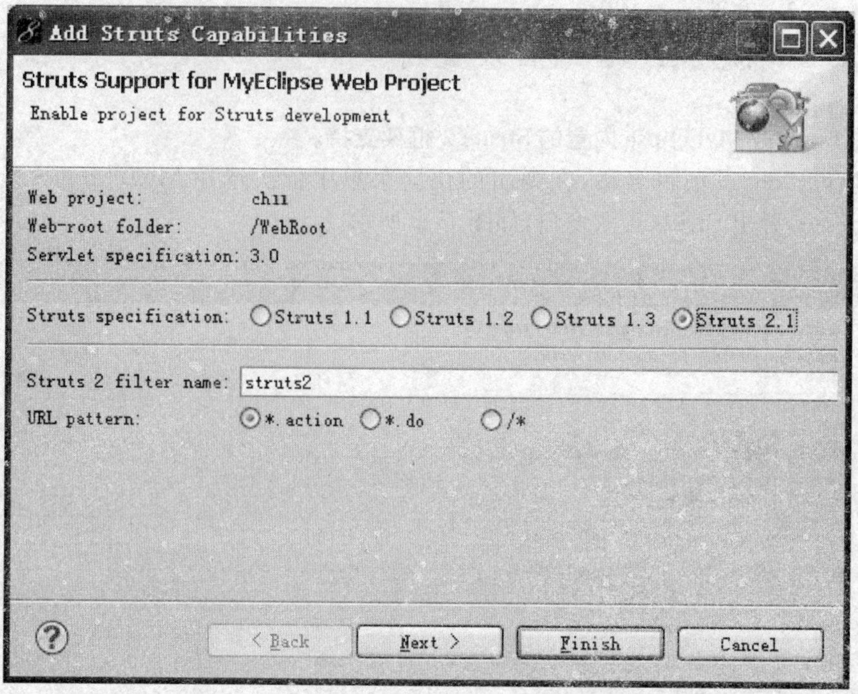

图 11-6 选择 MyEclipse 内置的 Struts 2.1 版本支持包

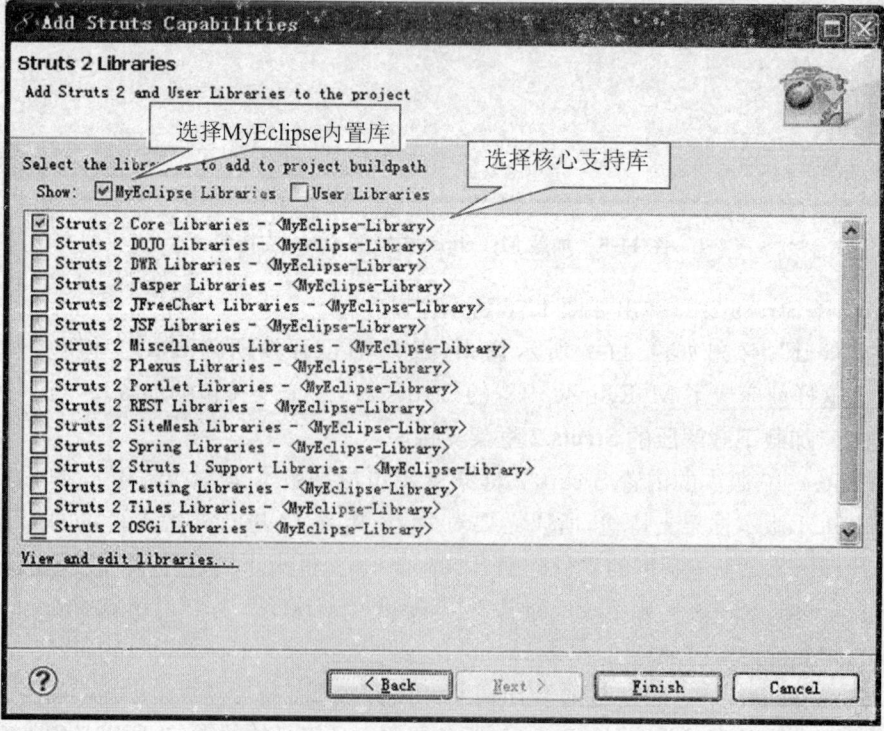

图 11-7 加载 MyEclipse 内置的 Struts 2.1 支持包

lib 路径下就可以找到 javassist-3.7.ga.jar 文件,将其复制到 Web 工程项目的 WEB-INF/lib 路径下即可。

最后，在 MyEclipse 右边的资源目录树窗口中，选中"ch11"工程，敲击键盘上的"F5"功能键，或者鼠标右键单击"ch11"工程执行弹出菜单的"Refresh"刷新功能，或者右击鼠标选择 Build Path→Configure Build Path…，出现如图 11-8 所示的对话框。选择 Add External JARs…，将当前 Web 应用的 WEB-INF/lib 文件夹下的 9 个 jar 包添加到项目中即可。

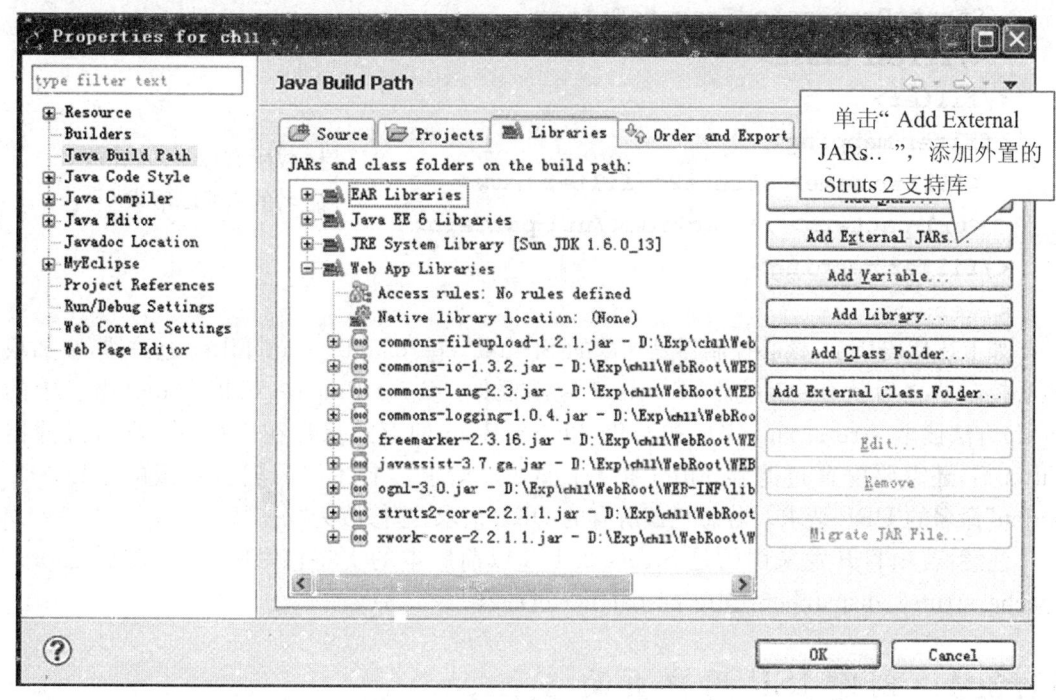

图 11-8　添加 Struts 2 的 jar 支持包

11.3.3　修改 web.xml 配置

打开 WebRoot/WEB-INF/web.xml 配置文件。在加载框架支持时，若采用方法 1 加载 MyEclipse 10 内置的 Struts 2 框架支持包，则 MyEclipse 10 会自动添加配置 web.xml 代码如下所示；若采用方法 2 加载 MyEclipse 10 外置的 Struts 2 框架支持包，则需要开发者自行添加修改以下粗体字显示的代码。

```
<?xml version="1.0" encoding="UTF-8"?>
<web-app version="3.0"
xmlns="http://java.sun.com/xml/ns/javaee"
xmlns:xsi="http://www.w3.org/2001/XMLSchema-instance"
xsi:schemaLocation="http://java.sun.com/xml/ns/javaee
http://java.sun.com/xml/ns/javaee/web-app_3_0.xsd">
<display-name></display-name>
<welcome-file-list>
    <welcome-file>index.jsp</welcome-file>       主页文件名
</welcome-file-list>
```

```xml
<filter>
  <filter-name>struts2</filter-name>
  <filter-class>
  org.apache.struts2.dispatcher.ng.filter.
  StrutsPrepareAndExecuteFilter
  </filter-class>
</filter>
```
配置过滤器

```xml
<filter-mapping>
  <filter-name>struts2</filter-name>
  <url-pattern>/*.action</url-pattern>
</filter-mapping>
</web-app>
```
拦截所有以 *.action 命名的 URL 请求

如上述代码所示,核心控制器是加载的 StrutsPrepareAndExecuteFilter 过滤器,在加载核心控制器之后就会自动加载 Struts 2 应用框架。StrutsPrepareAndExecuteFilter 中的 init()方法读取 struts.xml 完成初始化,以 JavaBean 的形式保存在内存中。配置过滤器 Filter 后,还需要配置过滤器 Filter 拦截的 URL 请求。上述代码配置拦截的是以"*.action"命名的 URL 请求。若想拦截所有的 URL 请求,应修改为"/*"。

注意:若项目开发采用的是 Struts 2.1.3 以前版本的支持包,则核心控制器是 org.apache.struts2.dispatcher.FilterDispatcher 过滤器。

11.3.4 创建 JSP 用户页面

以在 WebRoot 下创建一个简单的表单提交页面 sign.jsp 为例,方法是:右击 webRoot,选择 new→jsp,在 File Name 中输入文件名"sign.jsp"。

输入 sign.jsp 代码如下:

```jsp
<%@ page language="java" pageEncoding="UTF-8"%>
<html>
<head> <title>会员注册页面</title> </head>
<body>
${words} <hr>
<form action="sign.action" method="post">
    会员注册信息<br>
    会员姓名:<input type="text" name="name" /> <br>
    所在单位:<input type="text" name="unit" /> <br>
    <input type="submit" value="提交" />
</form>
</body>
</html>
```

当表单提交给 Sign.action 时,Struts 2 的 Dispacher Filter 过滤器将自动起作用,将用户请求转发到对应的 Struts 2 的 Action。

11.3.5 实现 Action 控制器

以在 src 目录下创建一个新类 SignAction.java 为例,代码如下:

```java
package action;
import com.opensymphony.xwork2.ActionSupport;
public class SignAction extends ActionSupport{
    private String name;        //定义 name 属性变量,保存会员姓名
    private String unit;        //定义 unit 属性变量,保存单位名称
    private String words;       //定义 words 属性变量,保存输出结果
    //处理用户请求的 execute 方法
    public String execute() throws Exception{   //默认 Action 的执行方法
        if(name.equals("")){    //若 name 为空字符,
            words= "错误:会员姓名不能为空!";
            return INPUT;   //返回 INPUT,struts.xml 配置转发到 sign.jsp 页面
        }
        else if (unit.equals("")){   //若 unit 为空字符,
            words= "错误:单位名称不能为空!";
            return INPUT;   //返回 INPUT,struts.xml 配置转发到 sign.jsp 页面
        }
        else{
            words= "成功:登记注册信息!";
            //返回 SUCCESS,struts.xml 配置转发到 showinfo.jsp 页面
            return SUCCESS;
        }
    }
    public String getName() {
        return name;
    }
    public void setName(String name) {
        this.name = name;
    }
    public String getUnit() {
        return unit;
    }
    public void setUnit(String unit) {
        this.unit = unit;
    }
    public String getWords() {
        return words;
```

```
    }
    public void setWords(String words) {
        this.words = words;
    }
}
```

上面的 Action 类是一个普通的 Java 类。该类定义了三个属性：name、unit 和 words。类的属性变量的命名必须与在 sign.jsp 中表单使用的文本输入框的命名严格匹配。在 Struts 2 中，Action 类的属性变量总是在调用 execute()方法之前被设置(通过调用 setName()和 setUnit()方法)。因为在 execute()方法执行之前，它们已经被赋予了正确的值，所以，在 execute()方法中可以使用 Action 类的这些属性变量值。

11.3.6 配置 struts.xml

在工程的 src 文件夹下生成文件 struts.xml(注意文件位置和大小写)，里面的代码如下：

```xml
<?xml version="1.0" encoding="UTF-8"?>
<!DOCTYPE struts PUBLIC
"-//Apache Software Foundation//DTD Struts Configuration 2.1//EN"
"http://struts.apache.org/dtds/struts-2.1.dtd">
<struts>
<package name="struts" extends="struts-default">
<!-- 配置 Action 类-->
    <action name="sign" class="action.SignAction">
    <!-- 配置 INPUT 返回视图-->
        <result name="input">/sign.jsp</result>
        <!-- 配置 SUCCESS 返回视图-->
        <result name="success">/showinfo.jsp</result>
    </action>
</package>
</struts>
```

上述代码在 struts.xml 文件中使用<action>元素定义配置了 1 个 Action。Action 的调用名称为 sign，实现类为 action.SignAction，即指 action 文件夹下的 SginAction.java 类，指明 SignAction 类负责处理 sign.action 的 URL 的客户端请求。在定义的<action>元素范围内，通过<result>元素定义了该 Action 的处理结果与返回视图的映射关系，该 Action 将调用自身的 execute()方法处理用户请求，如果 execute()方法返回 success 字符串，请求被转发到 showinfo.jsp 页面，如果 execute 方法返回 input 字符，则请求被转发到 sign.jsp 页面。

11.3.7 创建结果页面

经过上面的步骤,这个 Struts 2 应用几乎可以运行了,但还需要为该 Web 应用增加一个 showinfo.jsp 页面,将这个 JSP 页面文件放在 Web-Root 下。showinfo.jsp 的代码如下:

```
<%@ page language="java" pageEncoding="UTF-8"%>
<%@ taglib prefix="s" uri="/struts-tags"%>
<html>
<head> <title>成功登记注册信息页面</title> </head>
    <body>
        采用 Struts 2 标签输出结果:<br>
        <s:property value="words" /> <br>
        会员姓名:<s:property value="name" /> <br>
        所在单位:<s:property value="unit" /> <br>
        <hr>
        采用 EL 表达式输出结果:<br>
        ${words}<br>
        会员姓名:${name}<br>
        所在单位:${unit}<br>
    </body>
</html>
```

以上的代码保存在 showinfo.jsp 文件中。代码中第二行是 Struts 2 标签库定义:将前缀 s 和 uri 之间建立映射关系。前缀 s 指明了所有 Struts 2 标签在使用的时候以 "s:" 开头。

<s:property value="words"> 是一个使用自定义 property 标签的 JSP 页面。这个 property 标签包含一个 value 属性值,通过设置 value 的值,标签可以从 action 中获得相应表达式的内容,这是通过在 action 中创建一个名为 getWords() 的方法得来的。

11.3.8 工程部署和运行

经过以上的操作,一个简单的 Struts 2 应用示例即开发完成,其工程资源文件结构如图 11-9 所示。

将应用程序部署到 Tomcat 服务器上,启动 Tomcat 服务器程序,在浏览器中输入:http://localhost:8080/ch11/sign.jsp,示例运行结果如图 11-10 和图 11-11 所示。

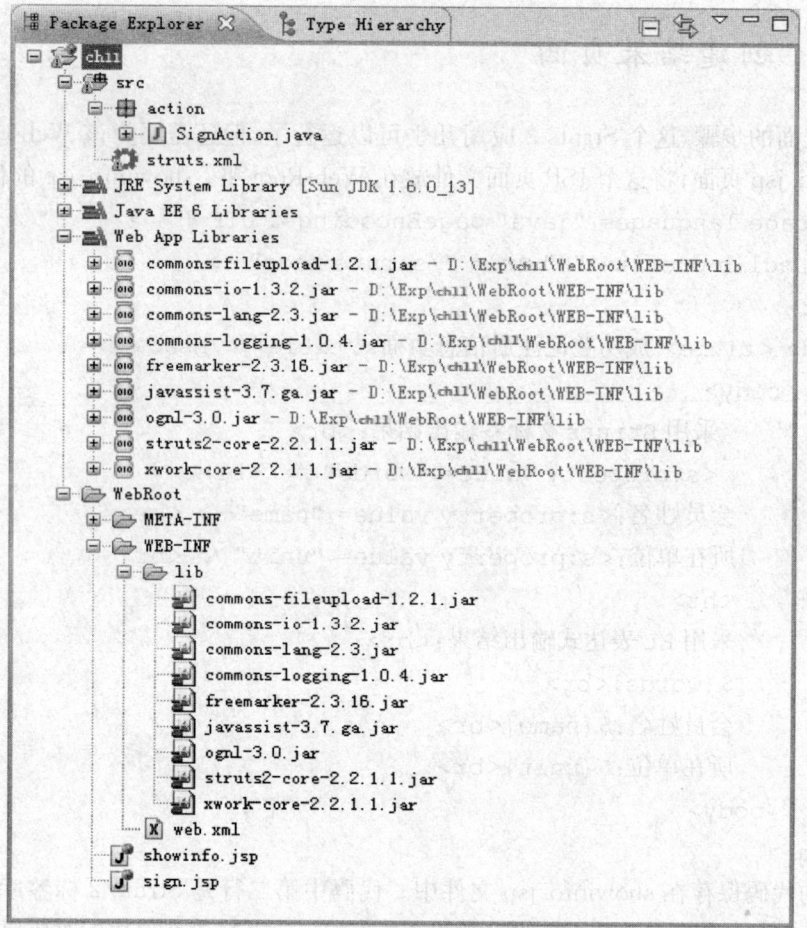

图 11-9 示例工程资源文件结构

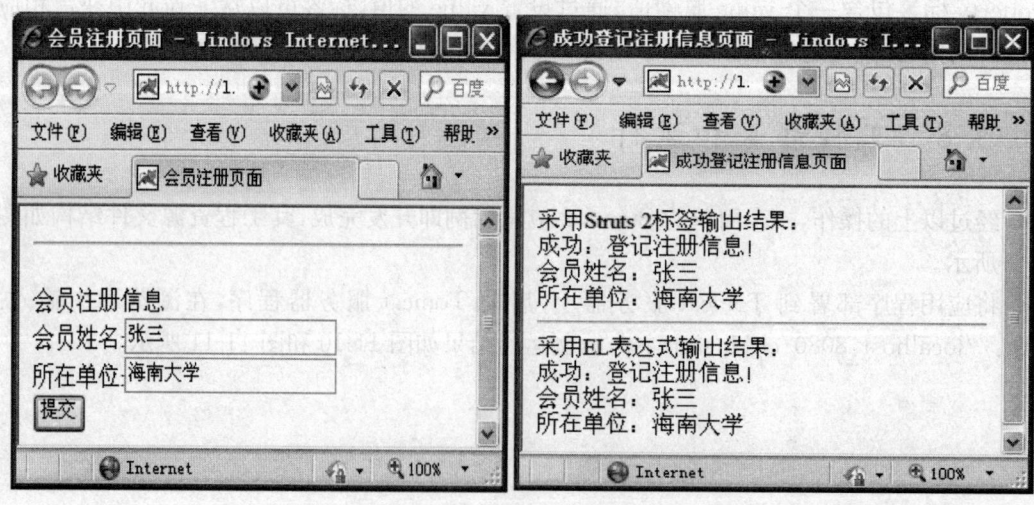

图 11-10 程序 sign.jsp 运行页面 　　　图 11-11 程序 showinfo.jsp 运行页面

第 12 章　JSP 开发模式应用实例

在 JSP 开发中,通常使用两种 JSP 开发技术模式,一种是 JSP、JDBC 与 JavaBean 相结合的开发模式,另一种则是将 JSP、Servlet、JDBC 和 JavaBean 相结合的开发模式。JSP+JavaBean+JDBC 的开发模式称为模式一,而 JSP+Servlet+JavaBean+JDBC 的开发模式称为模式二。

在 JSP+JavaBean+JDBC 开发模式中,JSP 页面独自完成响应客户的请求,并将相应的处理结果返回给客户。其业务逻辑的数据处理由 JavaBean 来完成,JSP 则负责数据的页面表现。实现了页面表现和数据逻辑的分离。

JSP+Servlet+JavaBean+JDBC 开发模式结合了 JSP 和 Servlet 技术,充分利用了 JSP 和 Servlet 两种技术原有的优点。在该模式中,JSP 技术负责页面的表示,而 Servlet 则负责完成事务处理工作。JSP+Servlet+JavaBean+JDBC 开发模式遵循了 MVC 模式(Model View Controller,模型—视图—控制器),使用一个或多个 Servlet 作为控制器,用来处理客户请求的事务。JavaBean 作为 JSP 和 Servlet 通信的中间工具,充当模型的角色。Servlet 完成业务处理后,将结果设置到相应的 Bean 的属性中,JSP 则负责读取 Bean 属性并进行显示,JSP 页面中没有任何业务处理逻辑,只输出数据并允许用户操纵。

在使用 JSP+JavaBean+JDBC 模式进行开发时,常常需要在页面中嵌入大量的脚本语言或者 Java 代码段。模式无法满足大型应用的开发要求,仅能适合做小型应用的开发。而 JSP+Servlet+JavaBean+JDBC 模式将页面表示和业务处理逻辑分离,进行了更清晰的角色划分,使得设计开发人员可以充分地发挥其自身的特长,快速开发出出色的项目。在大型的项目开发中,这些优势表现得尤为突出,因此,在大型项目开发中,更多地采用模式二。

在本章中,应用上述的 JSP 开发模式,整合开发具有基本功能的网上书店系统,深入讲解网上书店系统基本功能的分析、设计、开发过程。网上书店主页如图 12-1 所示。

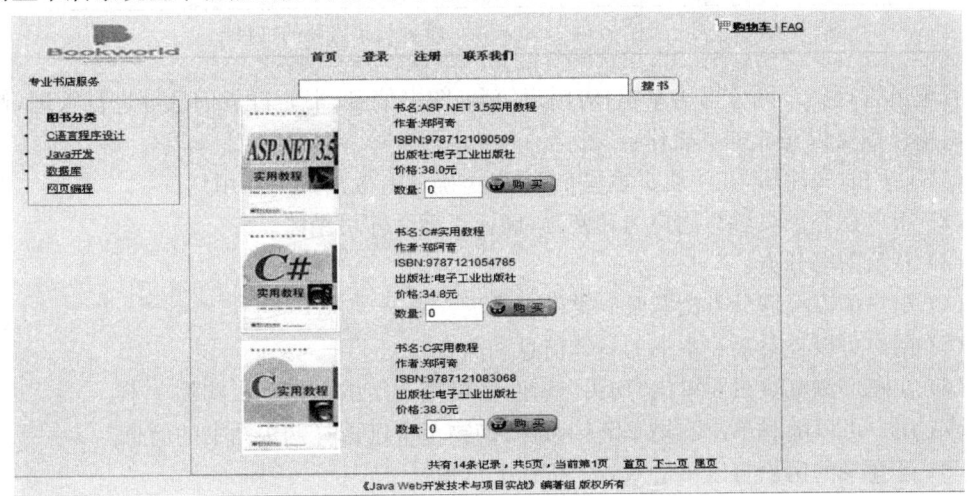

图 12-1　网上书店系统主页

12.1 系统分析

12.1.1 系统概述

网上书店系统采用的是基于客户层、Web 服务层和数据库服务层的三层体系结构。在软件开发中将三层结构引入系统,一方面可以使系统前后台分离,方便维护;另一方面可以和后台数据库实现无缝连接。通过联系前端(客户端)浏览器和后台数据库,方便地实现内容的维护与更新,使用户更快更好地了解信息,进行网上商务活动。

12.1.2 需求分析

网上书店是一个典型的基于 Web 网站的软件系统,在实际的应用中集成了诸多的功能模块。而在本教学案例中,将系统仅仅划分为 3 个模块:系统管理模块、图书信息模块和购书管理模块。详细功能划分和描述如表 12-1 所示。

表 12-1 网上书店系统功能划分

功能	说 明
注册	注册新的用户
登录	用户和管理员需要登录
图书查询	用户可以查询图书信息
购书模块	用户可以购买书籍,提交订单确认
用户查询	管理员查看客户资料
订单查询	管理员查看订单资料
新书录入	管理员录入新的书目

管理员管理整个网上书店系统,对用户信息、图书信息、书店订货信息等进行管理,修改记录。用户则可以完成如下操作:
(1) 使用时先注册,在注册页填写个人信息,确认有效后成为新用户。
(2) 用户在登录页填写用户名和密码,确认正确后才可结账。
(3) 显示图书分类。
(4) 用户可以根据分类浏览某一类图书列表。
(5) 用户可以查看某一本书的具体信息和简介。
(6) 在图书浏览页只要单击"购买"按钮,就可把选定的图书加入购物车中。
(7) 用户可以随时单击购物车链接,查看购物车中已选择购买图书的信息。
(8) 已登录的用户可以单击"结账"按钮下订单。
用户要定购书籍,首先要进行会员注册,注册成功后系统数据库会记录用户的信息,然后允许用户登录,这时用户可以通过图书检索和图书分类两种方式来查找自己需要的图书,找到后将书籍放入购物车,选择完毕后就可以下订单。

12.2 系统总体设计

12.2.1 系统总体设计

网上书店系统基于 B/S(浏览器/服务器)模式。服务器端有 Web 服务器和数据库服务器。其中,Web 服务器选择使用 Apache Tomcat 7.0,数据库服务器选择 MySQL 5.1。

网上书店系统为客户和管理员提供一系列网上购书的工作流程服务。在这个系统中,首先,由管理员在后台添加书籍等基本信息。然后,由客户从前台登录,浏览书籍信息,对自己想购买的书籍进行选定,设定购买数量,提交添加到购物车中,然后可以打开购物车进行结算提交订单。在书店管理模块,管理员可以查看和管理客户信息及订单信息。

网上书店系统基本功能总体结构图如图 12-2 所示。

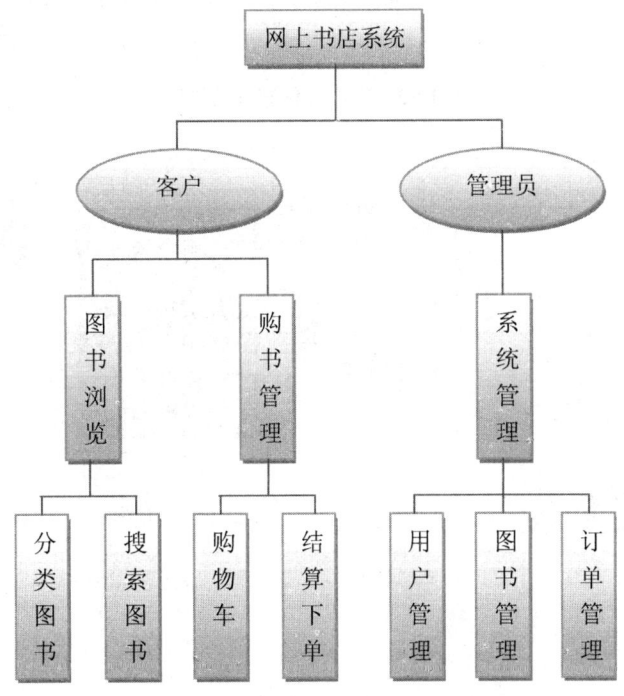

图 12-2 网上书店系统功能结构图

12.2.2 用户工作流程

网上书店系统的用户分为两种角色：客户、书店管理员，根据这两个用户角色确定的用户工作流程结构如图12-3、图12-4所示。

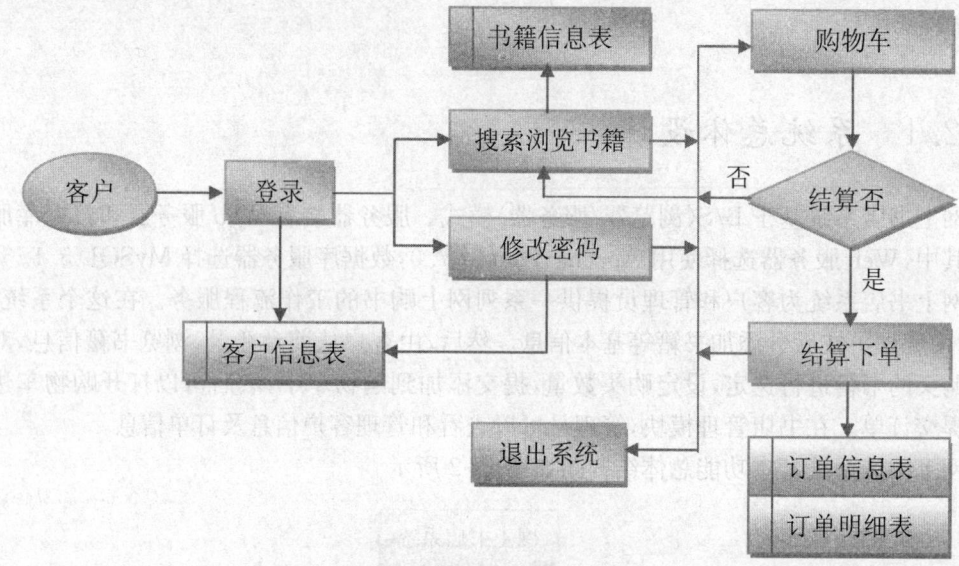

图 12-3　客户工作流程结构图

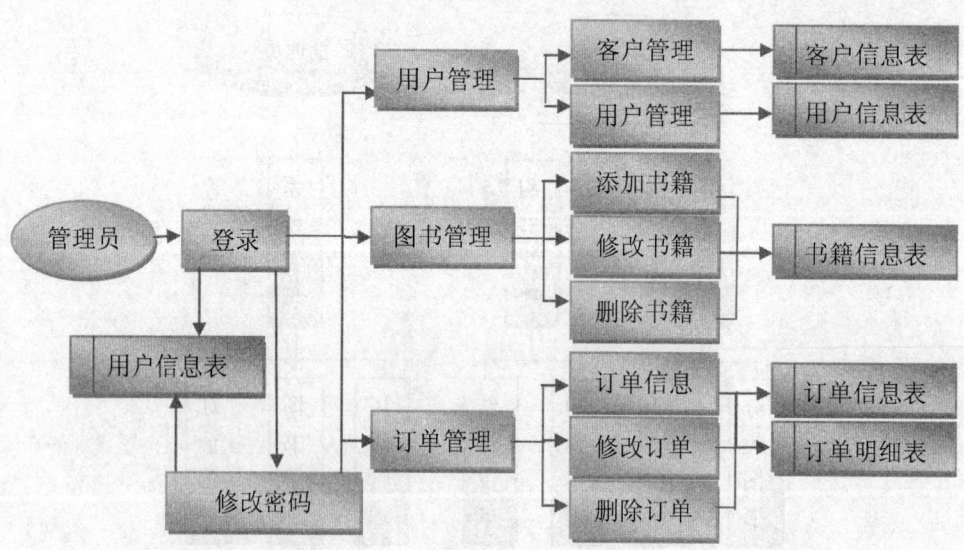

图 12-4　管理员工作流程结构图

12.3 数据库设计与创建

数据库管理系统和数据是信息系统的重要组成部分。所谓数据库管理系统是对系统所用到的数据进行增加、修改、删除等日常数据维护的计算机应用软件系统。网上书店系统数据之间的关系比较简单,对数据的加工比较简单。

数据库设计得合理与否将直接影响到系统性能和后期开发的难易程度。一个好的数据逻辑设计需要进行详细的应用系统需求分析,同时需要遵循数据逻辑设计的规范与经验知识,要求如下:

- 字段的唯一性。不允许同名异义的字段或异名同义的字段出现,这使数据的一致性得到基本保证。
- 避免不同数据中重复出现同一类非关键字。
- 把共享的数据尽可能集中存放。
- 检索频率相差较大的数据项不直接放在同一个库中。这样可以提高检索的速度,减少数据传输量。
- 应用统一的设计准则,即数据库维护权限准则,子系统接口设计准则,路径名、数据库名、模块名统一准则。
- 每个表应有主关键字,其他数据元素与主关键字一一对应。所以,在下面设计的表中几乎都有相关名称的"id"这一字段,该字段作为主关键字,不允许有重复记录出现。

在本系统中总共用到以下几个表:user 表、book 表、catalog 表、orders 表、orderitem 表。系统采用 MySQL 数据库,各表的结构定义、MySQL 创建语句以及 Java 实现数据库连接和访问代码如下。

12.3.1 数据表定义与创建

1. user 用户(客户)表

user 用户(客户)表的字段、类型、长度等结构定义如图 12-5 所示。
创建 user 用户表的 MySQL 语句如下:

```
CREATE TABLE `user` (
  `userid` varchar(30) NOT NULL COMMENT '用户账号',
  `password` varchar(20) NOT NULL COMMENT '用户密码',
  `username` varchar(30) NOT NULL COMMENT '用户名称',
  `sex` varchar(4) DEFAULT NULL COMMENT '性别',
  `phone` varchar(20) DEFAULT NULL COMMENT '电话',
  `address` varchar(100) DEFAULT NULL COMMENT '地址',
  `post` varchar(8) DEFAULT NULL COMMENT '邮编',
  `email` varchar(50) DEFAULT NULL COMMENT '电子邮箱',
  `type` int(4) NOT NULL COMMENT '用户类型',
```

Column Name	Datatype	NOT NULL	AUTO INC	Flags	Default Value	Comment
userid	VARCHAR(30)	✓		☐ BINARY	NULL	用户账号
password	VARCHAR(20)	✓		☐ BINARY	NULL	用户密码
username	VARCHAR(30)	✓		☐ BINARY	NULL	用户名称
sex	VARCHAR(4)			☐ BINARY	NULL	性别
phone	VARCHAR(20)			☐ BINARY	NULL	电话
address	VARCHAR(100)			☐ BINARY	NULL	地址
post	VARCHAR(8)			☐ BINARY	NULL	邮编
email	VARCHAR(50)			☐ BINARY	NULL	电子邮箱
type	INT(4)	✓		☐ UNSIGNED ☐ ZEROFILL		用户类型
regtime	DATETIME				NULL	注册时间
logintime	DATETIME				NULL	登录时间

图 12-5 用户(客户)表

```
  `regtime` datetime DEFAULT NULL COMMENT '注册时间',
  `logintime` datetime DEFAULT NULL COMMENT '登录时间',
  PRIMARY KEY (`userid`) USING BTREE
) ENGINE= InnoDB DEFAULT CHARSET= utf8;
```

2. 图书信息表

book 图书信息表的字段、类型、长度等结构定义如图 12-6 所示。

Column Name	Datatype	NOT NULL	AUTO INC	Flags	Default Value	Comment
bookid	INT(11)	✓	✓	☐ UNSIGNED ☐ ZEROFILL	NULL	图书编号
catalogid	INT(11)	✓		☐ UNSIGNED ☐ ZEROFILL	NULL	图书种类
bookname	VARCHAR(50)	✓		☐ BINARY	NULL	图书名称
author	VARCHAR(30)			☐ BINARY	NULL	图书作者
ISBN	VARCHAR(30)	✓		☐ BINARY	NULL	图书出版号
publish	VARCHAR(50)	✓		☐ BINARY	NULL	图书出版社
publishtime	DATETIME				NULL	出版时间
price	FLOAT	✓		☐ UNSIGNED ☐ ZEROFILL	0	单价
quantity	INT(11)			☐ UNSIGNED ☐ ZEROFILL	0	数量
intro	TEXT				NULL	简介
picture	VARCHAR(50)			☐ BINARY	NULL	图片

图 12-6 图书信息表

创建 book 图书信息表的 MySQL 语句如下：

```
CREATE TABLE `book` (
  `bookid` int(11) NOT NULL AUTO_INCREMENT COMMENT '图书编号',
  `catalogid` int(11) NOT NULL COMMENT '图书种类',
  `bookname` varchar(50) NOT NULL COMMENT '图书名称',
  `author` varchar(30) DEFAULT NULL COMMENT '图书作者',
  `ISBN` varchar(30) NOT NULL COMMENT '图书出版号',
  `publish` varchar(50) NOT NULL COMMENT '图书出版社',
  `publishtime` datetime DEFAULT NULL COMMENT '出版时间',
  `price` float NOT NULL DEFAULT '0' COMMENT '单价',
```

```
  `quantity` int(11) DEFAULT '0' COMMENT '数量',
  `intro` text COMMENT '简介',
  `picture` varchar(50) DEFAULT NULL COMMENT '图片',
  PRIMARY KEY (`bookid`),
  KEY `FK_Relationship_3` (`catalogid`),
  CONSTRAINT `FK_Relationship_3` FOREIGN KEY (`catalogid`) REFERENCES `catalog` (`catalogid`)
) ENGINE=InnoDB AUTO_INCREMENT=15 DEFAULT CHARSET=utf8;
```

3. 图书种类表

catalog 图书种类表的字段、类型、长度等结构定义如图 12-7 所示。

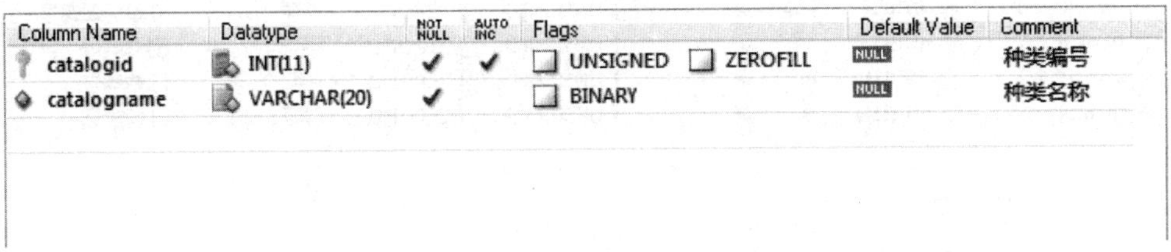

图 12-7 图书种类表

创建 catalog 图书种类表的 MySQL 语句如下：

```
CREATE TABLE `catalog` (
  `catalogid` int(11) NOT NULL AUTO_INCREMENT COMMENT '种类编号',
  `catalogname` varchar(20) CHARACTER SET gb2312 NOT NULL COMMENT '种类名称',
  PRIMARY KEY (`catalogid`)
) ENGINE=InnoDB AUTO_INCREMENT=5 DEFAULT CHARSET=utf8;
```

4. 客户订单表

orders 客户订单表的字段、类型、长度等结构定义如图 12-8 所示。

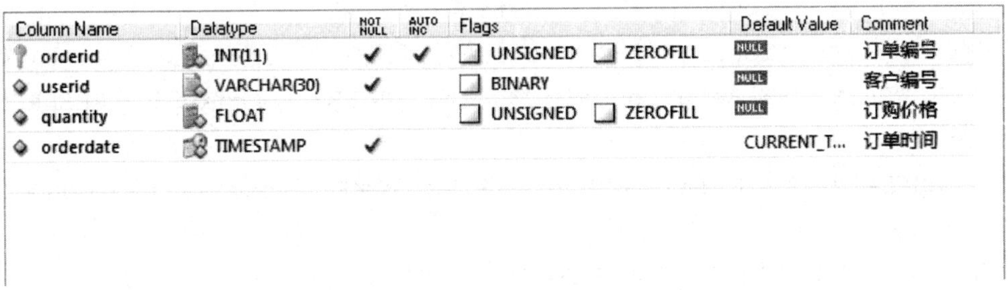

图 12-8 客户订单表

创建 orders 客户订单表的 MySQL 语句如下：

```
CREATE TABLE `orders` (
  `orderid` int(11) NOT NULL AUTO_INCREMENT COMMENT '订单编号',
  `userid` varchar(30) NOT NULL COMMENT '客户编号',
  `quantity` float DEFAULT NULL COMMENT '订购价格',
```

```
    `orderdate` timestamp NOT NULL DEFAULT CURRENT_TIMESTAMP COMMENT '
订单时间',
    PRIMARY KEY (`orderid`),
    KEY `FK_Relationship_1` (`userid`),
    CONSTRAINT `FK_Relationship_1` FOREIGN KEY (`userid`) REFERENCES `
user` (`userid`)
) ENGINE= InnoDB AUTO_INCREMENT= 5 DEFAULT CHARSET= utf8;
```

5. 客户订单明细表

Orderitem 客户订单明细表的字段、类型、长度等结构定义如图 12-9 所示。

Column Name	Datatype	NOT NULL	AUTO INC	Flags		Default Value	Comment
orderitemid	INT(11)	✓	✓	UNSIGNED	ZEROFILL	NULL	订单明细编号
bookid	INT(11)	✓		UNSIGNED	ZEROFILL	NULL	图书编号
orderid	INT(11)	✓		UNSIGNED	ZEROFILL	NULL	订单编号
quantity	INT(11)	✓		UNSIGNED	ZEROFILL	NULL	订购数量

图 12-9 客户订单明细表

创建 orderitem 客户订单明细表的 MySQL 语句如下：

```
CREATE TABLE `orderitem` (
    `orderitemid` int(11) NOT NULL AUTO_INCREMENT COMMENT '订单明细编
号',
    `bookid` int(11) NOT NULL COMMENT '图书编号',
    `orderid` int(11) NOT NULL COMMENT '订单编号',
    `quantity` int(11) NOT NULL COMMENT '订购数量',
    PRIMARY KEY (`orderitemid`),
    KEY `FK_Relationship_2` (`orderid`),
    KEY `FK_Relationship_4` (`bookid`),
    CONSTRAINT `FK_Relationship_2` FOREIGN KEY (`orderid`) REFERENCES `
orders` (`orderid`),
    CONSTRAINT `FK_Relationship_4` FOREIGN KEY (`bookid`) REFERENCES `
book` (`bookid`)
) ENGINE= InnoDB AUTO_INCREMENT= 7 DEFAULT CHARSET= utf8;
```

12.3.2 数据库代码的设计

在 MySQL 中创建数据库，名称是 bookshop，用户名是 root，密码是 root。在 bookshop 数据库中创建上述 5 个数据表。然后创建编写以下 DBManager 类，创建相应的方法来实现对数据库的连接和查询。DBManager.java 类文件代码如下：

```
package com.jxal.util;
```

```java
import java.sql.* ;
  public class DBManager {
  public static Connection getConnection(){     //获取数据库连接
    Connection conn= null;
    String CLASSFORNAME= "com.mysql.jdbc.Driver";
    String SERVANDDB= "jdbc:mysql://localhost:3306/bookshop";
    String USER= "root";
    String PWD= "root";
    try{
      Class.forName(CLASSFORNAME);
      conn= DriverManager.getConnection(SERVANDDB,USER,PWD);
    }catch(Exception e){
      e.printStackTrace();
    }
return conn;
}
//获取语句声明
public static Statement getStatement(Connection conn) {
    Statement stmt = null;
    try {
      if(conn != null) {
        stmt = conn.createStatement();
      }
    } catch (SQLException e) {
      e.printStackTrace();
    }
    return stmt;
}
//获取结果集
public static ResultSet getResultSet(Statement stmt, String sql) {
    ResultSet rs = null;
    try {
    if(stmt != null) {
      rs = stmt.executeQuery(sql);
    }
  } catch (SQLException e) {
    e.printStackTrace();
}
  return rs;
}
```

```java
    public static void closeConn(Connection conn) {      //关闭连接
        try {
            if(conn != null) {
                conn.close();
                conn = null;
            }
        } catch (SQLException e) {
            e.printStackTrace();
        }
    }
    public static void closeStmt(Statement stmt) {      //关闭声明
        try {
            if(stmt != null) {
                stmt.close();
                stmt = null;
            }
        } catch (SQLException e) {
            e.printStackTrace();
        }
    }

    public static void closeRs(ResultSet rs) {      //关闭结果集
        try {
            if(rs != null) {
                rs.close();
                rs = null;
            }
        } catch (SQLException e) {
            e.printStackTrace();
        }
    }
```

12.4　客户端模块设计与实现

系统客户端有客户注册、登录、图书信息、购书管理模块。图书信息模块包括分类图书浏览和图书搜索功能。购书管理包括购物车的实现、订单生成两个功能。

12.4.1 用户注册/登录模块

系统应用需要先通过注册和登录才能进行购书结算下单或者访问后台管理系统。注册和登录输入时,用户名、密码不能为空。用户名和密码若不匹配数据库记录,则返回注册或登录出错页面。用户注册/登录模块采用 JSP＋Servlet＋JavaBean＋JDBC 的 MVC 模式开发。这里,以用户注册为例讲解该模式的开发过程。登录功能的开发过程类似,读者可以参阅系统代码。注册业务的相关代码文档和业务逻辑如图 12-10 所示。

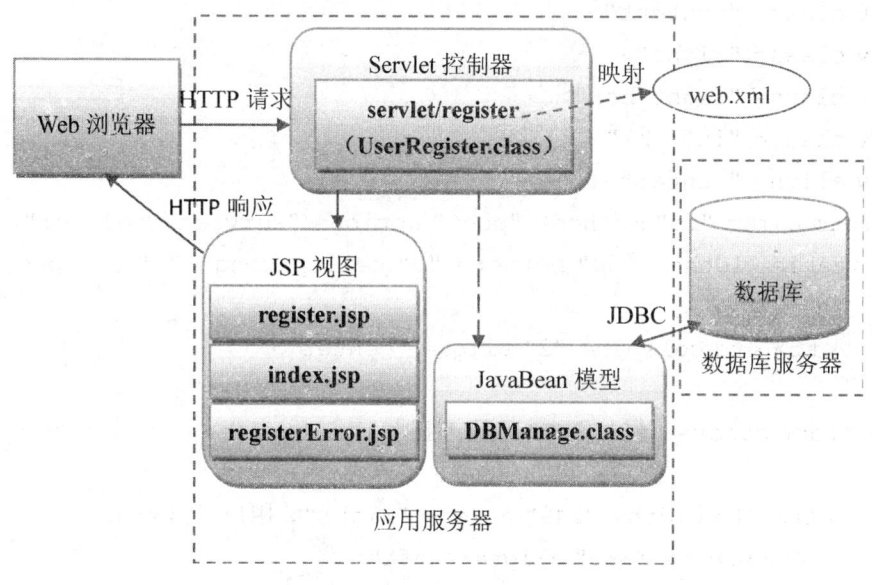

图 12-10 用户注册业务逻辑模型

1. 编写用户注册 JSP 页面

用户注册 JSP 页面如图 12-11 所示(register.jsp)。

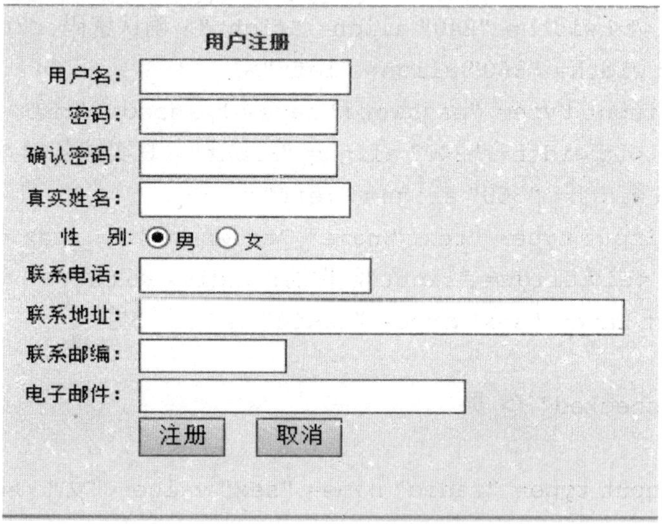

图 12-11 用户注册页面

用户注册 JSP 页面的主要代码如下：

```jsp
<%@ page language="java" pageEncoding="utf-8"%>
<html>
<head>
<title>网上书店</title> <link href="css/shop.css" rel="stylesheet" type="text/css"/>
</head>
<body>
<div class="content">
<div class="right">
<div class="right_box">
<div class="info_bk">
<div align="center">
  <form name="fm" method="post" action="servlet/register">
    <table width="600" border="0" cellspacing="1" cellpadding="1">
      <tr> <td colspan="2" align="center">

<b> <font color="#0000FF">用户注册</font> </b> </td> </tr>

      <tr> <td width="240" align="right">用户名：</td>
        <td width="360" align="left">
          <input type="text" name="username" > </td> </tr>
      <tr> <td width="240" align="right">密码：</td>
        <td width="360" align="left">
          <input type="password" name="password" > </td> </tr>
      <tr> <td width="240" align="right">确认密码：</td>
        <td width="360" align="left">
          <input type="password" name="passconfirm" > </td> </tr>
      <tr> <td width="240" align="right">真实姓名：</td>
        <td width="360" align="left">
          <input type="text" name="truename" > </td> </tr>
   tr> <td> <div align="right">性别：</div> </td>
<td> <input name="sex" type="radio" value="男"

checked="checked" />男

      <input type="radio" name="sex" value="女" />女
</td> </tr>
    <tr> <td width="240" align="right">联系电话：</td>
```

```html
            <td width="360" align="left">
                <input type="text" name="phone"> </td> </tr>
    <tr> <td width="240" align="right">联系地址:</td>
            <td width="360" align="left">
                <input type="text" name="address"> </td> </tr>
    <tr> <td width="240" align="right">联系邮编:</td>
            <td width="360" align="left">
                <input type="text" name="post" maxlength="8" size="8">
            </td> </tr>
    <tr> <td width="240" align="right">电子邮件:</td>
            <td width="360" align="left">
                <input type="text" name="email"> </td> </tr>
    <tr> <td width="240" align="right">   </td>
            <td width="360" align="left">
                <input type="submit" name="Submit" value="注册">
                <input type="reset" name="reset" value="取消">
            </td> </tr>
    </table>
    </form>
</div>
</div>
</div>
</div>
</div>
</body>
</html>
```

可以看出用户注册页面的表单 form 的 action="servlet/register",即调用 Servlet 处理注册信息。在提交表单之前,需要进行表单的客户端确认。其中需要判断的是:两次密码的输入相同,电子信箱格式正确,电话为数字,带星号字段不为空。如果用户所填用户名已存在将会弹出警告页面:"用户名已存在!",并返回到填写表单页面;如果用户名和密码都为空,则会弹出警告框;如果用户所填的信息都正确且符合格式将会弹出注册成功页面,同时将用户信息添加至 user 表中。

2. 编写 Servlet 控制处理程序

创建一个 com.jxal.servlet 包,然后根据注册页提交的信息编写 Servlet 处理程序(UserRegister.java)的主要代码如下:

```java
package com.jxal.servlet;
public class UserRegister extends HttpServlet {
public void doGet (HttpServletRequest request, HttpServletResponse response)
throws ServletException, IOException {
```

```java
        //业务处理与 doPost 方法一样,直接调用 doPost 方法进行处理
        doPost(request,response);
    }
    public void doPost(HttpServletRequest request, HttpServletResponse response)
    throws ServletException, IOException {
        //获取用户注册页面(register.jsp)提交的信息
        String userid = Convert.toChinese(request.getParameter("username"));
        String userpass = Convert.toChinese(request.getParameter("password"));
        String truename = Convert.toChinese(request.getParameter("truename"));
        String sex= Convert.toChinese(request.getParameter("sex"));
        String phone= request.getParameter("phone");
        String address = Convert.toChinese(request.getParameter("address"));
        String post= Convert.toChinese(request.getParameter("post"));
        String email= Convert.toChinese(request.getParameter("email"));
        Date dtime= new Date();    //如果不需要格式,可直接用 dtime,dtime 就是当前系统时间
        DateFormat df = new SimpleDateFormat("yyyy-MM-dd HH:mm:ss");    //设置显示格式
        //用 DateFormat 的 format()方法在 dtime 中获取,以 yyyy-MM-dd HH:mm:ss 格式显示
        String nowTime= df.format(dtime);
        try {
            //连接数据库,根据用户信息表进行用户验证。
            Connection conn= DBManager.getConnection();
            Statement stmt= conn.createStatement();
            String sql= "select * FROM user where userid= '"+ userid+ "';";
            ResultSet rs= stmt.executeQuery(sql);
            if(rs.next()! = false){
                //用户名已经存在,不能重复注册,注册失败。
                response.sendRedirect("../registerError.jsp? st= 1");
            }else{
                sql= "insert into user(userid,password,username,sex,phone,address,post,email, "

                sql= sql+ " type, regtime, logintime) value ('"+ userid+ "', '"+
```

```
userpass+ "','"+ truename
    sql= sql+ "','"+ sex+ "','"+ phone+ "','"+ address+ "','"+ post+ "',
'"+ email+ "',2,'"
    sql= sql + nowTime+ "','"+ nowTime+ "')";
    int cnt= stmt.executeUpdate(sql);        //执行SQL语句,向数据库添加新用户
    if (cnt> 0){
            //注册成功;在session中设置已登录标志。
            HttpSession session = request.getSession();
            session.setAttribute("isLogin", true);
            session.setAttribute("userid", userid);
            response.sendRedirect("../index.jsp");       //重定向到主页
    }
    else{
            response.sendRedirect("../registerError.jsp? st= 2");
            //注册失败
        }
        }
    } catch (SQLException e) {
        e.printStackTrace();
        response.sendRedirect("../registerError.jsp? st= 0");
    }
  }
}
```

3. 配置Servlet信息

在web.xml文档中配置用户注册的Servlet信息,代码如下:

```xml
<servlet>
    <display-name> UserRegister</display-name>
    <servlet-name> UserRegister</servlet-name>
    <servlet-class> com.jxal.servlet.UserRegister</servlet-class>
</servlet>
<servlet-mapping>
    <servlet-name> UserRegister</servlet-name>
    <url-pattern> /servlet/register</url-pattern>
</servlet-mapping>
```

4. 部署运行

部署运行后,即可以注册一个新用户,并能通过登录页面登录系统。开始登录时,如果数据库中没有所填用户名,则会弹出错误页面:"用户名不存在,请重新输入";如果用户名存在,而密码不一致,将会弹出警告页面:"密码错误,请重新输入"。

12.4.2 图书分类模块

图书分类模块采用JSP+JavaBean+JDBC模式开发。图书分类模块的相关代码文档和业务逻辑如图12-12所示。

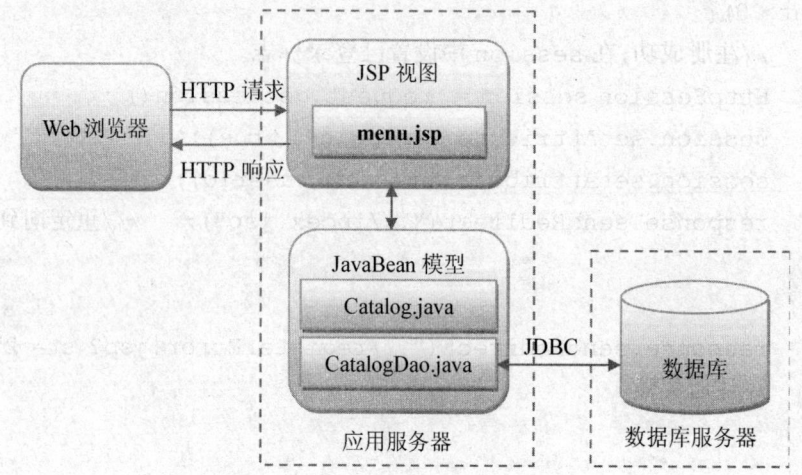

图 12-12 图书分类业务逻辑模型

图书分类模块代码开发过程如下。

1. 编写 Catalog 实体 Bean

首先,创建一个com.jxal.vo包,然后在该包内编写一个图书种类的实体Bean,该Bean完成对数据表的映射,代码如下(Catalog.java):

```java
package com.jxal.vo;
import java.util.Set;
public class Catalog implements java.io.Serializable {
  private Integer catalogid;
  private String catalogname;
  public Integer getCatalogid() {
    return this.catalogid;
  }
  public void setCatalogid(Integer catalogid) {
    this.catalogid = catalogid;
  }
  public String getCatalogname() {
    return this.catalogname;
  }
  public void setCatalogname(String catalogname) {
    this.catalogname = catalogname;
  }
}
```

2. 编写 CatalogDao 数据访问 Bean

其次，创建一个 com.jxal.dao 包，然后在该包内编写一个图书种类的实体 Bean，调用实体 Bean，完成对 catalog 数据表的查询，代码如下（CatalogDao.java）：

```java
package com.jxal.dao;
import com.jxal.util.DBManager;
import com.jxal.vo.Catalog;
public class CatalogDao {
  public List getCatalogsInfo() throws Exception{
    List list = new ArrayList();
    Connection conn= DBManager.getConnection();
    Statement stmt= conn.createStatement();
    ResultSet rs= stmt.executeQuery("select * from catalog");
    Catalog catalog= null;
    while(rs.next()){
      catalog= new Catalog();
      catalog.setCatalogid(rs.getInt("catalogid"));
      catalog.setCatalogname(rs.getString("catalogname"));
      list.add(catalog);
    }
    return list;
  }
}
```

3. 创建 JSP 页面

再次，创建 JSP 页面，在页面中创建数据访问 Bean 的 JavaBean 对象实例，查询种类数据表，然后显示图书种类。文档代码如下（menu.jsp）：

```jsp
<%@ page pageEncoding="utf-8" language="java" import="com.jxal.vo.*,java.util.*"%>
<html>
<head>
<title>网上购书系统</title>
<link href="css/shop.css" rel="stylesheet" type="text/css"/>
</head>
<% String path = request.getContextPath(); %>
<jsp:useBean id="catalogs" class="com.jxal.dao.CatalogDao" scope="page"/>
<body>
<ul class="point02">
  <li>
    <strong>图书分类</strong>
  </li>
```

```
    <%
      List lists= catalogs.getCatalogsInfo();    //查询种类数据表
      Iterator it= lists.iterator();
      while(it.hasNext()){
        Catalog catalog= (Catalog)it.next();    //获取种类记录
    %>
      <li>
        <a href= "<% = path% > /browseBook.jsp? catalogid=
          <% = catalog.getCatalogid()% > " target= _self>
        <% = catalog.getCatalogname()% >
        </a>
      </li>
    <%
      }
    %>
  </ul>
  </body>
</html>
```

发布部署图书分类模块的页面代码,menu.jsp 页面运行结果如图 12-13 所示。

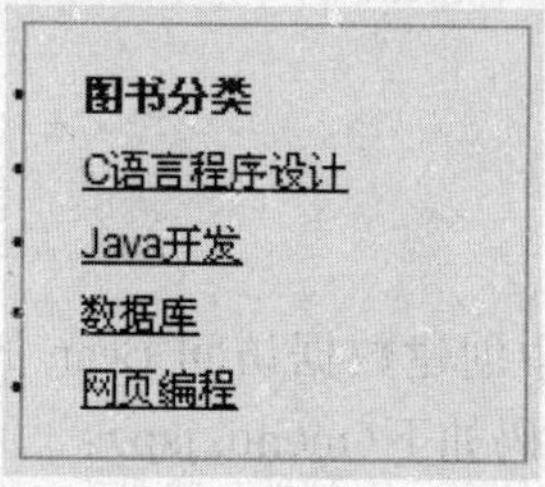

图 12-13 图书分类页面

12.4.3 图书浏览与搜索模块

当打开图书分类页面后,选择点击相应分类,即可以按分类浏览图书。图书浏览与搜索模块采用 JSP+JavaBean+JDBC 模式开发。这里,以分类图书浏览为例讲解该模式的开发过程。搜索功能的开发过程类似,JSP 页面文件是 searchBook.jsp,读者可以参阅系统代码。分类图书浏览的相关代码文档和业务逻辑如图 12-14 所示。

分类图书浏览模块代码开发过程如下。

1. 编写 Book 实体 Bean

首先,创建一个 com.jxal.vo 包,然后在该包内编写一个图书种类的实体 Bean,该 Bean 完成对数据表的映射,主要代码如下(Book.java):

```
package com.jxal.vo;
public class Book implements java.io.Serializable {
```

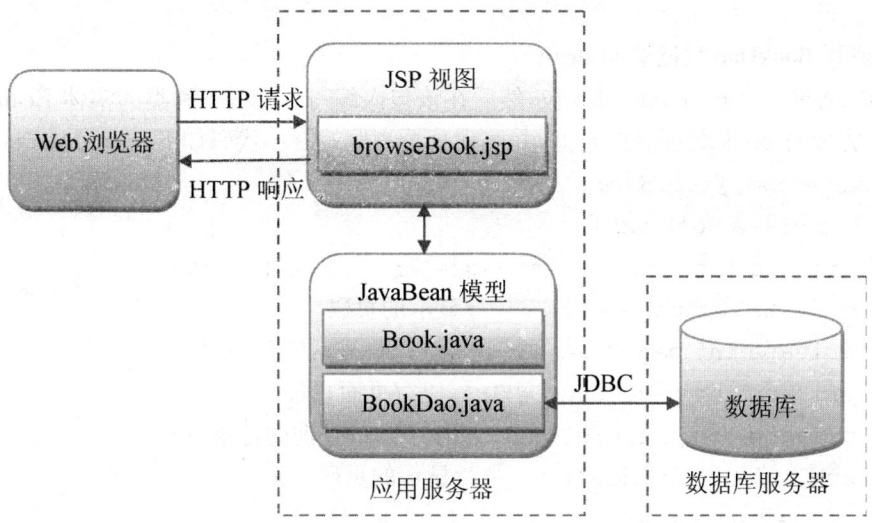

图 12-14　分类图书浏览业务逻辑模型

```
private Integer bookid;
private Integer catalogid;
private String catalogname;
private String bookname;
private String author;
private Float price;
private String picture;
private String publish;
private Date publishtime;
private String ISBN;
private String intro;
private Integer quantity;
private Catalog catalog;
private Set orderitems = new HashSet(0);

// 以下为属性的 get/set 方法,这里省略了,请查看本书提供的源代码
public Integer getBookid() {
    return this.bookid;
}

public void setBookid(Integer bookid) {
    this.bookid = bookid;
}

      //此处省略,请查看本书提供的源代码
```

}

2. 编写 BookDao 数据访问 Bean

其次,创建一个 com.jxal.dao 包,然后在该包内编写一个图书种类的实体 Bean,调用实体 Bean,完成对 book 数据表的查询,并实现分页浏览控制。代码如下(BookDao.java):

```java
package com.jxal.dao;
public class BookDao {
    private Integer currentPage= 1;     //显示的页码
    private int page = 1;    //显示的页码
    private int pageSize= 3;      //每页显示的图书数
    private int pageCount = 0;     //页面总数
    private long recordCount = 0;      //查询的记录总数
    public int getPage() {    //显示的页码
        return page;
    }
    public void setPage(int newpage) {
        page = newpage;
    }
    public int getPageSize(){     //每页显示的图书数
        return pageSize;
    }
    public void setPageSize(int newpsize) {
        pageSize = newpsize;
    }
    public int getPageCount() {    //页面总数
        return pageCount;
    }
    public void setPageCount(int newpcount) {
        pageCount = newpcount;
    }
    public long getRecordCount() {
        return recordCount;
    }
    public void setRecordCount(long newrcount) {
        recordCount= newrcount;
    }
    public Integer getCurrentPage() {
        return currentPage;
    }
    public void setCurrentPage(Integer currentPage) {
        this.currentPage= currentPage;
```

```java
    }

    //按书名id查询书籍
    public Book getBookInfo(int bookid) throws Exception{
        Connection conn= DBManager.getConnection();
        Statement stmt= conn.createStatement();
        String sql;
        sql= "select * from book where bookid= "+ bookid+ "";
        ResultSet rs= stmt.executeQuery(sql);
        Book book= new Book();
          while(rs.next()){
          book.setBookid(rs.getInt("Bookid"));
          book.setCatalogid(rs.getInt("Catalogid"));
          book.setBookname(rs.getString("Bookname"));
          book.setAuthor(rs.getString("author"));
          book.setISBN(rs.getString("ISBN"));
          book.setPublish(rs.getString("publish"));
          book.setPublishtime(rs.getDate("publishtime"));
          book.setPrice(rs.getFloat("price"));
          book.setQuantity(rs.getInt("quantity"));
          book.setIntro(rs.getString("intro"));
          book.setPicture(rs.getString("Picture"));
        }
return book;
}

//按种类编号查询书籍
public List getBooksInfo(int catalogid) throws Exception{
    List list =  new ArrayList();
    Connection conn= DBManager.getConnection();
    Statement stmt= conn.createStatement();
    String sql;
    if (catalogid> 0) {
         sql= "select * from book where Catalogid= "+ catalogid;
    }
    else{
    sql= "select * from book";
    }
    ResultSet rs= stmt.executeQuery(sql);
    while(rs.next(){
```

```java
            Book book= new Book();
            book.setBookid(rs.getInt("Bookid"));
            book.setCatalogid(rs.getInt("Catalogid"));
            book.setBookname(rs.getString("Bookname"));
            book.setAuthor(rs.getString("author"));
            book.setISBN(rs.getString("ISBN"));
            book.setPublish(rs.getString("publish"));
            book.setPublishtime(rs.getDate("publishtime"));
            book.setPrice(rs.getFloat("price"));
            book.setQuantity(rs.getInt("quantity"));
            book.setIntro(rs.getString("intro"));
            book.setPicture(rs.getString("Picture"));
            list.add(book);
        }
        return list;
    }

    //按书名关键词查询书籍
    public List SearchBooksInfo(String keywords) throws Exception{
        List list = new ArrayList();
        Connection conn= DBManager.getConnection();
        Statement stmt= conn.createStatement();
        String sql;
        sql= "select *  from book where Bookname like '% "+ keywords+ "%'";
        ResultSet rs= stmt.executeQuery(sql);
        while(rs.next()){
            Book book= new Book();
            book.setBookid(rs.getInt("Bookid"));
            book.setCatalogid(rs.getInt("Catalogid"));
            book.setBookname(rs.getString("Bookname"));
            book.setAuthor(rs.getString("author"));
            book.setISBN(rs.getString("ISBN"));
            book.setPublish(rs.getString("publish"));
            book.setPublishtime(rs.getDate("publishtime"));
            book.setPrice(rs.getFloat("price"));
            book.setQuantity(rs.getInt("quantity"));
            book.setIntro(rs.getString("intro"));
            book.setPicture(rs.getString("Picture"));
            list.add(book);
```

```
            }
        return list;
    }

        //按种类编号和分页查询书籍
        public List getBooksPagingInfo(HttpServletRequest request) throws
Exception{
            List list = new ArrayList();
            String cpage = request.getParameter("page");      //页码
            String id = request.getParameter("catalogid");    //分类ID号
            String keyword = request.getParameter("keyword");
            //查询关键词
            int catalogid= Convert.strToint(id);
            keyword = Convert.toChinese(keyword).toUpperCase();
            if (cpage= = null || "".equals(cpage)){
              page= 1;
            } else{
              page= Convert.strToint(cpage);
            }
            String sql= "";
            //取出记录数
            if (catalogid> 0){
    if (keyword.equals("") ) {
    sql = "select count(*) from book where catalogid= " + catalogid
+ "";
    }
    else{
    sql = "select count(*) from book where catalogid= " + catalogid + "
and (upper(bookname) like '% " + keyword+ "% '
    or upper(intro) like '% " + keyword + "% ')";

    }
    }
    else {
    if (keyword.equals("")) {
         sql = "select count(*) from book";
    } else {
    sql = "select count(*) from book where (upper(bookname) like '% "

+ keyword+ "% ' or upper(intro) like '% " + keyword + "% ')";
```

```java
        }
    }
    int rscount = pageSize;
    Connection conn= DBManager.getConnection();
    Statement stmt= conn.createStatement();
    try
    {
        ResultSet rs1 = stmt.executeQuery(sql);
        if (rs1.next()) recordCount = rs1.getInt(1);
        rs1.close();
    }
    catch (SQLException e)
    {
        System.out.println(e);
        return list;
    }
    //设定有多少pageCount
    if (recordCount < 1)
            pageCount = 0;
    else
            pageCount = (int)(recordCount - 1) / pageSize + 1;
    //检查查看的页面数是否在范围内
    if (page < 1)  page = 1;
    else if (page > pageCount) page = pageCount;
    rscount = (int) recordCount % pageSize;        //最后一页记录数
    //MySQL用limit取值
    sql = "select a.* ,b.catalogname from book a,catalog b  ";
    sql = sql = + " where a.catalogid = b.catalogid";
    if (catalogid> 0){    //如果类别不为空,非查询
      if ("".equals(keyword)) {     //如果是查询资料
          sql = sql + "and a.catalogid= " + catalogid + " order by a.bookid limit ";
          sql = sql + " (page-1)* pageSize + "," + pageSize ;
        } else {       //查询所有类
          sql = sql + "and a.catalogid= " + catalogid + " and (upper(a.bookname) ";
          sql = sql + " like '% " + keyword+ "% ' or upper(a.intro) like ";
          sql = sql + " '% " + keyword + "% ') order by a.bookid";
```

```java
            sql = sql + " limit " + (page-1)* pageSize + "," + pageSize ;
        }
    }
    else {      //非查询,也非分类浏览
        if ("".equals(keyword)) {     //如果是查询资料
            sql = sql + "order by a.bookid limit " + (page-1)* pageSize;
            sql = sql + " + "," + pageSize ;
        } else {    //查询所有类
            sql = sql + "and (upper(a.bookname) like '% " + keyword;
            sql = sql + "% ' or upper(a.intro) like '% " + keyword + "% ') order by ";
            sql = sql + " a.bookid limit " + (page-1)* pageSize + "," + pageSize ;
        }
    }
    try
    {
        ResultSet rs = stmt.executeQuery(sql);
        while (rs.next())
        {
            Book book = new Book();
            book.setBookid(rs.getInt("Bookid"));
            book.setCatalogid(rs.getInt("Catalogid"));
            book.setCatalogname(rs.getString("Catalogname"));
            book.setBookname(rs.getString("Bookname"));
            book.setAuthor(rs.getString("author"));
            book.setISBN(rs.getString("ISBN"));
            book.setPublish(rs.getString("publish"));
            book.setPublishtime(rs.getDate("publishtime"));
            book.setPrice(rs.getFloat("price"));
            book.setQuantity(rs.getInt("quantity"));
            book.setIntro(rs.getString("intro"));
            book.setPicture(rs.getString("Picture"));
            list.add(book);
        }
        rs.close();
        return list;
    }
    catch (SQLException e)
    {
```

```
        System.out.println(e);
        return list;
    }
  }
}
```

3. 创建 JSP 页面

再次,创建 JSP 页面,在页面中创建数据访问 Bean 的 JavaBean 对象实例,查询种类数据表,然后显示图书种类。文档代码如下(browseBook.jsp):

```
<%@ page pageEncoding="utf-8" language="java" %>
<%@ page import="com.jxal.vo.*,com.jxal.util.*,java.util.*" %>
<html>
<head>
<title>网上书店</title>
<link href="css/shop.css" rel="stylesheet" type="text/css"/>
<script type="text/javascript">
    //函数判定是否是整数
    function isinter(obj){
      var result= obj.quantity.value;
      if (result=="" || result=="0"){
        alert("请输入非 0 数字!");
        obj.quantity.focus();
        return false;
      }
      var i;
      for(i=0; i<result.length; i++) {
        if((result.charAt(i) <"0") || (result.charAt(i) > "9")){
          alert("数量必须是数字!");
          return false;
        }
      }
    return true;
    }
</script>
</head>
<jsp:useBean id="books" class="com.jxal.dao.BookDao" scope="page"/>
<%
String catalogid = request.getParameter("catalogid");
String catalogname = "";
```

```jsp
String keyword = request.getParameter("keyword");
if (catalogid= = null) catalogid= "0";
if (keyword= = null) keyword= "";
keyword = Convert.toChinese(keyword);
%>
<body>
<jsp:include page= "head.jsp"/>
<div class= "content">
  <div class= "left">
    <div class= "list_box">
      <div class= "list_bk">
        <jsp:include page= "menu.jsp"/>
      </div>
    </div>
  </div>
  <div class= "right">
    <div class= "right_box">
    <%
      // List lists= books.getBooksInfo(catalogid);
      List lists= books.getBooksPagingInfo(request);
      Iterator it= lists.iterator();
      int cnt= 0;
      while(it.hasNext()){
        cnt= cnt+ 1;
        Book book= (Book)it.next();
    %>
        <table width= "600" border= "0">
          <tr>
            <td width= "200" align= "center">
              <a href= "showbook.jsp? bookid= <% =
                  book.getBookid() %> " target= "_self">
              <img src= "images/<% = book.getPicture()% > "/>
              </a>
            </td>
            <td valign= "top" width= "400">
              <table>
                <tr> <td>
          书名:<% = book.getBookname()% > <br>
          </td> </tr>
          <tr> <td>
```

```html
              作者:<% = book.getAuthor()%> <br>
</td> </tr>
    <tr> <td>
ISBN:<% = book.getISBN()%> <br>
</td> </tr>
<tr> <td>
出版社:<% = book.getPublish()%> <br>
</td> </tr>
<tr> <td>
价格:<% = book.getPrice()%> 元
<form action= "shop/doCart.jsp? action= buy"
method= "post" name= "fm<% = cnt%> "
    onsubmit= "return isinter(this)">
数量:
<input type= "text" name= "quantity"
value= "0" size= "4"/>
<input type= "hidden" name= "bookid"
value= "<% = book.getBookid()%> ">
<input type= "image" name= "submit"
src= "images/buy.gif"/>
</form>
  </td> </tr>
  </table>
</td>
</tr>
</table>
<%
}
%>
<table width= "90%" border= "0" cellspacing= "1" cellpadding= "1">
    <tr>
      <td align= "right">
共有<% = books.getRecordCount() %> 条记录,共
<% = books.getPageCount()%> 页,当前第<% = books.getPage()%> 页
<a href= "browseBook.jsp? catalogid= <% = catalogid%> &keyword= <% =
keyword %> "> 首页</a>  
 <% if (books.getPage()> 1) {% >
```

```
              <a href= "browseBook.jsp? page= <% = books.getPage()-1 % >
         &catalogid= <% = catalogid% > &keyword= <% = keyword % > ">
            上一页</a>  
           <% } % >
         <% if (books.getPage()<= (books.getPageCount()-1)) {% >
         <a href= "browseBook.jsp? page= <% = books.getPage()+ 1 % >
         &catalogid= <% = catalogid% > &keyword= <% = keyword % > ">
            下一页</a>  
           <% } % >
                < a href = " browseBook.jsp? page = <% = books.
getPageCount() % >
             &catalogid= <% = catalogid% > &keyword= <% = keyword %
> ">
            尾页</a>  </td>
        </tr>
      </table>
     </div>
    </div>
  </div>
<jsp:include page= "foot.jsp"/>
</body>
</html>
```

发布部署分类图书浏览模块的页面代码,当点击分类页面链接时,browseBook.jsp 运行结果如图 12-15 所示。

点击图片链接可以查看图书的详细信息与内容介绍,如果输入购买数量,点击"购买"则可以将想购买的书籍按指定数量加入购物车。

12.4.4 实现分页功能

以分类图书浏览为例讲解分页功能的实现。按照上一小节的分类图书浏览业务和逻辑模型描述,其中在 BookDao.java 类中实现分页查询,然后返回分页查询结果给页面。其中的关键代码如下。

1. 在 BookDao 中实现分页查询

BookDao.java 类调用实体 Bean,完成查询 book 数据表,并实现分页浏览控制,关键代码如下:

```
package com.jxal.dao;

public class BookDao {
    private Integer currentPage= 1;     //显示的页码
    private int page = 1;     //显示的页码
```

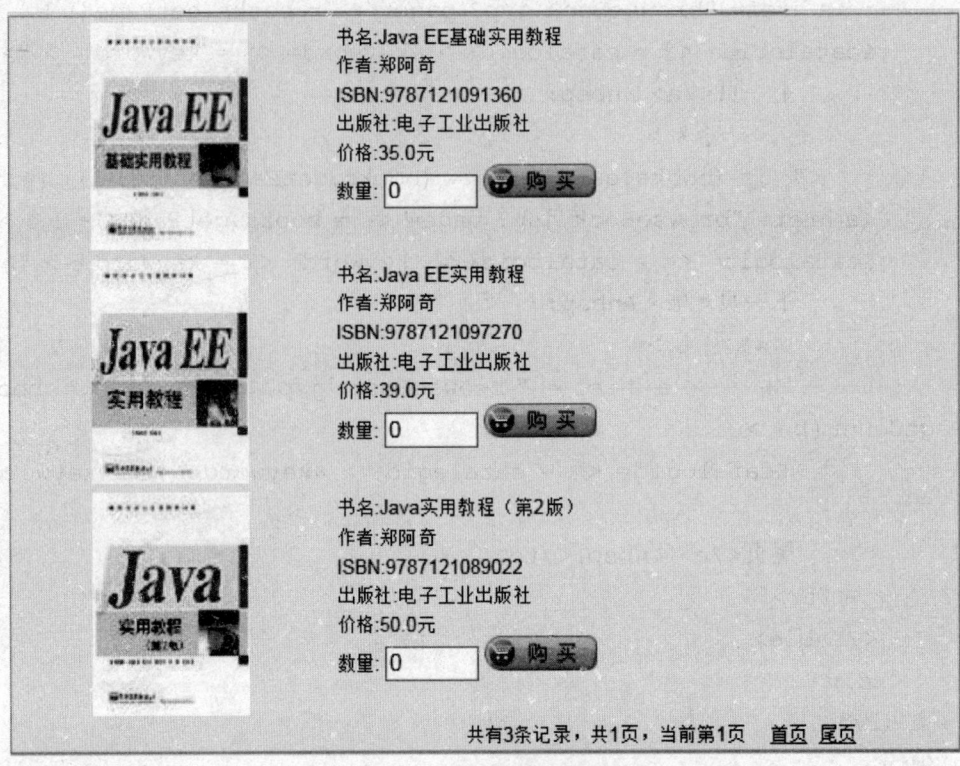

图 12-15 图书浏览页面

```
private int pageSize= 3;        //每页显示的图书数
private int pageCount = 0;      //页面总数
private long recordCount = 0;   //查询的记录总数

… //此处省略属性的 getXXX/setXXX 方法

//按种类编号和分页查询书籍
public List getBooksPagingInfo(HttpServletRequest request) throws Exception{
    List list = new ArrayList();
    String cpage = request.getParameter("page");      //页码
    String id = request.getParameter("catalogid");    //分类 ID 号
    String keyword = request.getParameter("keyword");
    //查询关键词
    int catalogid= Convert.strToint(id);
    keyword = Convert.toChinese(keyword).toUpperCase();
    if (cpage= = null || "".equals(cpage)){
      page= 1;
    } else{
      page= Convert.strToint(cpage);
```

```
      }
      String sql= "";
    //取出记录数
      if (catalogid> 0){
        if (keyword.equals("") ) {
          sql = " select count (* ) from book where catalogid = " +
  catalogid + "";
        }
        else{
          sql = " select count (* ) from book where catalogid = " +
  catalogid + " and
            (upper(bookname) like '% " + keyword+ "% '
            or upper(intro) like '% " + keyword + "% ')";
        }
      }
    else {
    if (keyword.equals("")) {
      sql = "select count(* ) from book";
    } else {
      sql = " select count (* ) from book where (upper (bookname)
  like '% "
        + keyword+ "% ' or upper(intro) like '% " + keyword + "% ')";

  }
    }
    int rscount = pageSize;
    Connection conn= DBManager.getConnection();
    Statement stmt= conn.createStatement();
    try
    {
      ResultSet rs1 = stmt.executeQuery(sql);
      if (rs1.next()) recordCount = rs1.getInt(1);
      rs1.close();
    }
    catch (SQLException e)
    {
      System.out.println(e);
      return list;
    }
    //设定有多少 pageCount
```

```java
        if (recordCount < 1)
            pageCount = 0;
    else
            pageCount = (int)(recordCount - 1) / pageSize + 1;
        //检查查看的页面数是否在范围内
    if (page < 1)  page = 1;
    else if (page > pageCount) page = pageCount;
            rscount = (int) recordCount % pageSize;        // 最后一页记录数
    //MySQL用limit取值
    sql = "select a.* ,b.catalogname from book a,catalog b  ";
    sql = sql = + " where a.catalogid = b.catalogid";
            if (catalogid> 0){   //如果类别不为空,非查询
            if ("".equals(keyword)) {   //如果是查询资料
                sql = sql + "and a.catalogid= " + catalogid + " order by a.bookid limit ";
                sql = sql + " (page- 1)* pageSize + "," + pageSize ;
            } else {      //查询所有类
                sql = sql + "and a.catalogid= " + catalogid + " and (upper(a.bookname) ";
                sql = sql + " like '% " + keyword+ "% ' or upper(a.intro) like ";
                sql = sql + " '% " + keyword + "% ') order by a.bookid";
                sql = sql + " limit " + (page - 1) * pageSize + "," + pageSize ;
            }
        }
        else {     //非查询,也非分类浏览
          if ("".equals(keyword)) {   //如果是查询资料
            sql = sql + "order by a.bookid limit " + (page- 1)* pageSize;
            sql = sql + " + "," + pageSize ;
          } else {     //查询所有类
            sql = sql + "and (upper(a.bookname) like '% " + keyword;
            sql = sql + "% ' or upper(a.intro) like '% " + keyword + "% ') order by ";
            sql = sql + " a.bookid limit " + (page- 1)* pageSize + "," + pageSize ;
          }
        }
    try
    {
```

```
      ResultSet rs = stmt.executeQuery(sql);
      while (rs.next())
      {
        Book book = new Book();
        book.setBookid(rs.getInt("Bookid"));
        book.setCatalogid(rs.getInt("Catalogid"));
        book.setCatalogname(rs.getString("Catalogname"));
        book.setBookname(rs.getString("Bookname"));
        book.setAuthor(rs.getString("author"));
        book.setISBN(rs.getString("ISBN"));
        book.setPublish(rs.getString("publish"));
        book.setPublishtime(rs.getDate("publishtime"));
        book.setPrice(rs.getFloat("price"));
        book.setQuantity(rs.getInt("quantity"));
        book.setIntro(rs.getString("intro"));
        book.setPicture(rs.getString("Picture"));
        list.add(book);
      }
      rs.close();
      return list;
    }
    catch (SQLException e)
    {
      System.out.println(e);
      return list;
    }
  }
}
```

2. 在 JSP 页面添加分页链接

在分类图书浏览 browseBook.jsp 页面中,实现显示分页链接的代码如下:

```
<%@ page import="com.jxal.vo.*,com.jxal.util.*,java.util.*" %>
<jsp:useBean id="books" class="com.jxal.dao.BookDao" scope="page"/>
...
<%
  String catalogid = request.getParameter("catalogid");
  String catalogname = "";
  String keyword = request.getParameter("keyword");
  if (catalogid==null) catalogid="0";
```

```
            if (keyword= = null) keyword= "";
            keyword = Convert.toChinese(keyword);
        %>
        ...
        <table width= "90%" border= "0" cellspacing= "1" cellpadding= "1">
        <tr>
            <td align= "right">
                共有<% = books.getRecordCount() %>条记录,共
<% = books.getPageCount()% >页,当前第<% = books.getPage() %>页
            <a href= "browseBook.jsp? catalogid= <% = catalogid% >
&keyword= <% =
keyword %>">首页</a> 
            <% if (books.getPage()> 1) {% >
            <a href= "browseBook.jsp? page= <% = books.getPage()- 1% >
&catalogid= <% = catalogid% >&keyword= <% = keyword %>">
上一页</a> 
            <% }% >
            <% if (books.getPage()<= (books.getPageCount()- 1)) {% >
            <a href= "browseBook.jsp? page= <% = books.getPage()+ 1% >
&catalogid= <% = catalogid% >&keyword= <% = keyword %>">
下一页</a> 
            <% }% >
            <a href= "browseBook.jsp? page= <% = books.getPageCount() %>
&catalogid= <% = catalogid% >&keyword= <% = keyword %>">
尾页</a> </td>

        </tr>
        </table>
```

同样,可以将该分页方法应用到其他信息的分页处理,页面效果如图 12-16 所示。

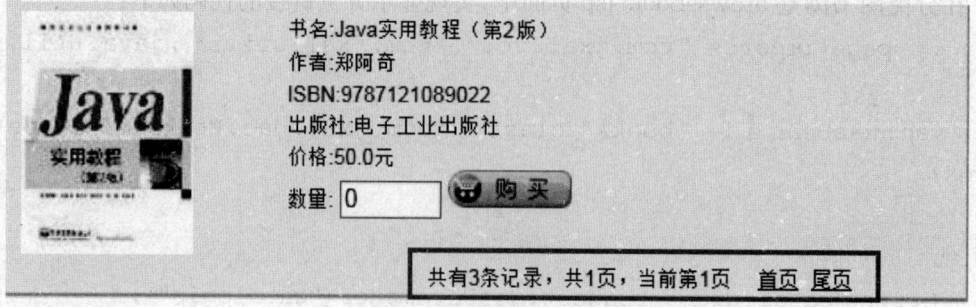

图 12-16 图书分页显示

12.4.5 购物车功能

用户在网上浏览时,每购买一本书就结账一次显得不太方便,因此在网上购物时需要一个同商场购物类似的购物车程序,在用户浏览过程中记录用户的购买信息,用户随时可以查看、修改、清空购物车。我们可以建立一个 BookCart 类来完成购物车的添加、修改、删除等操作。客户端购物车业务逻辑模型如图 12-17 所示。

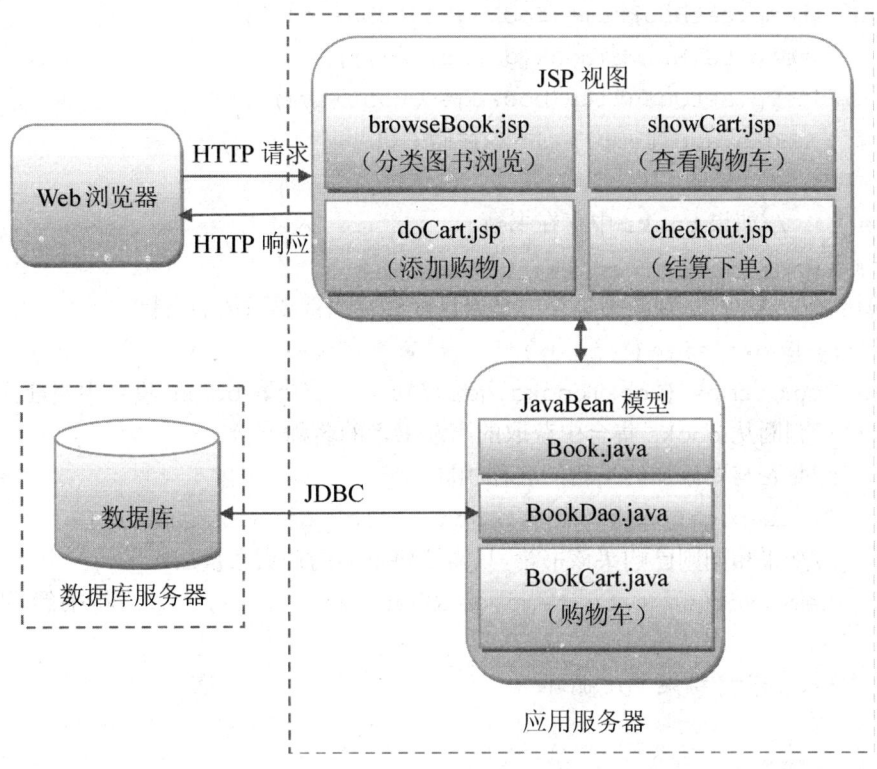

图 12-17 购物车业务逻辑模型

购物车类的代码如下(BookCart.java):

```
package com.jxal.model;
import java.util.ArrayList;
import com.jxal.vo.Book;
public class BookCart {
private ArrayList books= new ArrayList();     //用来存储购买的书籍

public ArrayList getBooklist() {
 return books;
 }

 /**
 *@ 功能 向购物车中添加书籍
```

```
*@ 参数 book 为 Book 类对象,封装了要添加的书籍信息
*/
public void addItem(Book book){
if(book! = null){
if(books.size()= = 0){      //如果 books 中不存在任何书籍
        Book temp= new Book();
        temp.setBookid(book.getBookid());
        temp.setBookname(book.getBookname());
        temp.setPrice(book.getPrice());
        temp.setQuantity(book.getQuantity());
        books.add(temp);      //存储书籍
}
else{      //如果 books 中存在书籍
int i= 0;
//遍历 books 对象,判断该集合中是否已经存在当前要添加的书籍
for(;i< books.size();i+ + ){
        Book temp= (Book)books.get(i);      //获取 books 集合中当前元素
        //判断从 books 集合中获取的当前书籍的名称
        //是否与要添加的书籍的名称相同
        if(temp.getBookname().equals(book.getBookname())){
        //如果相同则已购买该书籍,只需要将书籍的购买数量加 1
        temp.setQuantity(temp.getQuantity()+ 1);      //将书籍购买数量加 1
        break; //结束 for 循环
}
}
if(i> = books.size()){   //说明 books 中不存在要添加的书籍
        Book temp= new Book();
        temp.setBookid(book.getBookid());
        temp.setBookname(book.getBookname());
        temp.setPrice(book.getPrice());
        temp.setQuantity(book.getQuantity());
        books.add(temp);      //存储书籍
}
}
}
}

/**
*@功能 从购物车中移除指定名称的书籍
```

```
 *@参数 name 表示书籍名称
 */
public void removeItem(int bookid){
for(int i=0;i< books.size();i++){
//遍历 books 集合,查找指定名称的书籍
    Book temp= (Book)books.get(i);    //获取集合中当前位置的书籍
    //如果书籍的名称为 name 参数指定的名称
    if(temp.getBookid()= = bookid){
    if(temp.getQuantity()> 1){      //如果书籍的购买数量大于1
    temp.setQuantity(temp.getQuantity()- 1);     //则将购买数量减1
    break;//结束 for 循环
    }
    else if(temp.getQuantity()= = 1){      //如果书籍的购买数量为1
    books.remove(i);     //从 books 集合对象中移除该书籍
    }
  }
 }
}
/**
*@功能 清空购物车
*/
  public void clearCar(){
    books.clear();     //清空 books 集合对象
  }
}
```

1. 添加图书到购物车

为了方便用户,书店系统的许多地方应该提供添加到购物车的链接。例如查询结果页面中的"购买",详细信息页面中的"添加到购物车",在首页中也应该加入一些畅销书的链接,当用户点击"购买"则链接到 doCart.jsp 程序将想购买的书籍和数量加入购物车。添加图书到购物车的 JSP 文档代码如下(doCart.jsp):

```
<%@ page language= "java" pageEncoding= "utf-8" %>
<%@ page import= "java.util.ArrayList" %>
<%@ page import= "com.jxal.vo.Book" %>
<%@ page import= "com.jxal.dao.BookDao" %>
<%@ page import= "com.jxal.util.Convert" %>
<jsp:useBean id= "bookCar" class= "com.jxal.model.BookCart" scope= "session"/>
<%
String action= request.getParameter("action");
if(action= = null) action= "";
```

```java
    if(action.equals("buy")){        //购买书籍
        // ArrayList books= (ArrayList)session.getAttribute("books");
        int bookid= Convert.strToInt(request.getParameter("bookid"));
        int quantity = Convert. strToInt ( request. getParameter ( "quantity"));
        BookDao bookDao= new BookDao();
        Book book= (Book)bookDao.getBookInfo(bookid);
        //按 bookid 查询获得书籍信息
        book.setQuantity(quantity);
        bookCar.addItem(book);
        //调用 ShopCar 类中的 addItem()方法添加书籍
        response.sendRedirect("showCart.jsp");
    }
    else if(action.equals("remove")){        //移除书籍
        int bookid= Convert.strToInt(request.getParameter("bookid"));
        //获取书籍名称
        bookCar.removeItem(bookid);
        //调用 ShopCar 类中的 removeItem()方法移除书籍
        response.sendRedirect("showCart.jsp");
    }
    else if(action.equals("clear")){        //清空购物车
        bookCar.clearCar();
        //调用 ShopCar 类中的 clearCar()方法清空购物车
        response.sendRedirect("../index.jsp");
    }
    else{
        response.sendRedirect("../index.jsp");
    }
%>
```

2. 查看购物车

在购物车里,不需要把一本书的所有资料都用上,只要读取书名、单价这两个字段就足够了。通过点击主页的"购物车"图标链接,可以查看和修改购物车中的书籍信息,代码如下(showCart.jsp):

```jsp
<%@ page language= "java" pageEncoding= "utf-8" %>
<%@ page import= "java.util.ArrayList" %>
<%@ page import= "com.jxal.vo.Book" %>
<jsp:useBean id= "bookCar" class= "com.jxal.model.BookCart" scope= "session"/>
<%
    ArrayList books= bookCar.getBooklist();
```

```
       //获取实例中用来存储购买的书籍的集合
    float total= 0;        //用来存储应付金额
%>
<html>
<head>
<title>网上书店</title><link href= "../css/shop.css" rel= "stylesheet" type= "text/css"/>
</head>
<body>
<jsp:include page= "../head.jsp"/>
<div class= "content">
  <div class= "left">
    <div class= "list_box">
      <div class= "list_bk"><jsp:include page= "../menu.jsp"/></div>
    </div>
  </div>
  <div class= "right">
    <div class= "right_box">
      <div class= "info_bk">
        <div align= "center">
        <table border= "1" width= "100% " rules= "none">
        <tr height= "50"><td colspan= "5" align= "center">
          购物车内的书籍</td>
        </tr>
        <tr align= "center" height= "30" bgcolor= "lightgrey">
        <td width= "25% ">名称</td>
          <td>单价</td>
          <td>数量</td>
          <td>总价(元)</td>
          <td>移除(-1/次)</td>
        </tr>
        <% if(books= = null||books.size()= = 0){ %>
        <tr height= "100"><td colspan= "5" align= "center">
          您的购物车为空!</td>
        </tr>
        <%
          }
          else{
```

```jsp
            for(int i=0;i<books.size();i++){
              Book book=(Book)books.get(i);
              //获取书籍名称
              String name=book.getBookname();
              float price=book.getPrice();      //获取书籍价格
              int quantity=book.getQuantity();     //获取购买数量
              //计算当前书籍总价,并进行四舍五入
              float money=((int)((price*quantity+0.05f)*10))/10f;
              total+=money;      //计算应付金额
        %>
        <tr align="center" height="50">
          <td><%=name%></td>
          <td><%=price%></td>
          <td><%=quantity%></td>
          <td><%=money%></td>
          <td>
            <a href="doCart.jsp?action=remove&bookid=<%=
              book.getBookid()%>">移除</a>
          </td>
        </tr>
        <%
            }
          }
        %>
        <tr height="50" align="center"><td colspan="5">
          应付金额:<%=total%></td>
        </tr>
        <tr height="50" align="center">
          <td><a href="../index.jsp">继续购物</a></td>
          <td><a href="doCart.jsp?action=clear">
            清空购物车</a></td>
          <td colspan="3">
              <a href="checkout.jsp">
              <img src="../images/count.gif"/>
              </a>
          </td>
        </tr>
      </table>
    </div>
  </div>
```

```
        </div>
      </div>
   </div>

<jsp:include page="../foot.jsp"/>

</body>
</html>
```
showCart.jsp 文档的运行界面如图 12-18 所示。

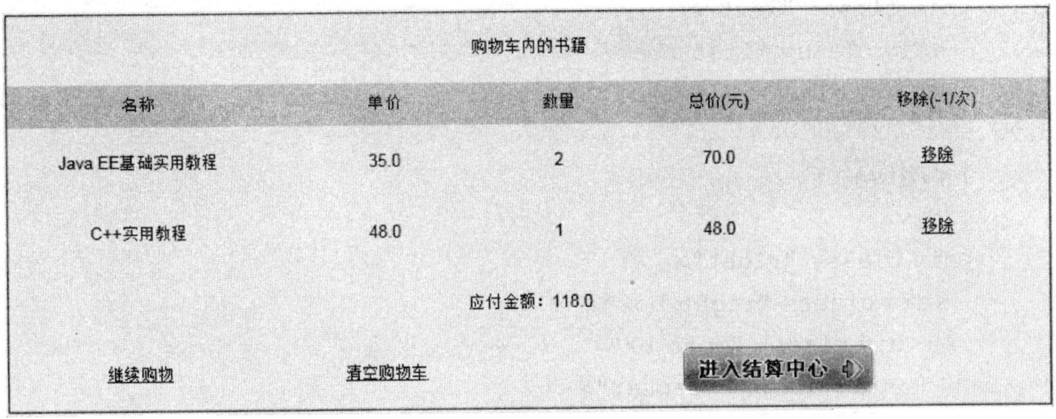

图 12-18　查看购物车页面

3. 结算下单

在查看购物车页面，点击"进入结算中心"，则会运行 checkout.jsp 程序完成结算统计和下订单入库。程序代码如下（checkout.jsp）：

```
<%@ page language="java" pageEncoding="utf-8" %>
<%@ page import="java.util.ArrayList" %>
<%@ page import="com.jxal.vo.*,com.jxal.util.*,java.text.*,
java.util.Date,java.sql.*" %>
<jsp:useBean id="bookCar" class="com.jxal.model.BookCart" scope="session"/>
<html>
<head>
<title>网上书店</title><link href="../css/shop.css" rel="stylesheet" type="text/css"/>
<%
if(session.getAttribute("isLogin")==null) response.sendRedirect("../login.jsp");
else{
   ArrayList books=bookCar.getBooklist();
   //获取实例中用来存储购买的书籍的集合
```

```jsp
    float total= 0;         //用来存储应付金额
    int orderid= 0;
    Connection conn= DBManager.getConnection();    //创建数据库连接
    Statement stmt= conn.createStatement();
%>
</head>
<body>
<jsp:include page= "../head.jsp"/>
<div class= "content">
  <div class= "left">
    <div class= "list_box">
      <div class= "list_bk"> <jsp:include page= "../menu.jsp"/> </div>
    </div>
  </div>
  <div class= "right">
    <div class= "right_box">
      <div class= "info_bk">
        <div align= "center">
          <table border= "1" width= "100% " rules= "none" >
          <% if(books= = null||books.size()= = 0){ %>
            <tr height= "100"> <td colspan= "5" align= "center">
                您的购物车为空！</td>
            </tr>
          <%
            }
            else{
          %>
            <tr> <td> 您订购的书籍</td> </tr>
            <tr align= "center" height= "30" bgcolor= "lightgrey">
              <td width= "25% "> 名称</td>
              <td> 单价</td>
              <td> 数量</td>
              <td> 总价(元)</td>
            </tr>
          <%
            try {
              //设置显示格式
              DateFormat df =  new SimpleDateFormat(
                "yyyy-MM-dd hh:mm:ss");
```

```java
                String nowTime= df.format(new Date());
                    String sql= "insert into orders (userid,orderdate)
                value('"+ session.getAttribute("userid")+ "','"+ nowTime
+ "')";
                    int cnt= stmt.executeUpdate(sql);        //添加订单
                if (cnt> 0){
                    sql= "select orderid from orders where userid= '"
            + session.getAttribute("userid")+ "' order by orderid desc
limit 1";
                    ResultSet rs= stmt.executeQuery(sql);
                    if(rs.next()) orderid= rs.getInt("orderid");
                    rs.close();
                    for(int i= 0;i<books.size();i++){
                        Book book= (Book)books.get(i);
                        //获取书籍编号
                        int bookid= book.getBookid();
                        //获取书籍名称
                        String name= book.getBookname();
                        //获取书籍价格
                        float price= book.getPrice();
                        //获取购买数量
                        int quantity= book.getQuantity();
                        //计算当前书籍总价,并进行四舍五入
                        Float money= ((int)((price* quantity+ 0.05f)* 10))/10f;
                        total+ = money;        //计算应付金额
                        sql= "insert into orderitem (bookid,orderid,
                         quantity) value("+ bookid+ ","+ orderid+ ","+ quantity
+ ")";
                        //执行 SQL 语句,向数据库添加订单明细
                        cnt= stmt.executeUpdate(sql);
                        if (cnt> 0){
                        out.print("<tr height= '50'> ");
                        out.print("<td> "+ name+ "</td> ");
                        out.print("<td> "+ price+ "</td> ");
                        out.print("<td> "+ quantity+ "</td> ");
                        out.print("<td> "+ money+ "</td> ");
                        out.print("</tr> ");
                        }else{
                        out.print("<tr > <td colspan= '5' >
                        添加订单明细失败! </td> </tr> ");
```

```java
            stmt.executeUpdate("delete from
            orderitem where orderid= "+ orderid);
            stmt.executeUpdate("delete from
            orders where orderid= "+ orderid);
            total= 0;
            break;
          }
        }
        bookCar.clearCar();      //清空购物车
      }
      else{
        out.print("<tr> <td colspan= '5' align= 'center'>
          添加订单失败! </td> </tr> ");
        total= 0;
      }
    } catch (SQLException e) {
      out.print("<tr> <td colspan= '5' align= 'center'>
         数据库异常,添加订单失败! </td> </tr> ");
      stmt.executeUpdate("delete from orderitem where
         orderid= "+ orderid);
      stmt.executeUpdate("delete from orders where
         orderid= "+ orderid);
      total= 0;
      e.printStackTrace();
    }
  }
%>
    <tr> <td colspan= "5"> 订单编号:<% = orderid% > ,
        您应付金额:<% = total% > </td> </tr>
    <%
      if (total> 0){
        String sql= "update orders set quantity= "+ total+ "
        where orderid= "+ orderid;
    try {
      int cnt= stmt.executeUpdate(sql);    //更新订单总金额
    } catch (SQLException e) {
          e.printStackTrace();
        }
      }
    %>
```

```
            </table>
          </div>
        </div>
      </div>
    </div>
  </div>
<jsp:include page= "../foot.jsp"/>
</body>
</html>
<% } %>
```
checkout.jsp 程序代码运行结果如图 12-19 所示。

名称	单价	数量	总价(元)
Java EE基础实用教程	35.0	2	70.0
C++实用教程	48.0	1	48.0

您订购的书籍

订单编号：5，您应付金额：118.0

图 12-19　订单页面

12.5　管理端模块设计与实现

系统管理包括图书管理、订单管理、用户管理三个功能模块。用系统管理员账号登录即可进入到系统管理模块主页，管理菜单包括图书信息、添加图书、订单查询及用户信息等功能，如图 12.20 所示。

12.5.1　浏览图书列表

浏览图书列表页面功能采用 JSP＋JavaBean＋JDBC 模式开发，采用分页列出所有图书记录的形式，如图 12-21 所示(booklist.jsp)。

图 12-20 系统管理端主页

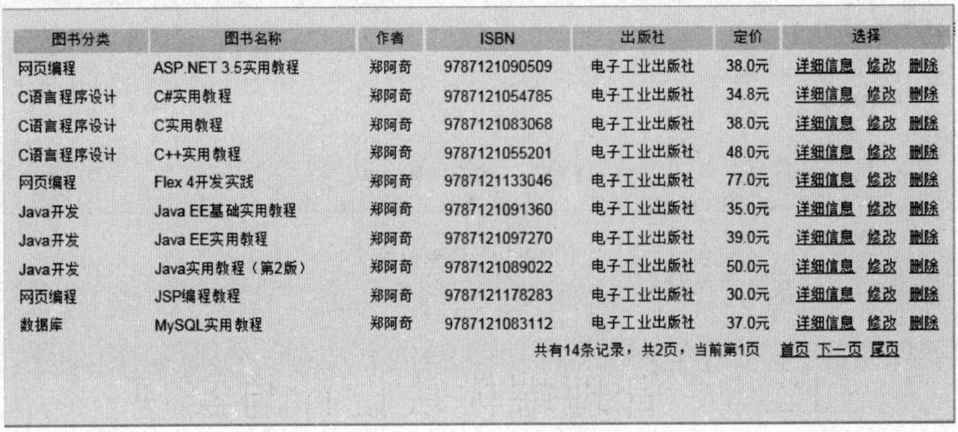

图 12-21 图书信息页面

通过该页面的"详细信息"、"修改"、"删除"链接,可以查看图书的详细信息、修改图书信息和删除图书记录。浏览图书信息列表页面程序代码如下(booklist.jsp):

```
<%@ page language="java" pageEncoding="utf-8"%>
<%@ page import="com.jxal.vo.*,java.util.*,com.jxal.util.*"%>
<html>
<head>
<title>网上书店</title>
    <link href="../css/shop.css" rel="stylesheet" type="text/css"/>
</head>
<jsp:useBean id="catalogs" class="com.jxal.dao.CatalogDao" scope="page"/>
<jsp:useBean id="books" class="com.jxal.dao.BookDao" scope="
```

```
page"/>

    <%

    String catalogid = request.getParameter("catalogid");
    String catalogname = "";
    String keyword = request.getParameter("keyword");
    if (catalogid= = null) catalogid= "0";
    if (keyword= = null) keyword= "";
    keyword = Convert.toChinese(keyword);
    books.setPageSize(10);

    %>

    <body>

    <jsp:include page= "head.jsp"/>

    <div class= "content">
    <div class= "left">
    <div class= "list_box">
    <div class= "list_bk"> <jsp:include page= "menu.jsp"/> </div>
    </div>
    </div>
    <div class= "right">
    <div class= "right_box">
    <div class= "info_bk">
    <div align= "center">
    <table width= "100% " border= "0" cellspacing= "2" cellpadding= "3">
              <tr align= "center" bgcolor= "lightgrey">
            <td> 图书分类</td>
              <td> 图书名称</td>
              <td> 作者</td>
              <td> ISBN</td>
              <td> 出版社</td>
              <td> 定价</td>
              <td width= 130> 选择</td>
           </tr>
    <%
```

```jsp
List lists= books.getBooksPagingInfo(request);
Iterator it= lists.iterator();
int cnt= 0;
while(it.hasNext()){
cnt= cnt+ 1;
Book book= (Book)it.next();
%>
          <tr>
          <td align= "left"> <%= book.getCatalogname() %></td>
            <td align= "left"> <%= book.getBookname() %></td>
            <td align= "center"> <%= book.getAuthor() %></td>
            <td align= "center"> <%= book.getISBN() %></td>
            <td align= "center"> <%= book.getPublish() %></td>
            <td align= "center"> <%= book.getPrice() %>元</td>
            <td align= "center">
<a href= "showbook.jsp?bookid= <%= book.getBookid() %>"
target= "_self">详细信息</a>   
<a href= "modifybook.jsp?bookid= <%= book.getBookid() %>"
target= "_self">修改</a>   
<a href= "../servlet/deletebook?st= delete&bookid=
<%= book.getBookid() %>" target= "_self">删除</a></td>
          </tr>
<%}%>
          </table>
          <table width= "90%" border= "0" cellspacing= "1" cellpadding= "1">
          <tr>
            <td align= "right">
            共有<%= books.getRecordCount() %>条记录,共<%=
books.getPageCount()%>页,当前第<%= books.getPage()%>页
            <a href= "booklist.jsp?catalogid= <%= catalogid%>
&keyword=
```

```jsp
<%= keyword %>"> 首页</a>  

            <% if (books.getPage() > 1) {% >
            <a href="booklist.jsp?page=<%= books.getPage()-1 %>&catalogid=<%= catalogid %>&keyword=<%= keyword %>"> 上一页</a>  

            <% } %>
            <% if (books.getPage() <= (books.getPageCount()-1)) {% >
            <a href="booklist.jsp?page=<%= books.getPage()+1 %>&catalogid=<%= catalogid %>&keyword=<%= keyword %>"> 下一页</a>  

            <% } %>
            <a href="booklist.jsp?page=<%= books.getPageCount() %>&catalogid=<%= catalogid %>&keyword=<%= keyword %>"> 尾页</a>  </td>

        </tr>
    </table>
<br>
</div>
</div>
</div>
</div>
</div>

<jsp:include page="../foot.jsp"/>

<script language="javascript">
<%
String msg = request.getParameter("msg");
```

```
if (msg! = null) {
msg= Convert.URLtoStr(msg);        //转换编码,解决中文乱码问题
out.print("alert('"+ msg+ "');");
}
%>
</script>
</body>
</html>
```

12.5.2 添加图书信息

系统管理端添加图书信息功能采用 JSP+Servlet+JavaBean+JDBC 模式开发,JSP 页面运行界面如图 12-22 所示(addbook.jsp)。

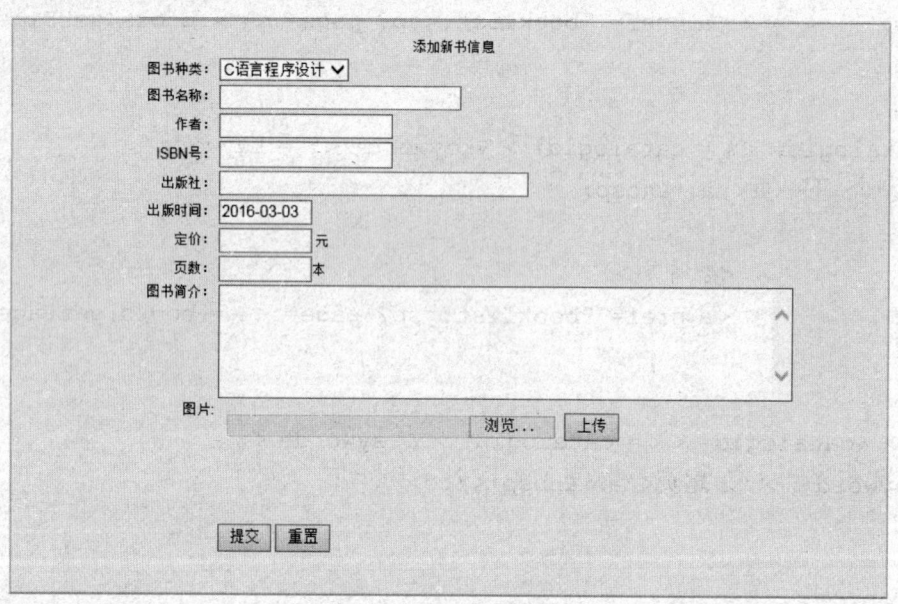

图 12-22 添加图书信息页面

添加图书页面 addbook.jsp 程序代码请参阅系统源代码。该页面添加的图书信息提交给 Servlet 程序处理。Servlet 程序的主要代码如下(BookAction.java):

```
package com.jxal.servlet;
public class BookAction extends HttpServlet {
private static final long serialVersionUID = 1L;

/* 处理用户登录操作。与数据库建立连接,并根据用户输入查询登录信息是否正确,
 * 将登录信息返回给客户。
 */

protected   void   doGet   ( HttpServletRequest       request,
```

```java
HttpServletResponse response) throws ServletException, IOException {
    String st= Convert.toChinese(request.getParameter("st"));
    if (st.equals("add")){
        String catalogid= Convert.toChinese(request.getParameter("catalogid"));
        String bookname = Convert.toChinese(request.getParameter("bookname"));
        String author = Convert.toChinese(request.getParameter("author"));
        String ISBN= Convert.toChinese(request.getParameter("ISBN"));
        String publish = Convert.toChinese(request.getParameter("publish"));
        String publishtime= Convert.toChinese(request.getParameter("publishtime"));
        String price = Convert.toChinese(request.getParameter("price"));
        String quantity = Convert.toChinese(request.getParameter("quantity"));
        String intro = Convert.toChinese(request.getParameter("intro"));
        String picture = Convert.toChinese(request.getParameter("picture"));
        String sql= "insert into book(Catalogid,Bookname,author,ISBN,publish";
        sql= sql+ ",publishtime,price,quantity,intro,Picture) value("+ catalogid+ "','";
        sql= sql+ bookname+ "','"+ author+ "','"+ ISBN+ "','"+ publish + "','"+ publishtime;
        sql= sql+ "',"+ price+ ","+ quantity+ ",'"+ intro+ "','"+ picture+ "')";
        try {
            Connection conn= DBManager.getConnection();   //创建数据库连接
            Statement stmt= conn.createStatement();
            int cnt= stmt.executeUpdate(sql);
            //执行SQL语句,向数据库添加书籍
            if (cnt> 0){
                String re= "< div align= 'center'> 添加新书《"+ bookname+ "》成功! < /div> ";
                response.sendRedirect("../manage/response.jsp? msg= "
                    + URLEncoder.encode(re,"utf-8"));
```

```java
        }
        else{
            String re="< div align= 'center'> 添加新书《"+ bookname+ "》失败! < /div> ";
            response.sendRedirect("../manage/response.jsp? msg= "
                + URLEncoder.encode(re,"utf-8"));
        }
    }
    catch (SQLException e) {
        e.printStackTrace();
        response.sendRedirect("../manage/response.jsp? msg= "
            + URLEncoder.encode("数据库异常,添加新书失败!","utf-8"));
    }
}
else if(st.equals("delete")){
    String bookid= request.getParameter("bookid");
    if (bookid! = null){
        try {
            String sql= "delete from book where bookid= "+ bookid;
            Connection conn= DBManager.getConnection();
            //创建数据库连接
            Statement stmt= conn.createStatement();
            int cnt= stmt.executeUpdate(sql);
            //执行SQL语句,向数据库删除书籍
            if (cnt> 0){
                response.sendRedirect("../manage/booklist.jsp? msg= "
                    + URLEncoder.encode("删除书籍成功!","utf-8"));
            }
            else{
                response.sendRedirect("../manage/booklist.jsp? msg= "
                    + URLEncoder.encode("删除书籍失败!","utf-8"));
            }
        }
        catch (SQLException e) {
            e.printStackTrace();
            response.sendRedirect("../manage/booklist.jsp? msg= "
                + URLEncoder.encode("数据库异常,删除书籍失败!","utf-8"));
        }
    }
}
```

```java
        else{
          response.sendRedirect("../manage/booklist.jsp? msg= "
            + URLEncoder.encode("书号为空,删除失败!","utf-8"));
        }
      }
    else if(st.equals("modify")){
        String bookid = Convert.toChinese(request.getParameter("bookid"));
        String catalogid = Convert.toChinese(request.getParameter("catalogid"));
        String bookname = Convert.toChinese(request.getParameter("bookname"));
        String author = Convert.toChinese(request.getParameter("author"));
        String ISBN= Convert.toChinese(request.getParameter("ISBN"));
        String publish = Convert.toChinese(request.getParameter("publish"));
        String publishtime = Convert.toChinese(request.getParameter("publishtime"));
        String price= Convert.toChinese(request.getParameter("price"));
        String quantity = Convert.toChinese(request.getParameter("quantity"));
        String intro= Convert.toChinese(request.getParameter("intro"));
        String picture = Convert.toChinese(request.getParameter("picture"));
        String sql= "update book set Catalogid= '"+ catalogid+ "',Bookname= '"+ bookname;
        sql= sql+ "',author= '"+ author+ "',ISBN= '"+ ISBN+ "',publish= '"+ publish;
        sql= sql+ "',publishtime= '"+ publishtime+ "',price= "+ price+ ",quantity= "+ quantity;
        sql= sql+ ",intro= '"+ intro+ "',Picture= '"+ picture+ "' where bookid= "+ bookid+ "";
        try{
          Connection conn= DBManager.getConnection();    //创建数据库连接
          Statement stmt= conn.createStatement();
          int cnt= stmt.executeUpdate(sql);   //执行SQL语句,向数据库修改书籍
          if(cnt> 0){
            response.sendRedirect("../manage/booklist.jsp? msg= "
              + URLEncoder.encode("修改书籍成功!","utf-8"));
```

```
        }
        else{
          response.sendRedirect("../manage/booklist.jsp? msg= "
            + URLEncoder.encode("修改书籍失败!","utf-8"));
        }
      }
      catch (SQLException e) {
        e.printStackTrace();
        response.sendRedirect("../manage/booklist.jsp? msg= "
          + URLEncoder.encode("数据库异常,修改书籍失败!","utf-8"));
      }
    }
  }
  protected void doPost ( HttpServletRequest request,
HttpServletResponse response) throws ServletException, IOException {
    doGet(request,response);
  }
}
```

在web.xml配置文件中BookAction类的Servlet的配置代码如下:
```
<servlet>
    <description> </description>
    <display-name> AddBook</display-name>
    <servlet-name> AddBook</servlet-name>
    <servlet-class> com.jxal.servlet.BookAction</servlet-class>
</servlet>
<servlet-mapping>
    <servlet-name> AddBook</servlet-name>
    <url-pattern> /servlet/addbook</url-pattern>
</servlet-mapping>
```

发布部署上述代码,运行即可添加新书信息。

12.5.3 订单查询

订单查询页面(booklist.jsp)功能采用JSP+JavaBean+JDBC模式开发,分页列出所有的订单记录,提供"详细信息"、"修改"、"删除"功能,如图12-23所示。

订单查询页面booklist.jsp的JSP程序代码请参阅系统源代码。

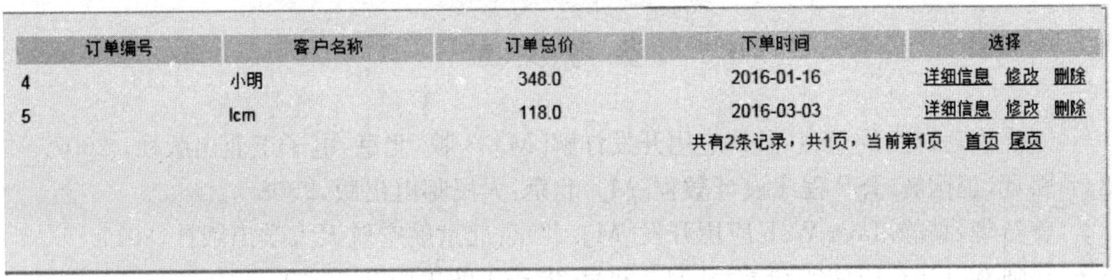

订单编号	客户名称	订单总价	下单时间	选择
4	小明	348.0	2016-01-16	详细信息 修改 删除
5	lcm	118.0	2016-03-03	详细信息 修改 删除

共有2条记录，共1页，当前第1页 首页 尾页

图 12-23　订单查询页面

12.5.4　用户信息

用户信息页面(userlist.jsp)功能采用 JSP＋JavaBean＋JDBC 模式开发，分页列出所有类型的用户记录，提供"详细信息"、"修改"、"删除"功能，如图 12-24 所示。

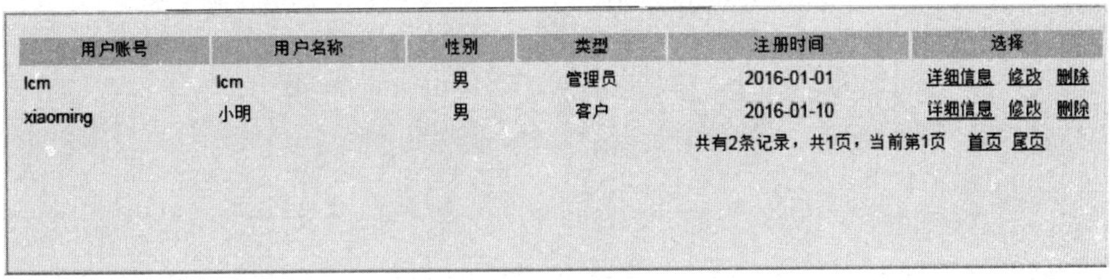

用户账号	用户名称	性别	类型	注册时间	选择
lcm	lcm	男	管理员	2016-01-01	详细信息 修改 删除
xiaoming	小明	男	客户	2016-01-10	详细信息 修改 删除

共有2条记录，共1页，当前第1页 首页 尾页

图 12-24　用户信息页面

用户信息询页面 userlist.jsp 的 JSP 程序代码请参阅系统源代码。

参 考 文 献

[1] 刘晓华,张健,周慧贞.JSP应用开发详解[M].3版.北京:电子工业出版社,2007.
[2] 郭真,王国辉.JSP程序设计教程[M].北京:人民邮电出版,2008.
[3] 姜新华,高静.Java Web应用开发[M].北京:北京航空航天大学出版社,2011.
[4] 郑阿奇.J2EE应用实践教程[M].北京:电子工业出版社,2010.